統計科学のフロンティア　3

モデル選択

統計科学のフロンティア 3

甘利俊一 竹内啓 竹村彰通 伊庭幸人 編

モデル選択

予測・検定・推定の交差点

下平英寿 伊藤秀一
久保川達也 竹内啓

岩波書店

編集にあたって
モデル選択とその周辺

統計学では，観測されるデータを発生する機構として，未知のパラメータを含む確率モデルを考える．データはこのモデルの中の１つの確率分布から出るものとして，未知パラメータを推定して分布を同定したり，事前に想定した分布からデータが発生したとする仮説が正しいかどうかを検定したりする．これが古典的な統計的推論であり，統計科学の基礎としてたいへん役に立つ枠組みである．

しかし，この古典的枠組みでは収まらない状況も多い．統計モデルは便宜的なものであり，データの分布は簡単なモデルでは書けないかも知れない．しかしそれでも推論のためにはモデルは有用である．そのとき，モデルがいくつか考えられるとすると，どのモデルを採用したらよいのだろう．“真のモデル”はどのみちわからないとしても，有用なモデル，つまりそれを用いると以後のデータをうまく説明できるものが欲しい．

ここでは，真の確率分布を求めるという枠組みから，真のものでなくてよいから役に立つものを求めるという風に，基準が微妙に変わってくる．どのみち，真の統計モデル（確率分布のモデル）を同定することはできないという姿勢がここにある．では，役に立つ分布とは何であろうか．これは，以後も同じ確率構造からデータが発生するものとして，その仕組みをよく説明できる分布である．

さて，仮に真の確率分布があって，ここからデータが発生したものとしよう．このデータをもとに推定した確率分布は，いまあるデータをよく説明できるはずである．これは素朴な考えであり，推論の第１歩である．モデルを１つに限れば，データからパラメータを推定することによって，データをよく説明する確率分布が得られるだろう．しかし，確率モデルがわからないとき，または多数考えられるときは，このデータをよく説明するものを選ぶという基準は失敗する．パラメータを多数含む複雑なモデルをとって，これをデータに合わせれば，今あるデータはいくらでもよく説明できるからである．つまり，モデルを複雑にすればするほど，その説明能力を高めることができる．しかしながら，これではデータ発生の確率的な揺らぎにまで付き合ってしまっていて，データの背後にある分布を捉えたとはいえない．

ではどうしたらよいだろう．それには今あるデータではなくて，今後発生するデータに対してうまく合うもの，つまり将来のデータの予測説明能力が高いものがよいということになる．この観点から，どのモデルを採用し，どういうパラメータを選ぶかを考えると，新しい展望が開ける．今までのデータにどのくらい合うか合わないかの誤差を，パターン認識など学習の手法を用いる分野では訓練用のデータに含まれる誤差，訓練誤差と呼ぶ．これに対して，将来のデータに対する誤差を汎化誤差と呼ぶ．推論は汎化誤差を最小にするように選ぶべきであり，ここからどのモデルを採用すべきかが出てくる．このためには，訓練誤差と汎化誤差の関係を明らかにしなければならない．これは学習理論の基本課題でもある(本シリーズ6巻『パターン認識と学習の統計学』を参照)．

こうした考えから，モデル選択の基準を提案し，統計学の世界に新風を吹き込んだのが赤池氏であり，その基準が赤池情報量規準(AIC)である．これと並んでBayes推論の立場からのモデル選択を行うBIC，情報理論の立場から記述長最小を基本原理としてモデル選択を行うRissanenのMDL(記述長最小規準)などが出てくる．

古典的な枠組みからはずれる妙な話は他にいくらでもある．その1つにSteinのパラドクスと呼ばれる縮小推定量がある．たとえば，日本人の背の高さと，アメリカ人の背の高さと，フランス人の背の高さをそれぞれ100人のデータから推定したいとしよう．それぞれのデータは直接に関係ないから，各国で個別に推定すれば済む話のように思えるが，実は，日本人の背の高さの推定にアメリカ人とフランス人のデータを利用すると，誤差が小さくなるという話である．人間なら同じだからまだよい，でも日本人の背の高さと，ゴリラの背の高さと，熊の高さを推定するときに，他の生物種のデータを利用するとなぜ誤差が小さくなるのか，これはパラドクスとしか言いようがない．しかしこれにはそれなりの理由があり，背後にモデルとそのハイパーパラメータのうまい選び方が隠されているとみることもでき，この点でモデル選択というテーマにかかわってくる．

古典的な手法を越えた枠組みには，このほかにもノンパラメトリックの手法，射影追跡法，ブートストラップなどいろいろある．本巻はこの中で，縮小推定量を含めて，広い意味でモデルの仕組みとその選択にかかわる理論および手法をわかりやすく述べたものである．

補論となる竹内啓氏の稿は，古典的な枠組みからこうした新しい考えが必然的に出てくる道筋を的確に描いている．

下平英寿氏は，AIC について，その考え，導出，安定性，利用法のすべてにわたって，丁寧に解説している．一方，MDL の考えは，情報と符号の理論が関係する．伊藤秀一氏は，情報理論と符号化から説き始め，データを集約して記述するときに統計モデルを用いるとよいこと，そのときにどのモデルを選べばよいかを考察することから始めて，記述長最小原理(MDL)についてその理論と実際を要領よくまとめている．

では，AIC と MDL はどちらが良いのだろう．これは，哲学的な論争を含み，いまだに決着がついたとはいえない．哲学的，理論的な考察だけでなく，多くのシミュレーションが行われ，あるときには AIC が，他のときには MDL がよいと報告されている．最近では，ニューラルネットワーク，ラディアル基底関数，ガウス混合分布など，階層性を有する多くの統計モデルが研究され，それが特異点を含むため，そこではこれまでの AIC や MDL の計算根拠は成立しないことが明らかになってきた．こうした特異構造が，この論争に加わる必要がある．これについては本シリーズの 7 巻『特異モデルの統計学』を参照されたい．

縮小推定量については，そのパラドクスの面白さからこれまでにもいろいろ語られてきたものの，その構造を深く追求したものは少ない．簡単な例として，分散が 1，平均が $\mu(\mu>0)$ である正規分布を考えてみよう．ここからデータ $x_1, x_2, \cdots, x_n$ が出たとして，その算術平均 $\overline{x}=\frac{1}{n}\sum_i x_i$ は，μ の不偏推定量である．ある意味でこれは最良の推定量である．しかし，それを適当に縮小して，$\hat{\mu}_c=c\overline{x}$ とすれば，うまく $c<1$ を選ぶと 2 乗誤差をさらに小さくできる．これは，少しのバイアスを許す代わりにばらつきを

小さくし，結果として 2 乗誤差を小さくすることになっている．ただ，c をどう選べばよいかはここからは出てこない．このからくりには，2 乗誤差を用いること，$\mu > 0$ であることなどが微妙に関係している．

久保川達也氏は，縮小推定量にかかわる深い仕組みを暴くとともに，その背後にあるモデルのいろいろな構造を余すことなく明らかにしている．そこには Bayes 推論の見方，誤差の基準，不変性など，モデル選択，さらには，統計科学全般にかかわるさまざまな話題が関係してくる．

統計科学の世界の広がりを鑑賞していただきたい．

（甘利俊一）

目　次

I

情報量規準によるモデル選択とその信頼性評価

下平英寿

目 次

◇◇◇◇◇

現実のデータ解析で統計的モデル選択が必要とされる場面は多い．データの生成メカニズムを確率的に表現した数式モデルが確率モデルであり，これを利用して推測を行う方法論は統計科学の中心的な役割を果たしてきた．確率モデルはデータから有用な情報を抽出する手段であり，現実をうまく近似するような良いモデルを見つけ出せれば良い推測に結びつく．何らかの事前知識だけからモデルを決めることは複雑な対象であれば困難なので，複数の候補モデルからデータに照らし合わせて適切なものを選ぶ技術としてモデル選択が必要になる．データに関わる仮説を立ててモデルに記述すること，そのモデルをデータに適用すること，そしてそこから得られた知識を再び仮説に反映させること，こういった一連の作業はサイクルをなしており，試行錯誤によってデータに対する知識は次第に深まるのである．モデル選択はこのようなモデル構築を支援する方法といえる．

赤池情報量規準(Akaike information criterion)，略して AIC はモデルの良さを測るための規準であり，統計数理研究所の赤池弘次氏によって 1971 年ころ編み出された(Akaike，1974, 赤池，1976, 1979, 1981)．AIC 値を最小にするモデルを選ぶという簡単だが強力な手法は，次第に多くの分野に広まり根付いたのである．AIC は統計科学の伝統的な原理である最尤法や尤度比検定と密接な関連を持ちながらも，そこにまったく新しい視点を持ち込んだ．つまりモデルが正しいか否かということよりも，モデルが将来のデータを予測する際に良い近似を与えるか否かという問題意識に切り替えた点が重要である．そもそも正しいモデルなど存在しないことが一般的だからである．本稿の 1 章ではこのようなモデル選択手法の手続きとその背景にある考え方が実例によって示される．情報量規準の導出は 2 章で行われる．予測分布の平均的な良さを **Kullback-Leibler 情報量**(Kullback-Leibler information)で測るための推定量として AIC は導かれ，クロスバリデーション法との関連も説明される．

AIC 最小モデルは良いモデルの推定といえるが，その信頼性はどうやって測ればいいのか，これが本稿のもう1つの主題であり，3章で議論される．AICはデータから計算する統計量であってサンプリングによるバラツキがあるから，モデル間のAICの差が十分に大きくなければ，どのモデルが本当に良いのかわからないだろう．それでは十分なAICの差とはどれほどなのか，上位いくつまでモデルを選ぶべきなのか，またはAIC最小モデルが本当に1番良いモデルである可能性を確率で表現できるか，などという疑問がわく．この問題は統計的仮説検定によって定式化され，スタンフォード大学のBradley Efron氏の提案したブートストラップ法(Efron, 1979)や，最近になって著者が提案しているマルチスケール・ブートストラップ法，AIC値の多重比較法などの手法が用いられる．せっかくAICが抜け出した伝統的な検定の枠組みに戻ってしまうようにも見えるが，実は従来の方法はいわばモデルの正しさの検定であるのに対して，モデルの良さの検定ともいえる新しい方法はむしろAICの思想を取りいれたものである．

統計科学は実学であり，応用で実際に役立つべきであるという要請がある．一方で統計科学には数学的方法論や哲学としての側面があり，事前知識と有限のデータから一般的な法則を見出す帰納的推論が議論される．仮説検定，モデル選択，ベイズ法など互いに関連する技法は実際に諸分野で重要な役割を果たしていながらも，その基礎においてそれぞれ何らかの問題を抱えている．いまだ統計科学の推論原理は発展段階にあると考えられ，今後も本質的な進歩が期待できる分野といえるだろう．

1 統計的モデル選択

AICを用いたモデル選択について実際のデータ解析を通して説明を行う．ボストン市の住宅価格に影響を与える要因を回帰分析で探る問題とミトコンドリアDNAから哺乳類の進化系統樹を推定する問題を取り上げる．これらの問題に関わる仮説を確率モデルで具体的に記述することによりモデル選択が行われる．AIC の登場以前からある最尤法や尤度比検定を用いたデータ解析では何が問題になるのか，そして AIC がなぜ必要であるのかがこの章では議論される．

1.1　住宅価格データ

住宅価格に影響を与える要因を探るためにボストン市の各地域($n=506$ 地点)で 14 変数を測定したデータセットの回帰分析をモデル選択の例題として用いる．地点を t で表わし，全データ $t=1,\cdots,506$ からランダムに選んだ 10 地点が表 1 に示されている．各行は地点 t における変数 $x_1,\cdots,x_{14}$ の値であり，これを $x_{t,1},\cdots,x_{t,14}$ と書く．これらの変数は犯罪率 (x_1) や公害の指標 (x_5) など，その周辺の典型的な住宅価格 (x_{14}) に影響を与えそうなものが集めてある．

ここでは回帰分析によって 13 変数 $x_1,\cdots,x_{13}$ から住宅価格 x_{14} を予測

表 1　ボストン市の住宅価格データの一部

t	x_1	x_2	x_3	x_4	x_5	x_6	x_7	x_8	x_9	x_{10}	x_{11}	x_{12}	x_{13}	x_{14}
9	0.21	12.5	7.9	0	0.27	31.7	100.0	6.1	5	311	15.2	387	29.9	2.80
72	0.16	0.0	10.8	0	0.17	35.5	17.5	5.3	4	305	19.2	377	9.9	3.08
89	0.06	0.0	3.4	0	0.24	49.1	86.3	3.4	2	270	17.8	397	5.5	3.16
130	0.88	0.0	21.9	0	0.39	31.8	94.7	2.0	4	437	21.2	397	18.3	2.66
164	1.52	0.0	19.6	1	0.37	70.1	93.9	2.2	5	403	14.7	388	3.3	3.91
269	0.54	20.0	4.0	0	0.33	55.8	52.6	2.9	5	264	13.0	390	3.2	3.77
343	0.02	0.0	1.9	0	0.27	42.8	59.7	6.3	1	422	15.9	390	8.7	2.80
373	8.27	0.0	18.1	1	0.45	34.5	89.6	1.1	24	666	20.2	348	8.9	3.91
451	6.72	0.0	18.1	0	0.51	45.5	92.6	2.3	24	666	20.2	0	17.4	2.60
477	4.87	0.0	18.1	0	0.38	42.0	93.6	2.3	24	666	20.2	396	18.7	2.82

出典：D. Harrison and D. L. Rubinfeld(1978)．入力ミスの修正済みデータ “boston_corrected” が StatLib Datasets Archive(http://lib.stat.cmu.edu/datasets/)または著者のサイト(http://www.is.titech.ac.jp/~shimo/)より入手できる．ここではデータセットの全サンプルサイズ $n=506$ のうちランダムに選んだ 10 地点を表示した．いくつかの変数に 2 乗や対数変換を施してある．
変数の説明：$x_1=$ 犯罪率，$x_2=$ 宅地割合，$x_3=$ 非商用地割合，$x_4=$ チャールス川沿いか，$x_5=$ 窒素酸化物濃度の 2 乗，$x_6=$ 平均部屋数の 2 乗，$x_7=1940$ 年より古い住宅の割合，$x_8=$ ビジネス街への距離，$x_9=$ ハイウェイへのアクセス，$x_{10}=$ 固定資産税，$x_{11}=$ 生徒と教師の比率，$x_{12}=$ アフリカ系米国人の比率を a とした $1000(a-0.63)^2$，$x_{13}=$ 低所得者層の割合，$x_{14}=$ 持ち家価格の中央値の対数．

する関係式を得ることを目的とする．$x_1, \cdots, x_{13}$ は説明変数，x_{14} は目的変数とも呼ばれる．精度の高い関係式が得られれば，新たな観測地点での住宅価格の予測に使えるだろう．また，得られた関係式を吟味することにより，住宅価格を決定するメカニズムの理解も期待できる．しかし 13 変数のすべてが等しく x_{14} に影響しているわけではなく，なかには要因に含めなくても住宅価格の予測が十分に行えるような変数もあるだろう．もし x_{14} に無関係な説明変数を用いると，逆に予測が悪くなる場合もある．そこで，13 変数から要因として必要十分な変数の組み合わせを選ぶことが行われる．これは回帰分析の変数選択と呼ばれる問題である．後ほど説明されるように，変数の組み合わせを選ぶことは確率モデルを 1 つ定めることに相当するので，変数選択はモデル選択の一例となっている．

まずこの例題を通して，回帰分析の復習をしよう．次のような線形回帰モデルを用いて，価格を表わす x_{14} と，その他の変数 $x_1, \cdots, x_{13}$ の関係を調べる．

$$x_{14} = \beta_0 + \beta_1 x_1 + \cdots + \beta_{13} x_{13} + \epsilon \tag{1}$$

ここで $\beta_0, \cdots, \beta_{13}$ は回帰係数，誤差を表わす ϵ は平均 0，分散 σ^2 の確率変数としておく．ϵ の大きさをなるべく小さくするように回帰係数は推定される．最小 2 乗法では，誤差の 2 乗和

$$\sum_{t=1}^{n} \left(x_{t,14} - (\beta_0 + \beta_1 x_{t,1} + \cdots + \beta_{13} x_{t,13})\right)^2$$

を最小にするような回帰係数を求める．データを

$$\boldsymbol{A} = \begin{bmatrix} 1 & x_{1,1} & \cdots & x_{1,13} \\ \vdots & \vdots & \ddots & \vdots \\ 1 & x_{506,1} & \cdots & x_{506,13} \end{bmatrix}, \quad \boldsymbol{y} = \begin{bmatrix} x_{1,14} \\ \vdots \\ x_{506,14} \end{bmatrix}$$

のように行列を使って表現し，行列 $\boldsymbol{A}$ の転置を $\boldsymbol{A}'$ によって表わすと，回帰係数ベクトル $\boldsymbol{\beta} = (\beta_0, \cdots, \beta_{13})'$ の最小 2 乗推定は

$$\hat{\boldsymbol{\beta}} = (\boldsymbol{A}'\boldsymbol{A})^{-1}\boldsymbol{A}'\boldsymbol{y} \tag{2}$$

と書ける．回帰係数 β_i の推定値を $\hat{\beta}_i$ のように ^（ハット）をつけて区別している．残差 $e_t = x_{t,14} - (\hat{\beta}_0 + \hat{\beta}_1 x_{t,1} + \cdots + \hat{\beta}_{13} x_{t,13})$ の大きさはモデル

のデータへの当てはまりを反映していて，これが小さければ良いモデルであることを示唆する．残差の平均は $\sum_{t=1}^{n} e_t/n = 0$ である．残差の分散は

$$\hat{\sigma}^2 = \frac{\sum_{t=1}^{n} e_t^2}{n} = \frac{\|\boldsymbol{y} - \boldsymbol{A}\hat{\boldsymbol{\beta}}\|^2}{n} \tag{3}$$

であり，これは σ^2 の推定量である．このようにして住宅価格データから計算された $\hat{\boldsymbol{\beta}} = (\hat{\beta}_0, \cdots, \hat{\beta}_{13})', \hat{\sigma}^2$ が表 2 に示されている．

表 2　回帰係数の推定

i	$\hat{\beta}_i$	標準誤差	t-統計量	確率値
0	9.937	0.352	28.2	0.000
1	−0.214	0.027	−8.0	0.000
2	0.070	0.031	2.3	0.023
3	0.048	0.040	1.2	0.232
4	0.063	0.021	3.0	0.003
5	−0.194	0.038	−5.1	0.000
6	0.182	0.028	6.5	0.000
7	−0.003	0.035	−0.1	0.930
8	−0.237	0.040	−6.0	0.000
9	0.282	0.055	5.1	0.000
10	−0.260	0.060	−4.3	0.000
11	−0.191	0.027	−7.0	0.000
12	0.092	0.023	4.0	0.000
13	−0.496	0.034	−14.4	0.000

比較を容易にするため，あらかじめ各 $x_1, \cdots, x_{14}$ をその標準偏差で割ってから回帰分析を行った．残差の分散は $\hat{\sigma}^2 = 0.20$．t-統計量は各 $\hat{\beta}_i$ をその標準誤差で割ったもの．これが自由度 $506-14=492$ の t-分布(平均 0，分散 1 の正規分布で近似できる)に従う確率変数 T の実現値とみなしたときの $P(|T| > |t|)$ が確率値．

1.2　回帰係数の検定

推定された回帰係数をみると，$\hat{\beta}_3$ や $\hat{\beta}_7$ などの大きさは他のものに比べて小さい．特に $\hat{\beta}_7$ はゼロとみなしてもよさそうなくらい小さい．仮に $\beta_7 = 0$ ならば，x_7 は住宅価格予測の要因に含まれないことになる．データから計算した $\hat{\beta}_7$ にはバラツキがある．したがって $\hat{\beta}_7$ が偶然に 0 に近くなっただけなのか，本当に $\beta_7 = 0$ なのかを見極めたい．回帰分析では仮説 $\beta_7 = 0$ の

t-検定という手続きによってこの判断がしばしば行われる．情報量規準によるモデル選択の議論に入る前に，まずはこの方法について概観しよう．

回帰係数の t-検定は各 $\hat{\beta}_i$ の分散を次のように推定することから始まる．地点 $1, 2, \cdots$ の誤差 $\epsilon_1, \epsilon_2, \cdots$ は互いに独立な確率変数であると仮定し，データ行列 $\boldsymbol{A}$ は固定して考える．すると，$\boldsymbol{y}$ の平均は $\boldsymbol{A\beta}$，共分散行列は $\sigma^2\boldsymbol{I}$ である．$\boldsymbol{I}$ は単位行列である．$\boldsymbol{y}$ の左から $(\boldsymbol{A}'\boldsymbol{A})^{-1}\boldsymbol{A}'$ を掛けたものが $\hat{\boldsymbol{\beta}}$ だから，$\hat{\boldsymbol{\beta}}$ の平均は $(\boldsymbol{A}'\boldsymbol{A})^{-1}\boldsymbol{A}'\boldsymbol{A\beta} = \boldsymbol{\beta}$ である．$\hat{\boldsymbol{\beta}}$ の共分散行列は $(\boldsymbol{A}'\boldsymbol{A})^{-1}\boldsymbol{A}'(\sigma^2\boldsymbol{I})\boldsymbol{A}(\boldsymbol{A}'\boldsymbol{A})^{-1} = \sigma^2(\boldsymbol{A}'\boldsymbol{A})^{-1}$ であり，この $(i+1, i+1)$ 成分が $\hat{\beta}_i$ の分散である．これを $\mathrm{var}(\hat{\beta}_i)$，その推定を $\widehat{\mathrm{var}}(\hat{\beta}_i)$ と書こう．$\mathrm{var}(\hat{\beta}_i)$ の式中にある σ^2 は未知なのでこれを不偏分散 $\sum_{t=1}^{n} e_t^2/(n-14)$で置き換えて $\widehat{\mathrm{var}}(\hat{\beta}_i)$ を計算する．不偏分散の分母は n から回帰係数の個数 14 を引いているが，住宅価格データのように $n = 506$ が大きいと，この影響は数値的に無視できるほど小さい．

$\hat{\beta}_i$ の標準誤差は $\widehat{\mathrm{var}}(\hat{\beta}_i)$ の平方根で与えられる．$\hat{\beta}_i$ をその標準誤差で割ったものが t-統計量である．$\hat{\beta}_0, \cdots, \hat{\beta}_{13}$ の t-統計量をここでは $t_0, \cdots, t_{13}$ と書くと，$t_i = \hat{\beta}_i/\sqrt{\widehat{\mathrm{var}}(\hat{\beta}_i)}$ である．本稿では地点を表わす記号にも同じ t を使っているが無関係である．t_i の平均はほぼ $\beta_i/\sqrt{\mathrm{var}(\hat{\beta}_i)}$，分散はほぼ 1 になるから，もし絶対値 $|t_i|$ が 1 よりずっと大きな値ならば，$\beta_i = 0$ である可能性は低いと考えられるだろう．表 2 を見ると，$|t_1|$, $|t_5|$, $|t_6|$, $|t_8|$, $|t_9|$, $|t_{11}|$, $|t_{13}|$ は $|t_i| > 5$ と非常に大きな値を取っており，$\beta_i = 0$ である可能性は非常に小さいと考えられる．これに対して，$|t_3|$, $|t_7|$ は $|t_i| < 2$ と比較的小さく，$\beta_i = 0$ である可能性が十分にある．

この判断を確率を用いて定量的に行うには，次のように統計的仮説検定の考え方を適用する．回帰分析の標準的な理論では，ϵ は平均 0，分散 σ^2 の正規分布に従うと仮定する．つまり ϵ の確率密度関数が

$$p(\epsilon) = \frac{1}{\sqrt{2\pi\sigma^2}} \exp\left(-\frac{\epsilon^2}{2\sigma^2}\right) \tag{4}$$

で与えられる．自由度 $n-14$ の t-分布に従う確率変数を T で表わすと，$(\hat{\beta}_i - \beta_i)/\sqrt{\widehat{\mathrm{var}}(\hat{\beta}_i)}$ は T の実現値とみなせることが回帰分析の理論により知られている．仮に $\beta_i = 0$ とおけば，t_i は T の実現値とみなせる．$\hat{\beta}_i$

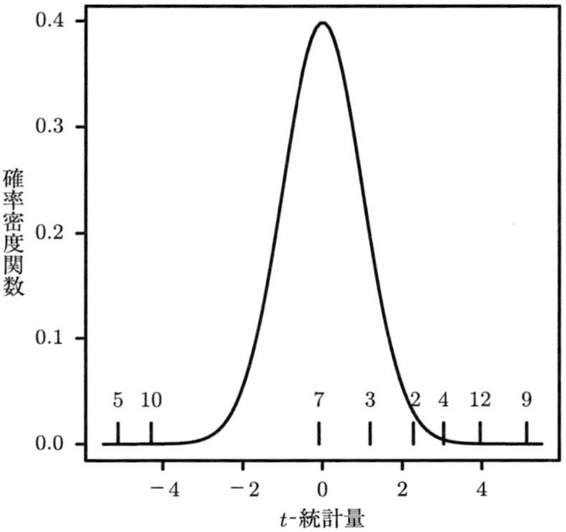

図 1 自由度 492 の t-分布の確率密度関数．回帰係数 $\hat{\beta}_0, \cdots, \hat{\beta}_{13}$ の t-統計量は $|t| < 5.5$ の範囲に入るものを線分で示した．平均 0，分散 1 の正規分布の密度関数も重ねて描いてあるが，t-分布と全く見分けがつかない．

は正規分布（平均 β，分散 $\mathrm{var}(\hat{\beta}_i)$）に従うので，もし分母が $\sqrt{\mathrm{var}(\hat{\beta}_i)}$ ならば t_i の分布は平均 0，分散 1 の正規分布になるのだが，分母が $\sqrt{\widehat{\mathrm{var}}(\hat{\beta}_i)}$ である影響を考慮して t-分布が導かれる．この例のように自由度が十分に大きいときは，この影響を無視して正規分布とみなしてもよい．図 1 には T の密度関数と t_i がプロットされている．図からわかるように，t_5 や t_9 は密度関数がほぼ 0 になる範囲にあり，T が偶然にこのような大きな値を取る可能性は小さい．したがって $\beta_5 = 0$ や $\beta_9 = 0$ と仮定したことが誤りであったと考えるべきであろう．$|T|$ が大きな値を取る確率を計算すると，たとえば $P(|T| > 1) = 0.32$, $P(|T| > 2) = 0.046$, $P(|T| > 3) = 0.0028$, $P(|T| > 4) = 0.000073$, $P(|T| > 5) = 0.0000008$ などとなる．ここで一般に事象の起こる確率を P(事象) と表わしており，$|T| > 5$ となる確率は 0.00008% である．

仮説 $\beta_i = 0$ の**確率値**（probability value 略して p-value または p-値）とは $|T| > |t_i|$ となる確率 $P(|T| > |t_i|)$ として定義される．つまり，仮説 $\beta_i = 0$

が正しいと仮定したとき偶然に $|t_i|$ 以上の大きさの t-統計量を観測する確率を意味する．表 2 を見ると，$|t_i|$ の大きなものは確率値が小さくなって，$\beta_i=0$ である可能性が低くなることがわかる．統計的仮説検定で $\beta_i=0$ かどうかの判断をするには，あらかじめ閾値 α を決めてそれより小さな確率値を観測したら $\beta_i \neq 0$ と判断する．この閾値は有意水準と呼ばれ，一般に $\alpha=0.05$ を用いることが多い．住宅価格データでは，β_3 と β_7 を除くすべての回帰係数で確率値が 0.05 より小さくなり，これらについて $\beta_i=0$ という仮説は棄却される．一方，$\beta_3=0$ と $\beta_7=0$ という仮説については棄却されず，x_3 と x_7 が住宅価格の要因に含まれない可能性を示唆している．

回帰係数の t-検定を変数選択の手段として用いると，13 変数から x_3 と x_7 を除いた 11 変数を選ぶことになる．これは実用上有用な手法であり，この例ではうまく機能している．ところが説明変数間の相関が大きい場合，次のような問題が起こる．新たな説明変数 $x_{15}=x_1+\sqrt{x_1}$ を人工的に加えて 14 個の説明変数を使って x_{14} を予測する回帰分析を行う．x_1 と x_{15} の相関係数は 0.998 であり，x_{15} は本来加えるべきではない．しかし多くの説明変数を用いる場合にはしばしばこのような状況におちいり，回帰分析ではこれを説明変数の共線性という．$\beta_0,\cdots,\beta_{13},\beta_{15}$ を最小 2 乗法で推定して t-統計量を計算すると，ほとんど表 2 と同じ結果が得られるが，$t_1=-0.13$, $t_{15}=0.13$ だけが大きく変化する．これらの確率値は 0.90 となり，結果として x_1, x_3, x_7, x_{15} が要因に含まれないと判断される．もし x_{15} を加えなければ $t_1=-8.0$ であって，x_1 は x_{14} の予測に大きな貢献をしているにもかかわらず，x_{15} を加えただけで x_1 と x_{15} の両方が要因ではないと判断する結果は矛盾といえる．t-検定では，どれか 1 つだけ説明変数を落としたときにどれだけ当てはまりが悪くなるかを調べている．この例では，$x_1,\cdots,x_{13},x_{15}$ の 14 個すべての説明変数を使った回帰モデルの当てはめに比べて，x_1 を落としても x_{15} が代わりに x_{14} の予測に貢献し，逆に x_{15} を落としても x_1 が代わりに x_{14} の予測に貢献してしまい，2 つ同時に落としたときに予測が悪くなる効果がまったく判断に反映されないのである．この問題を回避するには，$|t_i|$ を最小にする説明変数を 1 つだけ落とし，残りの変数の t-検定をあらためて実行するという逐次法がある．しかし手順が

煩雑な上に検定の多重性という問題が生じる．情報量規準によるモデル選択では，このような問題はおこらず，x_1 と x_{15} のどちらかを要因として残す結果が単純な手続きによって得られる．

1.3　確率モデルと最尤法

住宅価格データの回帰分析では 13 個の説明変数による線形回帰式(1)と誤差 ϵ の確率密度関数(4)によって，データの確率モデルを与えている．このことについて，少し整理しておこう．まず一般的に記号を定義し，具体的に住宅価格データの回帰分析を例に説明を進める．

確率変数ベクトル $\boldsymbol{x}$ の確率密度関数を $q(\boldsymbol{x})$ で表わす．ここでは $\boldsymbol{x}$ が連続量と想定して確率密度関数を用いるが，$\boldsymbol{x}$ が離散的な場合には代わりに確率関数を用いて，$\boldsymbol{x}$ を観測する確率を $q(\boldsymbol{x})$ で表わす．本稿では連続と離散を形式的に区別せずに議論を進めるので，密度関数と確率関数のいずれかを指し示すために確率分布と呼ぶこともある．さて $\boldsymbol{x}$ を独立に n 回観測したものを $\boldsymbol{x}_1, \cdots, \boldsymbol{x}_n$ と表わし，

$$\boldsymbol{x}_1, \cdots, \boldsymbol{x}_n \sim q(\boldsymbol{x}) \tag{5}$$

と書く．これらを横に並べた $\boldsymbol{X} = (\boldsymbol{x}_1, \cdots, \boldsymbol{x}_n)$ が全データである．回帰分析ではデータ行列 $\boldsymbol{A}$ のように，横ベクトル $\boldsymbol{x}_t'$ を縦に並べることが一般的だが，ここでは表記を簡単にする理由でこのように $\boldsymbol{X}$ を定義している．$\boldsymbol{X}$ の同時確率密度関数は $q(\boldsymbol{X}) = q(\boldsymbol{x}_1) \cdots q(\boldsymbol{x}_n)$ である．住宅価格データでは，まず地点 t の変数値を $\boldsymbol{x}_t = (x_{t,1}, \cdots, x_{t,14})'$，全データを $\boldsymbol{X} = (\boldsymbol{x}_1, \cdots, \boldsymbol{x}_{506})$ と書くと，$\boldsymbol{X}'$ からランダムに 10 行取り出したものが表 1 である．

現実のデータ解析では $q(\boldsymbol{x})$ は未知なので，これを近似するような確率密度関数 $p(\boldsymbol{x})$ がもしわかれば，データの生成メカニズムの理解に役立つだろう．このような $p(\boldsymbol{x})$ は現実を理想化したものであり必ずしも真実ではないので，確率モデルと呼ばれる．その意味では，そもそもデータが(5)に従うという想定がモデルなのであるが，ここでは $q(\boldsymbol{x})$ が真実であると仮定して議論を進める．

データに頼らずにいきなり確率モデル $p(\boldsymbol{x})$ を特定できればよいが，多く

の場合はモデルに調整できる未知パラメータベクトル $\boldsymbol{\theta}$ を持たせて，データに照らし合わせて $\boldsymbol{\theta}$ の値を推定するという手段が取られる．つまり $q(\boldsymbol{x})$ を十分に近似しうるパラメトリック確率モデル $p(\boldsymbol{x};\boldsymbol{\theta})$ を特定し，

$$\boldsymbol{x}_1, \boldsymbol{x}_2, \cdots, \boldsymbol{x}_n \sim p(\boldsymbol{x};\boldsymbol{\theta}) \tag{6}$$

が近似的に成り立つものと仮定する．パラメータ数は $\dim\boldsymbol{\theta}$，パラメータベクトルの範囲を $\boldsymbol{\Theta}$ で表わす．$\boldsymbol{\theta}\in\boldsymbol{\Theta}$ を 1 つ定めれば $p(\boldsymbol{x};\boldsymbol{\theta})$ は $\boldsymbol{x}$ の確率密度関数である．たとえば住宅価格の回帰分析では $\boldsymbol{\theta}=(\beta_0,\beta_1,\cdots,\beta_{13},\sigma^2)'$ であり，$\dim\boldsymbol{\theta}=15$ となる．

実は回帰分析では説明変数を与えたときの目的変数の条件付確率密度関数だけを指定していることに注意しておく．$(x_1,\cdots,x_{13})$ の確率密度関数を $q(x_1,\cdots,x_{13})$ と書くと，$x_1,\cdots,x_{13}$ を与えたときの x_{14} の条件付確率密度関数は

$$q(x_{14}|x_1,\cdots,x_{13}) = \frac{q(\boldsymbol{x})}{q(x_1,\cdots,q_{13})}$$

と書ける．これを近似するために，(1)と(4)は

$$p(x_{14}|x_1,\cdots,x_{13};\boldsymbol{\theta}) = \frac{1}{\sqrt{2\pi\sigma^2}}\exp\left(-\frac{(x_{14}-\beta_0-\beta_1x_1-\cdots-\beta_{13}x_{13})^2}{2\sigma^2}\right) \tag{7}$$

を指定している．本稿では(5)と(6)を基礎として一般的な議論を行うのだが，これを回帰分析に適用するためには，形式的に $q(x_1,\cdots,x_{13})$ のモデル $p(x_1,\cdots,x_{13})$ を任意に与えて

$$p(\boldsymbol{x};\boldsymbol{\theta}) = p(x_{14}|x_1,\cdots,x_{13};\boldsymbol{\theta})p(x_1,\cdots,x_{13})$$

を定義したことにする．パラメータを含まない同一の $p(x_1,\cdots,x_{13})$ をすべての候補モデルに使えば，この操作のモデル選択への影響はない．

本稿では簡単のため(5)のように独立に同分布に従うことを想定しているが，少しの工夫で時系列データも扱える．たとえば時系列 $y_1,y_2,\cdots,y_n$ の時点 t の値 y_t が過去 3 時点 y_{t-3},y_{t-2},y_{t-1} の影響を直接受けて条件付確率 $q(y_t|y_{t-3},y_{t-2},y_{t-1})$ によって記述される場合，形式的に $\boldsymbol{x}_t=(y_{t-3},y_{t-2},y_{t-1},y_t)$ と定義する．初期値 y_1,y_2,y_3 に関して確率分布を与えれば，回帰分析と同様に扱える．

確率モデル $p(\boldsymbol{x};\boldsymbol{\theta})$ は未知パラメータ $\boldsymbol{\theta}$ を含んでいるので，これをデータから推定して初めて $q(\boldsymbol{x})$ の近似をしたことになる．$\boldsymbol{\theta}$ の推定法には**最大尤度法**(maximum likelihood method)，略して最尤法が様々な分野で広く用いられている．まず尤度関数を

$$p(\boldsymbol{X};\boldsymbol{\theta}) = p(\boldsymbol{x}_1;\boldsymbol{\theta})\cdots p(\boldsymbol{x}_n;\boldsymbol{\theta})$$

で定義する．尤度は本来 $\boldsymbol{\theta}$ を与えたときの $\boldsymbol{X}$ の同時確率密度を表わしているが，これを逆に解釈し，データ $\boldsymbol{X}$ を観測したときの $\boldsymbol{\theta}$ の尤(もっと)もらしさの指標として用いる．これを最大にするような $\boldsymbol{\theta}$ の値を $\hat{\boldsymbol{\theta}}$ と書くことにしよう．$\hat{\boldsymbol{\theta}}$ は**最尤推定量**(maximum likelihood estimate, MLE)と呼ばれる．実際に尤度を計算する際は，その対数を取った対数尤度

$$\ell(\boldsymbol{\theta};\boldsymbol{X}) = \sum_{t=1}^{n} \log p(\boldsymbol{x}_t;\boldsymbol{\theta}) \tag{8}$$

の方が扱いやすい．対数関数は単調増加だから，$\ell(\boldsymbol{\theta};\boldsymbol{X})$ を最大にする $\boldsymbol{\theta}$ として $\hat{\boldsymbol{\theta}}$ を定義してもよい．つまり，

$$\ell(\hat{\boldsymbol{\theta}};\boldsymbol{X}) = \max_{\boldsymbol{\theta}\in\boldsymbol{\Theta}} \ell(\boldsymbol{\theta};\boldsymbol{X})$$

である．$\hat{\boldsymbol{\theta}}$ が $\boldsymbol{X}$ の関数であることを明示するときは $\hat{\boldsymbol{\theta}}(\boldsymbol{X})$ と書く．

誤差 ϵ に正規分布を仮定した回帰モデルでは，最尤法は最小 2 乗法に一致する．正規線形回帰モデル(7)の場合，

$$\ell(\boldsymbol{\theta};\boldsymbol{X}) = -\frac{n}{2}\log(2\pi\sigma^2) - \frac{1}{2\sigma^2}\sum_{t=1}^{n}(x_{t,14}-\beta_0-\beta_1 x_{t,1}-\cdots-\beta_{13}x_{t,13})^2 \\ -n\log p(x_1,\cdots,x_{13})$$

となって，これを $\beta_0,\cdots,\beta_{13}$ について最大化するのは $\boldsymbol{\beta}$ の最小 2 乗推定量(2)に他ならない．また σ^2 について最大化すると(3)が得られる．したがって，最尤推定量 $\hat{\boldsymbol{\theta}}$ は(2)と(3)によって与えられる．最大対数尤度は $-n\log p(x_1,\cdots,x_{13})$ の項を無視すると

$$\ell(\hat{\boldsymbol{\theta}};\boldsymbol{X}) = -\frac{n}{2}\left(1+\log(2\pi\hat{\sigma}^2)\right) \tag{9}$$

である．

1.4　アミノ酸配列データ

モデル選択のもう1つの実例として，生物のDNA情報を比較して進化の系統樹を推定する問題を考える(長谷川・岸野，1996)．6種の哺乳類(ヒト=1，アザラシ=2，ウシ=3，ウサギ=4，マウス=5，オポッサム=6と番号で表わす)からミトコンドリアDNAを抽出し，そのうちタンパク質を表現している遺伝子の塩基配列だけをアミノ酸配列に変換したデータを分析に用いる．長さ$n=3414$のデータのうち$t=20,\cdots,99$番目までが図2に示されている．ここではtが表わす配列上の位置を座位と呼ぶ．たとえば$t=23$番目の座位のアミノ酸パターンは$x_{23,1}=\mathtt{I}$，$x_{23,2}=\mathtt{V}$，$x_{23,3}=\mathtt{V}$，$x_{23,4}=\mathtt{I}$，$x_{23,5}=\mathtt{I}$，$x_{23,6}=\mathtt{V}$であり，これをまとめて$\boldsymbol{x}_{23}=(\mathtt{I},\mathtt{V},\mathtt{V},\mathtt{I},\mathtt{I},\mathtt{V})'$と書く．つまり，ヒト，ウサギ，マウスはアミノ酸I(イソロイシン)，アザラシ，ウシ，オポッサムはアミノ酸V(バリン)である．全データは$\boldsymbol{X}=(\boldsymbol{x}_1,\cdots,\boldsymbol{x}_{3414})$であり，図2には$(\boldsymbol{x}_{20},\cdots,\boldsymbol{x}_{99})$が示されている．

```
           2         3         4         5         6         7         8         9
           01234567890123456789012345678901234567890123456789012345678901234567890123456789
1 ヒト       ERKILGYMQLRKGPNVVGPYGLLQPFADAMKLFTKEPLKPATSTITLYITAPTLALTIALLLWAPLPMPNPLVNLNLGLL
2 アザラシ     ERKVLGYMQLRKGPNIVGPYGLLQPIADAVKLFTKEPLRPLTSSTTMFIMAPILALALALTMWVPLPMPYPLINMNLGVL
3 ウシ       ERKVLGYMQLRKGPNVVGPYGLLQPIADAIKLFIKEPLRPATSSASMFILAPIMALGLALTMWIPLPMPYPLINMNLGVL
4 ウサギ      ERKILGYMQLRKGPNIVGPYGLLQPIADAIKLFTKEPLRPLTSSPLLFIIAPTLALTLALSMWLPIPMPYPLVNLNMGIL
5 マウス      ERKILGYMQLRKGPNIVGPYGILQPFADAMKLFMKEPMRPLTTSMSLFIIAPTLSLTLALSLWVPLPMPHPLINLNLGIL
6 オポッサム    ERKVLGYMQFRKGPNVIGPYGILQPFADALKLFIKEPLRPMTSSISMFTIAPTLALTLAFTIWTPLPMPNALLDLNLGLL
```

図2　ミトコンドリアDNAをアミノ酸配列として示したサイズ6×3414行列の一部．20種のアミノ酸はそれぞれアルファベット1文字でコード化されている．進化の結果，対応するアミノ酸は生物ごとに多少異なる．このデータセットはShimodaira and Hasegawa(1999)の分析で用いられたものである．

これらの哺乳類のDNAの違いは，遠い昔の共通祖先から分岐して，それぞれ進化した結果である．系統樹というのは，共通祖先から始まってどのような順序で分岐したかを表わすラベル付きtreeのことである．図3にはデータに比較的適合した6個の系統樹が示されている．オポッサムは他の5種の哺乳類の共通祖先から直接分岐したことが生物学的な特徴から事前にわかっているので，すべての系統樹でラベル6は根に直接付くと仮定

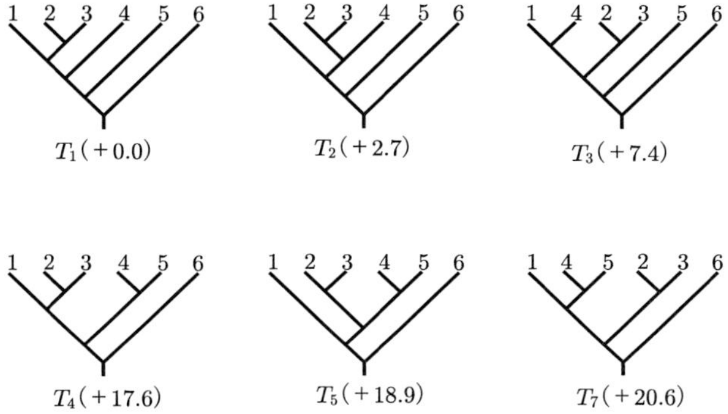

図 **3**　哺乳類の系統樹．根に相当する共通祖先からしだいに分岐して現存する 6 種の哺乳類に進化した順序を表わす．105 通りの組み合わせの中で可能性が高いと判断された 6 個の系統樹が対数尤度差 $\Delta\ell_k(\hat{\boldsymbol{\theta}}_k) = \ell_1(\hat{\boldsymbol{\theta}}_1) - \ell_k(\hat{\boldsymbol{\theta}}_k)$ とともに示されている．

している．6 種の生物では $3 \times 5 \times 7 = 105$ 通りの tree が可能であり，これらを $T_1, \cdots, T_{105}$ で表わすことにする．このうちどれが真実の系統関係を表わしているかに興味がある．

進化の過程で DNA はほぼ一定速度で変化するという仮説は分子時計と呼ばれ，この仮説に基づいて DNA の違いがどのくらいの時間を隔てているのかを推定できる．たとえば，ヒトとウシのアミノ酸配列を比較すると，$781/3414 = 0.229$ の割合でアミノ酸が異なっていた．これに対してヒトとオポッサムでは $965/3414 = 0.283$ の割合でアミノ酸が異なり，より古い時代の分岐であることを示唆している．アミノ酸がしだいに別のアミノ酸に置換されていく様子をマルコフ過程という確率モデルで表現することによって，分岐してから経過した時間の精密な議論を行う．ここでは 6 種の哺乳類を見ているので，$\dfrac{6 \times 5}{2} = 15$ 通りのペアについて分岐時間を計算すれば，階層的クラスタリング法を応用して系統樹の推定が可能になる．このような系統樹推定法は距離行列法と呼ばれる．

系統樹推定はモデル選択の一例とみなすことができる．実際，次章では最尤法によるモデル選択を系統樹推定に直接用いる(Felsenstein, 1981)．これは距離行列法に比べて計算量が多いという欠点はあるが，より複雑なモ

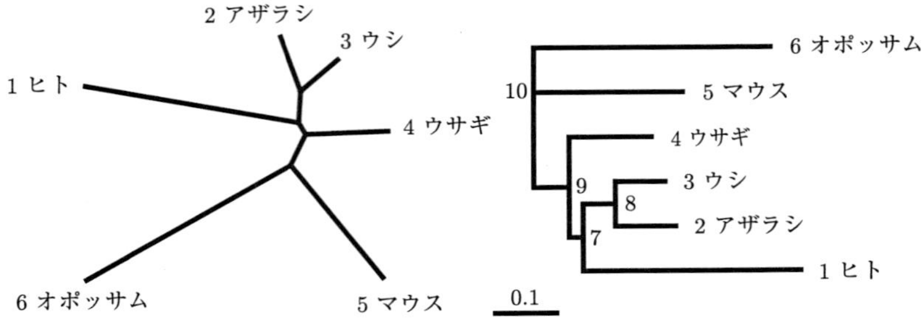

図 4　系統樹 T_1 のパラメータの最尤推定．枝の長さは座位当たりの平均置換数を表わす．9 個の枝の長さ $\hat{\theta}_1, \cdots, \hat{\theta}_9$ が示されている．左図は unrooted tree であり，根がどこについているかは指定していない．アミノ酸置換を可逆なマルコフ過程でモデル化した結果，根の位置は確率モデルには表現されなくなる．右図はオポッサムのついた枝に根があると仮定して，他の 5 種の rooted tree になっている．rooted tree で現在を表わす右端がそろっていないのは，進化速度が種によって変化することを示唆している．

デリングも可能であり，推定精度の高い方法である．モデル選択を行うために，まず系統樹の確率モデルを明らかにする．

系統樹を仮に 1 つ定めると，アミノ酸配列データのパラメトリック確率モデルを特定したことになる．たとえば図 3 の系統樹 T_1 が仮に真実だったと仮定しよう．ここでは図 4 に示したように，根の位置を指定しない unrooted tree を用いるので，枝の個数は 9 である．各枝の長さは進化に沿った時間を反映しており，これをパラメータ $\hat{\theta}_1, \cdots, \hat{\theta}_9$ で表わす．ノード i をその親ノードとつなぐ枝を θ_i としている．20 種のアミノ酸を表わすアルファベットの集合を A，アミノ酸 $i \in A$ の相対頻度を π_i，アミノ酸 $i \in A$ が枝長 s の時間の経過でアミノ酸 $j \in A$ に置き換わる確率を $P_{ij}(s)$ と表わそう．ただし可逆性 $\pi_i P_{ij}(s) = \pi_j P_{ji}(s)$ を仮定しておく．すると系統樹の葉におけるアミノ酸パターンを表わす確率変数 $\boldsymbol{x} = (x_1, \cdots, x_6)'$ の確率関数 $p(\boldsymbol{x}; \boldsymbol{\theta})$ は次のように書き下せる．

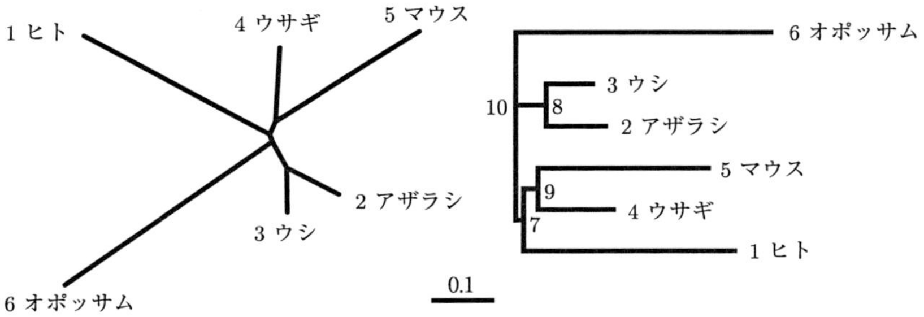

図 5　系統樹 T_7 のパラメータの最尤推定．ヒト，ウサギ，マウスの関係をみると，T_7 ではウサギとマウスが近縁となる従来の生物学の仮説を支持する．一方 T_1 はウサギとヒトが近縁となる新たな「発見」を支持する．

$$p(\boldsymbol{x};\boldsymbol{\theta}) = \sum_{i_{10}\in A} \pi_{i_{10}} P_{i_{10}x_6}(\theta_6) P_{i_{10}x_5}(\theta_5) \sum_{i_9\in A} P_{i_{10}i_9}(\theta_9) P_{i_9x_4}(\theta_4) \times \sum_{i_7\in A} P_{i_9i_7}(\theta_7) P_{i_7x_1}(\theta_1) \sum_{i_8\in A} P_{i_7i_8}(\theta_8) P_{i_8x_2}(\theta_2) P_{i_8x_3}(\theta_3) \quad (10)$$

これは条件付確率の公式を繰り返し用いることによって確かめられる．ところが，もし図 5 の系統樹 T_7 が真実であると仮定すると，確率関数は

$$p(\boldsymbol{x};\boldsymbol{\theta}) = \sum_{i_{10}\in A} \pi_{i_{10}} P_{i_{10}x_6}(\theta_6) \sum_{i_8\in A} P_{i_{10}i_8}(\theta_8) P_{i_8x_2}(\theta_2) P_{i_8x_3}(\theta_3) \times \sum_{i_7\in A} P_{i_{10}i_7}(\theta_7) P_{i_7x_1}(\theta_1) \sum_{i_9\in A} P_{i_7i_9}(\theta_9) P_{i_9x_4}(\theta_4) P_{i_9x_5}(\theta_5) \quad (11)$$

となる．これら具体的な式はこれ以降の議論には直接関係ないが，重要なのは，どの系統樹を真実と仮定するかによって確率モデルも変化することだ．そこで，(10)を $p_1(\boldsymbol{x};\boldsymbol{\theta}_1)$，(11)を $p_7(\boldsymbol{x};\boldsymbol{\theta}_7)$ と書いて区別しよう．パラメータベクトルも対応する成分が同じ意味を持つとは限らないので，添字で区別してある．それぞれの系統樹で確率モデルが定まり，パラメータベクトルは最尤法によって推定できる．回帰分析と比べて対数尤度関数がやや複雑になり，$\hat{\boldsymbol{\theta}}$ を数式として書き下す代わりに数値的に対数尤度関数を最大化して $\hat{\boldsymbol{\theta}}$ を計算する．ここでは PAML(Yang，1997)というソフトウエアを用いて最尤法を数値的に実行した．$\hat{\boldsymbol{\theta}}_1$ は図 4，$\hat{\boldsymbol{\theta}}_7$ は図 5 に示され

ている．そして 105 個の系統樹に対応した 105 個のパラメトリック確率モデルから現実をよく近似するものを選ぶ，というモデル選択によって系統樹推定が行われる．

モデル選択の話題に移る前に，ここでアミノ酸置換のマルコフ過程について簡単に説明しておく．微小時間 Δs の間にアミノ酸 i がアミノ酸 j に置換する確率 $P_{ij}(\Delta s)$ を成分とする 20×20 行列が $\boldsymbol{P}(\Delta s) = \boldsymbol{I} + \Delta s \boldsymbol{Q}$ と書けると仮定する．ただし，$\boldsymbol{I}$ は単位行列，$\boldsymbol{Q}$ は 20×20 行列で多くの DNA を分析して経験的に定めたものであり，平均置換数が Δs になるように定数倍を掛けて調整してある．すると，$s > 0$ では $\lim_{\Delta s \to 0} (\boldsymbol{I} + \Delta s \boldsymbol{Q})^{\frac{s}{\Delta s}}$ の極限を考えて，$\boldsymbol{P}(s) = \sum_{k=0}^{\infty} \frac{1}{k!} (s\boldsymbol{Q})^k = \exp(s\boldsymbol{Q})$ と書けることになる．s は置換数の期待値を表わし，もし分子時計が正確ならば実際の時間に比例する．この確率モデルを 2 種の哺乳類のアミノ酸配列に当てはめて確率を最大にするように s を推定すると，たとえばヒトとウシでは 0.294，ヒトとオポッサムでは 0.419 となった．これらの推定値はデータから直接観測されたアミノ酸置換数より大きく，同じ座位で複数回の置換が起こっていることを示唆している．図 4 や図 5 の分析では，さらに座位によって置換速度に差があることを考慮する精密な確率モデルを用いている．これを 2 種の配列に当てはめて s を推定すると，ヒトとウシでは 0.404，ヒトとオポッサムでは 0.609 となる．

1.5 尤度原理

一般に確率モデルの候補を

$$p_k(\boldsymbol{x}; \boldsymbol{\theta}_k), \quad k = 1, \cdots, K \tag{12}$$

とする．これに対応して，対数尤度関数を $\ell_k(\boldsymbol{\theta}_k; \boldsymbol{X})$，最尤推定を $\hat{\boldsymbol{\theta}}_k$ と書く．アミノ酸配列データの例では系統樹 $T_1, \cdots, T_{105}$ が候補となっているので，$K = 105$ である．候補の中でどれが現実をよく近似するモデルなのかは事前にはわからず，データに照らし合わせて尤もらしいモデルを選びたい．このような統計的モデル選択は，いわばパラメトリック確率モデルの推定である．モデル選択によって推定した k を $\hat{k}$ と書くと，$p_{\hat{k}}(\boldsymbol{x}; \hat{\boldsymbol{\theta}}_{\hat{k}})$ が

$q(\boldsymbol{x})$ の良い近似になっていることを期待している．

モデル $p_k(\boldsymbol{x};\boldsymbol{\theta}_k)$ のパラメータ $\boldsymbol{\theta}_k$ を推定するために，1.3 節では $\ell_k(\boldsymbol{\theta}_k;\boldsymbol{X})$ を最大にする $\hat{\boldsymbol{\theta}}_k$ を用いた．この最尤法の考え方をモデル選択にも適用して k を推定する方法はごく自然に思いつくだろう．つまり $\ell_k(\hat{\boldsymbol{\theta}}_k;\boldsymbol{X})$ を最大にするような k の値として $\hat{k}$ を定義する．そもそも $(k,\boldsymbol{\theta}_k)$ の組を未知パラメータとみなして，k と $\boldsymbol{\theta}_k$ を同時に動かして尤度を最大化すると，

$$\ell_{\hat{k}}(\hat{\boldsymbol{\theta}}_{\hat{k}};\boldsymbol{X}) = \max_{k=1}^{K} \max_{\boldsymbol{\theta}_k \in \boldsymbol{\Theta}_k} \ell_k(\boldsymbol{\theta}_k;\boldsymbol{X}) \tag{13}$$

であるから，$(\hat{k},\hat{\boldsymbol{\theta}}_{\hat{k}})$ が最尤推定量である．統計的推測は尤度関数だけに基づいて行われるべきだという考え方があり，尤度原理と呼ばれる．上で述べた最尤法によるモデル選択は，尤度原理をモデル選択へ適用したものである．

最尤法によるモデル選択をアミノ酸配列データに用いて系統樹推定を行ってみよう．まず個々の系統樹について $p_k(\boldsymbol{x};\boldsymbol{\theta}_k)$ を書き下し，$\boldsymbol{\theta}_k$ の最尤推定を数値的に行って最大対数尤度 $\ell_k(\hat{\boldsymbol{\theta}}_k,\boldsymbol{X})$ を計算する．これを $k=1,\cdots,105$ について実行し，$\ell_k(\hat{\boldsymbol{\theta}}_k,\boldsymbol{X})$ を最大にする $\hat{k}$ を選ぶ．実はこの例では $\ell_k(\hat{\boldsymbol{\theta}}_k,\boldsymbol{X})$ の大きい順に系統樹を並べ替えて $\ell_1(\hat{\boldsymbol{\theta}}_1,\boldsymbol{X}) \geq \ell_2(\hat{\boldsymbol{\theta}}_2,\boldsymbol{X}) \geq \cdots \geq \ell_{105}(\hat{\boldsymbol{\theta}}_{105},\boldsymbol{X})$ としてあるので $\hat{k}=1$ である．図 3 には対数尤度差 $\Delta\ell_k(\hat{\boldsymbol{\theta}}_k)=\ell_1(\hat{\boldsymbol{\theta}}_1)-\ell_k(\hat{\boldsymbol{\theta}}_k)$ も示されている．T_1 は最尤法によって選ばれる系統樹，すなわち最尤系統樹である．$T_2,T_3,T_4,\cdots$ としだいに対数尤度差が大きくなり，確率モデルのデータへの当てはまりが悪くなっていく．

1.6　モデルの包含関係

住宅価格データの変数選択をモデル選択として理解するために，確率モデルの候補を書き出してみる．目的変数の要因として用いる説明変数の組み合わせを $\{x_i, i \in S\}$ とする．ここで適切な $S \subset \{1,\cdots,13\}$ を選ぶことが変数選択であり，S を仮に 1 つ定めるとパラメトリック確率モデルを特定したことになる．目的変数と説明変数の関係式(1)は

$$x_{14} = \beta_0 + \sum_{i \in S} \beta_i x_i + \epsilon \tag{14}$$

と書き換えられ，$p(\boldsymbol{x};\boldsymbol{\theta})$ は(7)式において $\beta_i = 0,\ i \notin S$ とおくことにより得られる．$\boldsymbol{\theta}$ の成分は $\beta_i,\ i \in S$ と β_0, σ^2 である．

13 個の説明変数のすべての組み合わせは $2^{13} = 8192$ 通りあるので，これらに番号を適当に振る．ここでは S を 2 進数で表現して $k = 1 + \sum_{i \in S} 2^{i-1}$ とする．$S_1 = \{\}$, $S_2 = \{1\}$, $S_3 = \{2\}$, $S_4 = \{1,2\}$, $S_5 = \{3\}$, $\cdots$, $S_{8191} = \{2, \cdots, 13\}$, $S_{8192} = \{1, \cdots, 13\}$ などとなる．ただし空集合 $\{\}$ は説明変数を 1 つも用いないことを表わす．モデルの候補リスト(12)において総数は $K = 8192$ であり，$p_k(\boldsymbol{x};\boldsymbol{\theta}_k)$ に対応する説明変数の組み合わせを S_k で与えればよい．

最尤法によるモデル選択を変数選択にそのまま用いてもうまくいかない．一般に 2 つの集合 S_k と $S_{k'}$ が包含関係 $S_k \subset S_{k'}$ にあるとき，$\hat{\sigma}_k^2 \geq \hat{\sigma}_{k'}^2$ であるから，(9)式より $\ell_k(\hat{\boldsymbol{\theta}}_k;\boldsymbol{X}) \leq \ell_{k'}(\hat{\boldsymbol{\theta}}_{k'};\boldsymbol{X})$ となる．S_{8192} は他のすべての S_k を部分集合として含むので常に $\ell_k(\hat{\boldsymbol{\theta}}_k;\boldsymbol{X}) \leq \ell_{8192}(\hat{\boldsymbol{\theta}}_{8192};\boldsymbol{X})$ であり，最尤法ではどのようなデータを入力しても $\hat{k} = 8192$ となってしまう．

このような最尤法の問題は回帰分析に限ったことではない．一般に包含関係にあるモデルでは同様の問題が起こる．包含関係を説明するために，まずモデル $p_k(\boldsymbol{x};\boldsymbol{\theta}_k)$ の $\boldsymbol{\theta}_k$ を動かして得られる確率密度関数の集合を

$$M_k = \{p_k(\boldsymbol{\theta}_k) \mid \boldsymbol{\theta}_k \in \boldsymbol{\Theta}_k\}$$

と書くことにする．M_k の要素 $p_k(\boldsymbol{\theta}_k)$ では $\boldsymbol{x}$ を省略してあるが，これは $\boldsymbol{x}$ に関する確率密度関数を表わしており，特定の $\boldsymbol{x}$ における $p_k(\boldsymbol{x};\boldsymbol{\theta}_k)$ の値ではないことを明示するためである．M_k でモデルを表現すると，パラメータ $\boldsymbol{\theta}_k$ の変数変換に対してモデルが不変になることは 1 つの利点だろう．たとえば回帰分析で $\theta_1 = \beta_1$ もしくは $\theta_1 = -\beta_1$ とするかは本質的な違いではなく同一の M_k になるが，$p_k(\boldsymbol{x};\boldsymbol{\theta}_k)$ の関数形は異なってしまう．

2 つのモデル M_k と $M_{k'}$ が集合としての包含関係 $M_k \subset M_{k'}$ にある場合を考えよう．変数選択では $S_k \subset S_{k'}$ ならば $M_k \subset M_{k'}$ である．このときある $\boldsymbol{\theta}_{k'} \in \boldsymbol{\Theta}_{k'}$ が存在して $p_k(\hat{\boldsymbol{\theta}}_k) = p_{k'}(\boldsymbol{\theta}_{k'})$ であるから，$\ell_k(\hat{\boldsymbol{\theta}}_k;\boldsymbol{X}) = \ell_{k'}(\boldsymbol{\theta}_{k'};\boldsymbol{X}) \leq \ell_{k'}(\hat{\boldsymbol{\theta}}_{k'};\boldsymbol{X})$ となって，包含関係にあるモデルの比較では，より一般的なモデルの方が常に最大対数尤度が大きくなってしまう．なお系統樹に

対応するモデル $M_1, \cdots, M_{105}$ はどれも互いに包含関係にないので，このような問題はない．

1.7　尤度比検定

最大対数尤度はモデルのデータへの当てはまりの良さを表わしており，多くのパラメータを持つ複雑なモデルの方が微妙な調整をして最大対数尤度を大きくできるというのは，ごく自然なことである．だからといって，いくらでも複雑なモデルを用いればよいわけではない．もし最大対数尤度の差が十分に大きくなければ，より簡潔なモデルを用いた方がよいだろう．

この考えを定量的な判断にするために，統計的仮説検定では次のように定式化する．包含関係にある2つのモデル $M_k \subset M_{k'}$ のうち，小さい方のモデル M_k が正しいと仮定する．すなわち真の確率密度関数 $q(\boldsymbol{x})$ が M_k の要素であると仮定する．すると $q \in M_k \subset M_{k'}$ なので $q \in M_{k'}$ となって大きいほうのモデル $M_{k'}$ も正しい．比較する2つのモデルのどちらも正しいので，この場合は小さいモデル M_k を選びたいが，それでも常に対数尤度差 $\Delta\ell(\boldsymbol{X}) = \ell_{k'}(\hat{\boldsymbol{\theta}}_{k'}(\boldsymbol{X}); \boldsymbol{X}) - \ell_k(\hat{\boldsymbol{\theta}}_k(\boldsymbol{X}); \boldsymbol{X})$ は非負であり，最尤法によるモデル選択では $M_{k'}$ が選ばれてしまう．ここであえて $\boldsymbol{X}$ の関数の形に書いたのは，$\Delta\ell(\boldsymbol{X})$ が確率変数でありデータのバラツキによって変動することを強調するためである．もし $M_{k'}$ は正しいが M_k は正しくない場合には，$\Delta\ell(\boldsymbol{X})$ はさらに大きくなる傾向があるはずだから，ある閾値を決めておいてそれより $\Delta\ell(\boldsymbol{X})$ が小さい場合には M_k を選ぶことにしよう．

もし $q \in M_k$ なら，かなりゆるい条件下で $2\Delta\ell(\boldsymbol{X})$ は自由度 $m = \dim \boldsymbol{\theta}_{k'} - \dim \boldsymbol{\theta}_k$ のカイ2乗分布に近似的に従うことが知られており，n が十分に大きいときこの近似が良くなる．自由度 m のカイ2乗分布に従う確率変数が x 以下になる確率を $p = F_m(x)$ で表わす．すなわち $F_m(x)$ は確率分布関数であり，その逆関数を $F_m^{-1}(p) = x$ で定義する．このとき $2\Delta\ell(\boldsymbol{X})$ が十分に大きいかどうかを判断する閾値を $F_m^{-1}(0.95)$ で与えると，M_k が正しいとき

$$P\left\{2\Delta\ell(\boldsymbol{X}) > F_m^{-1}(0.95)\right\} \approx 1 - F_m(F_m^{-1}(0.95)) = 0.05$$

となる．つまり M_k が正しいにもかかわらず誤って $M_{k'}$ を選ぶ確率がほぼ 0.05 になる．言い換えると，M_k が正しいとき，これを選ぶ確率はほぼ 95% である．統計的仮説検定では，まず M_k が正しいと仮定して議論を進めているので，M_k を選ぶことを仮説の受容と呼び，$M_{k'}$ を選ぶことを仮説の棄却と呼ぶ．用いた統計量 $\Delta\ell(\boldsymbol{X})$ は尤度の比の対数なので，このような手続きは**尤度比検定**(likelihood ratio test)と呼ばれる．偶然に $2\Delta\ell(\boldsymbol{X})$ 以上の値が観測される確率 $1-F_m(2\Delta\ell(\boldsymbol{X}))$ がこの検定の確率値である．

尤度比検定を住宅価格データに適用した結果が表 3 に示されている．S_k は∗と-の並びで表現されていて，たとえば，

$$S_{5121}=\{11,13\}=\texttt{----------*-*}$$

である．すべての M_k に共通して同じ $M_{k'}$ を比較の対照として用いるために，$k'=8192$ すなわち $S_{k'}=\{1,\cdots,13\}$ とした．表 3 には 8192 通りのすべてのモデルのうち代表的なものだけが表示されている．具体的には，尤度比検定の確率値が 0.05 以上になったモデルと，予測に用いる変数の数

表 3 住宅価格データの変数選択

k	$\lvert S_k\rvert$	$-2\ell_k(\hat{\boldsymbol{\theta}}_k)$	$2\Delta\ell_k(\hat{\boldsymbol{\theta}}_k)$	確率値	AIC_k	$\Delta\mathrm{AIC}_k$	S_k のパターン
4097	1	896.7	277.5	0.000	902.7	256.0	------------*
5121	2	826.0	206.8	0.000	834.0	187.3	----------*-*
4130	3	765.1	145.9	0.000	775.1	128.4	*----*------*
5154	4	722.5	103.3	0.000	734.5	87.8	*----*----*-*
7202	5	705.5	86.3	0.000	719.5	72.8	*----*----***
5298	6	675.0	55.8	0.000	691.0	44.3	*---**-*--*-*
7346	7	661.1	41.8	0.000	679.1	32.4	*---**-*--***
7354	8	648.9	29.7	0.000	668.9	22.2	*--***-*--***
8114	9	635.6	16.4	0.003	657.6	10.9	*---**-******
8122	10	625.6	6.3	0.096	649.6	2.9	*--***-******
8124	11	620.7	1.5	0.479	646.7	0	**-***-******
8126	11	624.7	5.5	0.065	650.7	4.0	*-****-******
8128	12	619.2	0.008	0.929	647.2	0.5	*****-******
8188	12	620.7	1.5	0.225	648.7	2.0	**-**********
8192	13	619.2	0	1.000	649.2	2.5	*************

確率値は尤度比検定($k'=8192$)により計算した．ただし $k=8192$ の確率値は形式的に 1 とおいた．S_k のパターンは $x_1,\cdots,x_{13}$ のうち選んだ変数 (∗) と選ばなかった変数 (-) を表わしている．確率値が 0.05 以上になるすべてのモデルに加えて，各 $\lvert S_k\rvert=1,\cdots,13$ において $\ell_k(\hat{\boldsymbol{\theta}}_k)$ を最大にするモデルが示されている．

$|S_k|=1,\cdots,13$ が同一なモデルのうち $\ell_k(\hat{\boldsymbol{\theta}}_k;\boldsymbol{X})$ を最大にするものである．

最大対数尤度の差 $\Delta\ell_k(\hat{\boldsymbol{\theta}}_k;\boldsymbol{X})=\ell_{8192}(\hat{\boldsymbol{\theta}}_{8192};\boldsymbol{X})-\ell_k(\boldsymbol{\theta}_k;\boldsymbol{X})$ を見ると，確かに S_{8192} が最大対数尤度の最大値を与えている．尤度比検定によって確率値が 0.05 以上になるモデルの k を集めた集合を $\hat{K}_{LR}$ とすると，$\hat{K}_{LR}=\{8122,8124,8126,8128,8188,8192\}$ となって 6 個のモデルが受容されていることがわかる．このうち

$$S_{8122}=\{1,4,5,6,8,\cdots,13\}=\texttt{*--***-******} \tag{15}$$

は $|S_k|=10$ で変数の個数が最小になる．住宅価格データでは $\hat{K}_{LR}$ の要素のうち最小な S_k が 1 つ定まり，$S_{8122}\subset S_k,\ k\in\hat{K}_{LR}$ であるが，一般には極小な S_k が複数個得られる．

S_k のパターンで (*) と (-) のどちらでもよいことを記号 (.) で表わすと，

$$\texttt{*..***.******} \tag{16}$$

は S_{8122} を部分集合として含むような 8 個の $S_k\supset S_{8122}$ を表わす．もし仮に(15)が正しいなら(16)の要素はすべて正しいはずだが，このうち 6 個だけが $\hat{K}_{LR}$ に含まれている．これは矛盾とも考えられるので，$\hat{K}_{LR}$ の閉包

$$\{k\mid\exists k'\in\hat{K}_{LR},S_k\supset S_{k'}\} \tag{17}$$

を受容モデルの集合と変更する．このように閉包を用いるのは closure method の一例であり，一般に多数の仮説検定を同時に行う際の多重性の問題を回避する方法として知られている(Marcus et al., 1976)．住宅価格データの(17)は(16)である．

最後に，尤度比検定と t-検定の関係について述べておこう．正規線形回帰分析において $S_k\subset S_{k'}$ とすると，M_k が正しいとき

$$\frac{n-|S_{k'}|-1}{|S_{k'}|-|S_k|}\times\frac{\hat{\sigma}_k^2-\hat{\sigma}_{k'}^2}{\hat{\sigma}_{k'}^2} \tag{18}$$

は自由度 $(|S_{k'}|-|S_k|,n-|S_{k'}|-1)$ の F-分布に従うことが知られている．そこで(18)で与えられる統計量が F-分布から予想されるより大きな値を取った場合に M_k を棄却する方法は F-検定と呼ばれる．正規回帰では F-検定が有効であり，実は尤度比検定はこれを近似している．正規回帰以外の一般のモデルでは F-検定に相当するような結果を必ずしも導出できないが，多くの場合に尤度比検定の方は利用できることが利点である．t-検定

は F-検定の特殊な場合であり，特に $S_{k'}=\{1,\cdots,13\}$，$S_k=S_{k'}\setminus\{i\}$ とおいた F-検定が $\beta_i=0$ の t-検定である．表 2 と表 3 の確率値を見比べると，たとえば $\beta_3=0$ の t-検定は 0.232 であるが，S_{8188} の尤度比検定は 0.225 となり，確かにほぼ同じ数値を与えている．

1.8 赤池情報量規準

アミノ酸配列データでは最尤法によるモデル選択，住宅価格データでは尤度比検定がうまく機能したが，いずれの方法も他方のデータでうまく機能しない．住宅価格データでは最尤法は常に最大モデル S_{8192} を選んでしまうし，アミノ酸配列データでは尤度比検定に必要となる包含関係が存在しない．この意味でモデル選択の枠組みとしてはどちらも不十分である．

最尤法と尤度比検定はどちらも対数尤度差に着目してモデル選択を行っている．モデルのパラメータ数 $\dim\boldsymbol{\theta}$ が増加するにつれて対数尤度は大きくなる傾向があるが，この影響を考慮していないことが最尤法の問題点である．一方の尤度比検定はパラメータ数の差はカイ 2 乗分布の自由度として考慮されているものの，包含関係にあるモデルの比較にしか使えない．

そこで対数尤度に補正をしてパラメータ数の影響を調整したものが，赤池情報量規準 AIC である．モデル M_k の AIC は

$$\mathrm{AIC}_k=-2\times\Big(\ell_k(\hat{\boldsymbol{\theta}}_k;\boldsymbol{X})-\dim\boldsymbol{\theta}_k\Big) \tag{19}$$

と定義される．つまり $\ell_k(\hat{\boldsymbol{\theta}}_k;\boldsymbol{X})$ のパラメータ数の影響を $\dim\boldsymbol{\theta}_k$ を引くことによって調整している．当てはまりの良さは第 1 項の最大対数尤度 $\ell_k(\hat{\boldsymbol{\theta}}_k;\boldsymbol{X})$ によって測り，パラメータ数が増えることに対するペナルティを第 2 項 $\dim\boldsymbol{\theta}_k$ で与えている．同程度の当てはまりの良さならば簡潔なモデルの方がよい，というわけだ．AIC は全体が -2 倍されているので，AIC の小さなモデルほどよいことになる．モデルの候補 $M_1,\cdots,M_K$ に対して $\mathrm{AIC}_1,\cdots,\mathrm{AIC}_K$ を計算し，AIC_k を最小にする k の値として $\hat{k}$ を定義する．このように AIC 最小モデル $M_{\hat{k}}$ を選ぶのが AIC 最小化法であり，手続きとしては簡単明瞭である．

表3には住宅価格データの AIC_k が示されている．(9)より

$$\mathrm{AIC}_k = n\left(1+\log(2\pi\hat{\sigma}_k^2)\right) + 2\times\dim\boldsymbol{\theta}_k$$

であり，これを最小にする k は $\hat{k}=8124$ である．つまり M_{8124} が AIC 最小モデルである．M_k と $M_{\hat{k}}$ の AIC の差 $\Delta\mathrm{AIC}_k = \mathrm{AIC}_k - \mathrm{AIC}_{\hat{k}}$ も表3に示されており，こちらの方が直接 AIC を比較するよりわかりやすい．有意水準 0.05 の尤度比検定で受容される最小モデルは M_{8122} であったので，これと AIC 最小モデル M_{8124} を比べると，x_2 を使うか使わないかという点だけが異なる．もし有意水準が 0.10 以上 0.47 以下に設定されていれば，尤度比検定で受容される最小モデルは M_{8124} になり，AIC 最小化法によるモデル選択と同じ結果を与える．一方，アミノ酸配列データではパラメータ数がすべての系統樹で等しいので，AIC 最小化法は最尤法と常に同じ結果を与える．このようにどちらのデータでも AIC 最小化法が一見うまく機能していることがわかる．

包含関係にある2つのモデル $M_k \subset M_{k'}$ の比較では $\mathrm{AIC}_k - \mathrm{AIC}_{k'}$ は

$$\Delta\mathrm{AIC}(\boldsymbol{X}) = 2\Delta\ell(\boldsymbol{X}) - 2m$$

である．$\Delta\mathrm{AIC}(\boldsymbol{X})<0$ のとき M_k が選ばれるので，有意水準 α の尤度比検定における閾値 $F_m^{-1}(1-\alpha)$ を $2m$ に設定したと解釈できる．この場合の AIC 最小化法は，言い換えると有意水準 $\alpha = 1-F_m(2m)$ の尤度比検定である．この有意水準を $m=1,2,\cdots,10$ で計算すると，$\alpha=0.157$, 0.135, 0.112, 0.092, 0.075, 0.062, 0.051, 0.042, 0.035, 0.029のようにだんだん小さくなり，m が増えるに従って複雑な $M_{k'}$ より簡単な M_k の方が選ばれやすくなるように有意水準が調整されている．これは M_k が正しくなくても誤りの程度がわずかなら複雑な $M_{k'}$ を選ぶよりマシだと考えると合理的な判断だろう．

AIC 最小化法は正しいモデルを選ぶための手法ではない．現実のデータ解析では，そもそも候補モデル $M_1,\cdots,M_K$ のどれかが正しいモデルなどということは稀だろう．確率モデルはあくまでもデータの生成メカニズムを近似し情報を抽出するための手段に過ぎない．いくつかの確率モデルを通して様々な観点からデータを解釈することによって現象の理解が深まる．モデル選択では，「どのモデルが正しいか」ではなくて，「どのモデルが良

い近似を与えるか」という問題設定が現実的である.

2 情報量規準

この章では，AIC がどのようにして導かれるのかを説明する．AIC は確率モデルによってどれほど良い予測が期待できるかを評価している．確率モデルのパラメータ値を最尤推定によって定めた確率分布は予測分布と呼ばれるが，これが真の分布の近似としてどれほど良いかを測ることによって，予測の良し悪しを測るための「誤差」を定義する．近似の良さを与える Kullback-Leibler 情報量は，確率分布の空間におけるピタゴラスの定理，射影などの幾何的なイメージに結びつけて解釈される．このようにして定義されるモデルの良さを 2.6 節までに与えた後，データから計算されるその推定量として竹内(1976, 1983)の情報量規準 TIC を 2.7 節で導出する．AIC は TIC の近似値として導かれる．情報量規準とクロスバリデーションの関係は 2.8 節に示される．

もしパラメータ値を最尤推定とは別の方法で得る場合には，それにあわせて AIC も変更した方がよい場合がある．最尤推定に限らず一般の推定量の場合の情報量規準を 2.9 節で説明する．このほかにも，ベイズ予測分布の場合(2.10 節)と EM アルゴリズムを最尤推定に用いる場合(2.12 節)についての結果を紹介する．AIC に関連した方法としてベイズ情報量規準 BIC を 2.11 節で紹介する．2.9 節から 2.12 節はやや高度な内容を含むので，省略して 3 章に進んでもよい．

AIC の応用例は坂本・石黒・北川(1983)や赤池・北川(1994)が詳しい．AIC 全般について柴田(1988)や統計学辞典(竹内，1989, pp. 459–465)も簡潔に記述している．下平(1999)は AIC の導出からバラツキ評価までをまとめている．

2.1　エントロピー

情報量規準で用いる Kullback-Leibler 情報量は情報理論のエントロピーの概念から自然に導かれる．まずこの点について調べよう．なお統計学辞典(竹内，1989, pp.581–586)にも簡潔な説明がある．

確率変数 $\boldsymbol{x}$ を観測したとき，これが持っていた情報量を

$$-\log q(\boldsymbol{x}) \tag{20}$$

で定義する．関数 $y = -\log x$ は x の単調減少関数であり，$q(\boldsymbol{x})$ が小さいほど(20)は大きな値を取る．稀なことが実際に起こったときにはニュースバリューが高いから，情報量が大きくなるのは直感的にも妥当な定義だろう．n 個の独立な観測値の同時分布に(20)を適用すると

$$-\log\left(q(\boldsymbol{x}_1)\cdots q(\boldsymbol{x}_n)\right) = -\sum_{t=1}^{n} \log q(\boldsymbol{x}_t) \tag{21}$$

のように各 $\boldsymbol{x}_t$ の情報量の和になる．全体の情報量が各要素の情報量の和になるのも直感的に妥当である．このように積を和に変換するのは対数関数の特性であるので，上記のような性質を持つ $q(\boldsymbol{x})$ の関数は，実は(20)またはその定数倍に限られる．

符号化の理論を扱う情報理論では，情報量は本質的な役割を果たしている．符号化とは入力 $\boldsymbol{x}$ を文字列に変換することであり，逆にその文字列から $\boldsymbol{x}$ を復元することが復号である．データ $\boldsymbol{X}$ を極力圧縮して記録したり伝送したりするのが目的である．たとえばコンピュータ内部では通常 0 と 1 の 2 種類の文字だけを使って各 $\boldsymbol{x}$ を表現するのだが，出現頻度の高い $\boldsymbol{x}$ には少しでも短い文字列を割り当て，逆にめったに出現しない $\boldsymbol{x}$ には長めの文字列を割り当てるような符号化をすれば，すべての $\boldsymbol{x}$ に同じ長さの文字列を割り当てるより効率がよい．

Shannon の情報源符号化定理によれば，平均符号長を最小化する最適な符号化は $\boldsymbol{x}$ を長さ $-\log q(\boldsymbol{x})$ の文字列に変換することである．つまり情報量が符号長になる．ただしここでは符号化の話を容易に進めるために，$\boldsymbol{x}$ は離散量としておき，また符号長を整数に丸める影響を無視する．このよ

うな符号が存在することは情報理論の Kraft の不等式によって保証されており，逆に符号長を与えれば対応する確率分布が得られるので，確率分布と符号長は 1 対 1 対応しているといってもよい．この符号化の平均符号長は情報量の期待値

$$E_q\{-\log q(\boldsymbol{x})\} = -\sum_{\boldsymbol{x}} q(\boldsymbol{x}) \log q(\boldsymbol{x})$$

であり，エントロピーと呼ばれる．ただし $E_q\{\cdot\}$ は確率関数 $q(\boldsymbol{x})$ に関する期待値を表わし，$\sum_{\boldsymbol{x}}$ は $\boldsymbol{x}$ の可能な範囲の和を意味する．エントロピーの定義で対数の底は符号化に用いる文字セットの数にすべきであり，例えば 0 か 1 だけなら底を 2 にして単位をビットとする．しかし底を変えても情報量が定数倍されて単位が変わるだけなので，ここでは自然対数を用いる．ちなみにこの場合の情報量の単位はナットと呼ばれる．

真の確率分布 $q(\boldsymbol{x})$ は未知だから符号化には利用できない．そこでモデル $p(\boldsymbol{x})$ を仮定して最適な符号化を行うと，$\boldsymbol{x}$ の符号長は $-\log p(\boldsymbol{x})$ になる．この平均符号長を $L(q,p)$ と書くと

$$L(q,p) = E_q\{-\log p(\boldsymbol{x})\} = -\sum_{\boldsymbol{x}} q(\boldsymbol{x}) \log p(\boldsymbol{x})$$

である．最適な符号化はモデル $p(\boldsymbol{x})$ が真の分布 $q(\boldsymbol{x})$ に等しいときに最小の平均符号長を与えるから，$p(\boldsymbol{x})$ の $q(\boldsymbol{x})$ からのズレに応じて平均符号長が増大しているはずである．平均符号長の増分は $L(q,p)$ から $L(q,q)$ を差し引いて

$$D(q,p) = L(q,p) - L(q,q) = \sum_{\boldsymbol{x}} q(\boldsymbol{x}) \log \frac{q(\boldsymbol{x})}{p(\boldsymbol{x})} \tag{22}$$

となる．この量は Kullback-Leibler 情報量，別名で相対エントロピーとも呼ばれる．連続変量に対しては

$$D(q,p) = E_q\left\{\log \frac{q(\boldsymbol{x})}{p(\boldsymbol{x})}\right\} = \int q(\boldsymbol{x}) \log \frac{q(\boldsymbol{x})}{p(\boldsymbol{x})}\, d\boldsymbol{x}$$

と定義される．ただし $E_q\{\cdot\}$ は密度関数 $q(\boldsymbol{x})$ に関する期待値を表わし，積分は $\boldsymbol{x}$ の取りうるすべての範囲について行う．

一般に $\log x \le x-1$ に注意すると

$$D(q,p) = -\sum_{\boldsymbol{x}} q(\boldsymbol{x}) \log \frac{p(\boldsymbol{x})}{q(\boldsymbol{x})}$$
$$\geq -\sum_{\boldsymbol{x}} q(\boldsymbol{x}) \left(\frac{p(\boldsymbol{x})}{q(\boldsymbol{x})} - 1 \right) = \sum_{\boldsymbol{x}} (q(\boldsymbol{x}) - p(\boldsymbol{x})) = 0$$

すなわち $D(q,p) \geq 0$ がいえて，等号は $p(\boldsymbol{x}) \equiv q(\boldsymbol{x})$ の場合に限る．これより真の分布 $q(\boldsymbol{x})$ を用いた Shannon の最適な符号化が確かに平均符号長を最小にしていたこともわかる．$p(\boldsymbol{x})$ が $q(\boldsymbol{x})$ の良い近似ならば $D(q,p)$ も小さくて平均符号長はあまり増えないが，$p(\boldsymbol{x})$ が $q(\boldsymbol{x})$ を十分に近似していない場合は $D(q,p)$ が大きくなって平均符号長が増大してしまう．

2.2 幾何的なイメージ

Kullback-Leibler 情報量は確率分布間の隔たりを測る一種の距離のようなものである．一般に $D(q,p) \neq D(p,q)$ であって，この非対称性や 3 角不等式が成立しないことから厳密な意味で距離とはいえないが，分布間の隔たりを測っていることは間違いない．そこで情報量 $D(q,p)$ を点 q と点 p の隔たりとする幾何的なイメージに結びつけよう．すべての確率分布を含むような空間を想定して，各分布はその空間の 1 点であるとみなす．このような考え方は Efron(1978)や Amari(1985)によって展開された情報幾何に基づいている．詳細な議論は，たとえば甘利・長岡(1993)を参照されたい．なお，Kullback-Leibler 情報量の定義に出てくる期待値の計算は $\boldsymbol{x}$ が連続の場合も離散の場合もルベーグ積分を用いれば形式的に統一して扱えるので，以下では積分記号を用いて

$$L(q,p) = -\int q(\boldsymbol{x}) \log p(\boldsymbol{x})\, d\boldsymbol{x}$$

とする．

まずパラメトリックモデル $p(\boldsymbol{x};\boldsymbol{\theta})$ に関して，$D(q,p(\boldsymbol{\theta}))$ を最小にする $\boldsymbol{\theta} \in \boldsymbol{\Theta}$ の値を $\bar{\boldsymbol{\theta}}$ と定義する．$L(q,q)$ は $\boldsymbol{\theta}$ に依存しない定数とみなせるから，$D(q,p(\boldsymbol{\theta}))$ を最小にする代わりに $L(q,p(\boldsymbol{\theta}))$ を最小にして，

$$L(q, p(\bar{\boldsymbol{\theta}})) = \min_{\boldsymbol{\theta} \in \boldsymbol{\Theta}} L(q, p(\boldsymbol{\theta})) \tag{23}$$

と定義してもよい．解釈には $D(q,p)$ を用いるが，計算には $L(q,p)$ の方が都合がよいことがあるので，このような置き換えを適宜行う．モデル $p(\boldsymbol{x};\boldsymbol{\theta})$ のパラメータ $\boldsymbol{\theta}$ を調節して $q(\boldsymbol{x})$ の良い近似を得るには，$\bar{\boldsymbol{\theta}}$ が最適なパラメータ値である．どのような $\boldsymbol{\theta} \in \boldsymbol{\Theta}$ を用いても $D(q,p(\boldsymbol{\theta})) \geq D(q,p(\bar{\boldsymbol{\theta}}))$ であるから，Kullback-Leibler 情報量をこれより小さくするようなパラメータ値はない．$\bar{\boldsymbol{\theta}}$ が q に依存して決まることを明示するときは $\bar{\boldsymbol{\theta}}(q)$ と書く．

$D(q,p(\boldsymbol{\theta}))$ が小さい，すなわち $p(\boldsymbol{\theta})$ が q の良い近似を与えることを，点 q と点 $p(\boldsymbol{\theta})$ が近いという幾何的なイメージで解釈する(図 6)．確率分布の集合 $M = \{p(\boldsymbol{\theta}) \mid \boldsymbol{\theta} \in \boldsymbol{\Theta}\}$ に含まれる点 $p(\boldsymbol{\theta}) \in M$ の中で最も q に近い点が $p(\bar{\boldsymbol{\theta}})$ である．言い換えると，q から集合 M へおろした垂線の足が $p(\bar{\boldsymbol{\theta}})$ であり，これを q から M への射影と呼ぶ．記号を簡単にするため $p(\bar{\boldsymbol{\theta}})$ を $\bar{p}$ と省略して書く．

$D(q,\bar{p})$ が小さいモデルほど，最適なパラメータ値を用いた分布 $p(\boldsymbol{x};\bar{\boldsymbol{\theta}})$ が真の分布 $q(\boldsymbol{x})$ の良い近似になっている．もしモデルが正しい，すなわち $q \in M$ ならば，$q = \bar{p}$ であり Kullback-Leibler 情報量は最小値 $D(q,\bar{p}) = 0$ を取る．この場合，$\bar{\boldsymbol{\theta}}$ はいわば真のパラメータ値である．しかし一般にモ

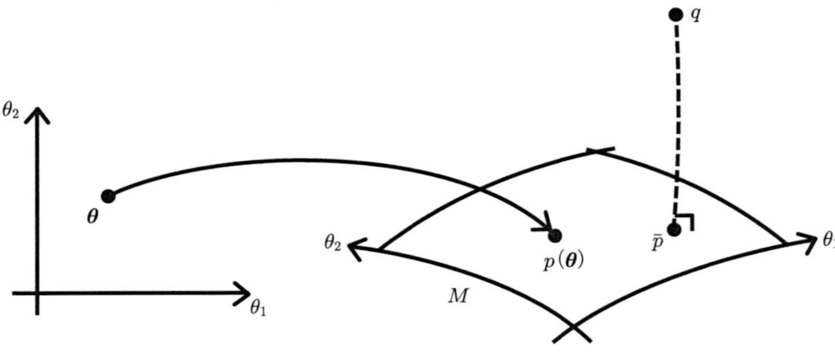

図 6　確率分布の空間の幾何的イメージ．確率分布は点，モデル M は曲面として表現される．パラメータ値 $\boldsymbol{\theta}$ に対応して点 $p(\boldsymbol{\theta})$ が定まる．点 q から曲面 M への射影が $\bar{p} = p(\bar{\boldsymbol{\theta}})$ である．

デルは近似であり $q \notin M$ である．このとき $D(q, \bar{p}) > 0$ なので，そもそも真のパラメータ値は存在せず，$\bar{\boldsymbol{\theta}}$ は最適パラメータ値に過ぎない．

2.3 Kullback-Leibler 情報量の展開

Kullback-Leibler 情報量 $D(q, p(\boldsymbol{\theta}))$ を $\boldsymbol{\theta}$ の関数とみなしてテーラー展開し，その性質を調べよう．$\bar{\boldsymbol{\theta}}$ は $\boldsymbol{\Theta}$ の内点であることや積分と微分の順序が交換可能であることなどを仮定すると，$\bar{\boldsymbol{\theta}}$ は $L(q, p(\boldsymbol{\theta}))$ の極値を与えるから

$$\frac{\partial L(q, p(\boldsymbol{\theta}))}{\partial \boldsymbol{\theta}}\bigg|_{\bar{\boldsymbol{\theta}}(q)} = -\int q(\boldsymbol{x}) \frac{\partial \log p(\boldsymbol{x}; \boldsymbol{\theta})}{\partial \boldsymbol{\theta}}\bigg|_{\bar{\boldsymbol{\theta}}(q)} d\boldsymbol{x} = \mathbf{0} \qquad (24)$$

である．ただし，$\partial / \partial \boldsymbol{\theta}$ は $\boldsymbol{\theta}$ の各成分に関する偏微分を並べたベクトルを表わす．また(24)の最後にある $\mathbf{0}$ は成分がすべて 0 のベクトルを表わしている．$L(q, p(\boldsymbol{\theta}))$ の 2 階偏微分を成分とする $\dim \boldsymbol{\theta} \times \dim \boldsymbol{\theta}$ の対称行列を

$$\boldsymbol{H}(q) = \frac{\partial^2 L(q, p(\boldsymbol{\theta}))}{\partial \boldsymbol{\theta} \partial \boldsymbol{\theta}'}\bigg|_{\bar{\boldsymbol{\theta}}(q)} = -\int q(\boldsymbol{x}) \frac{\partial^2 \log p(\boldsymbol{x}; \boldsymbol{\theta})}{\partial \boldsymbol{\theta} \partial \boldsymbol{\theta}'}\bigg|_{\bar{\boldsymbol{\theta}}(q)} d\boldsymbol{x}$$

と定義する．すると，$D(q, p(\boldsymbol{\theta}))$ のテーラー展開は

$$D(q, p(\boldsymbol{\theta})) = D(q, p(\bar{\boldsymbol{\theta}})) + \frac{1}{2}(\boldsymbol{\theta} - \bar{\boldsymbol{\theta}})' \boldsymbol{H}(q)(\boldsymbol{\theta} - \bar{\boldsymbol{\theta}}) + O(\|\boldsymbol{\theta} - \bar{\boldsymbol{\theta}}\|^3) \qquad (25)$$

である．上記のオーダー記号 $O(\cdot)$ は $\boldsymbol{\theta} \to \bar{\boldsymbol{\theta}}$ の極限で $\|\boldsymbol{\theta} - \bar{\boldsymbol{\theta}}\|^3$ に比例して小さくなる誤差を表わす．

もし $q \in M$ ならば $D(q, p(\bar{\boldsymbol{\theta}})) = 0$ である．(25)式は

$$D(p(\bar{\boldsymbol{\theta}}), p(\boldsymbol{\theta})) = \frac{1}{2}(\boldsymbol{\theta} - \bar{\boldsymbol{\theta}})' \boldsymbol{H}(\bar{p})(\boldsymbol{\theta} - \bar{\boldsymbol{\theta}}) + O(\|\boldsymbol{\theta} - \bar{\boldsymbol{\theta}}\|^3) \qquad (26)$$

となる．コレスキー分解などによって $\boldsymbol{H}(\bar{p}) = (\boldsymbol{H}(\bar{p})^{\frac{1}{2}})' \boldsymbol{H}(\bar{p})^{\frac{1}{2}}$ を満たす行列 $\boldsymbol{H}(\bar{p})^{\frac{1}{2}}$ を求め，$\boldsymbol{\gamma} = \boldsymbol{H}(\bar{p})^{\frac{1}{2}} \boldsymbol{\theta}$，$\bar{\boldsymbol{\gamma}} = \boldsymbol{H}(\bar{p})^{\frac{1}{2}} \bar{\boldsymbol{\theta}}$ と変数変換すると

$$(\boldsymbol{\theta} - \bar{\boldsymbol{\theta}})' \boldsymbol{H}(\bar{p})(\boldsymbol{\theta} - \bar{\boldsymbol{\theta}}) = \|\boldsymbol{\gamma} - \bar{\boldsymbol{\gamma}}\|^2$$

であるから，Kullback-Leibler 情報量は近似的に距離の 2 乗と解釈できることがわかる．しかし，変数変換の行列はどの点の周りでテーラー展開するかによって変化するから，あくまでもパラメータの各点の近傍での話で

ある．

一般に 3 点 p, q, r 間の Kullback-Leibler 情報量を計算すると

$$\begin{aligned} &D(q,p)+D(p,r)-D(q,r) \\ &= \int (q(\boldsymbol{x})-p(\boldsymbol{x}))(\log r(\boldsymbol{x})-\log p(\boldsymbol{x}))\,d\boldsymbol{x} \end{aligned} \tag{27}$$

の関係があることが容易に確かめられる．もし最後の積分がゼロならば

$$D(q,p)+D(p,r)=D(q,r) \tag{28}$$

となり，ユークリッド幾何におけるピタゴラスの定理のアナロジーが成立する．先ほどの積分がゼロになることは，線分 pq と線分 pr が点 p で直交する条件と解釈する．つまり pqr が直角 3 角形になるというわけだ．ただし，Kullback-Leibler 情報量の非対称性より 2 つの線分では直線の定義が異なり，線分 pq は密度関数に関して線形結合，線分 pr は密度関数の対数に関して線形結合を行っている．

モデル上の点 $\bar{p}$ は垂線の足だったので，もしユークリッド幾何のアナロジーが成立するなら，線分 $q\bar{p}$ は点 $\bar{p}$ で曲面 M と直交しているはずである．これを確かめるために，点 $\bar{p}$ で M に接する新たな確率モデル $r(\boldsymbol{x};\Delta\boldsymbol{\theta},\bar{\boldsymbol{\theta}})$ を次式で定義する．

$$r(\boldsymbol{x};\Delta\boldsymbol{\theta},\bar{\boldsymbol{\theta}})=\exp\left(h(\Delta\boldsymbol{\theta},\bar{\boldsymbol{\theta}})+\log p(\boldsymbol{x};\bar{\boldsymbol{\theta}})+\left.\frac{\partial \log p(\boldsymbol{x};\boldsymbol{\theta})}{\partial \boldsymbol{\theta}'}\right|_{\bar{\boldsymbol{\theta}}}\Delta\boldsymbol{\theta}\right)$$

ただし $\boldsymbol{x}$ には依存しない定数 $h(\Delta\boldsymbol{\theta},\bar{\boldsymbol{\theta}})$ は $\int r(\boldsymbol{x};\Delta\boldsymbol{\theta},\bar{\boldsymbol{\theta}})\,d\boldsymbol{x}=1$ という確率分布が満たすべき条件より定める．$\Delta\boldsymbol{\theta}$ は $\boldsymbol{\theta}$ と同じ次元のパラメータベクトル，$\bar{\boldsymbol{\theta}}$ はとりあえず定数と考える．確率分布の集合 $R(\bar{\boldsymbol{\theta}})=\{r(\Delta\boldsymbol{\theta},\bar{\boldsymbol{\theta}})\mid$ $\Delta\boldsymbol{\theta}$ を $\boldsymbol{0}$ の近傍で自由に動かす$\}$ は $\bar{p}$ で M に接する接平面である．$\Delta\boldsymbol{\theta}$ があまり大きくなければ，$r(\Delta\boldsymbol{\theta},\bar{\boldsymbol{\theta}})\approx p(\bar{\boldsymbol{\theta}}+\Delta\boldsymbol{\theta})$ であり，特に $\Delta\boldsymbol{\theta}=\boldsymbol{0}$ とおくと $r(\boldsymbol{0},\bar{\boldsymbol{\theta}})=\bar{p}$ である．$\log r(\boldsymbol{x};\Delta\boldsymbol{\theta},\bar{\boldsymbol{\theta}})-h(\Delta\boldsymbol{\theta},\bar{\boldsymbol{\theta}})$ は $\Delta\boldsymbol{\theta}$ に関して 1 次式であるが，このようなモデルは平坦といわれる．指数型分布族と呼ばれる確率モデルのクラス（例えば正規分布や 2 項分布などが含まれる）では M は平坦であり，$R(\bar{\boldsymbol{\theta}})$ は M そのものに一致する．

さて $p=r(\boldsymbol{0},\bar{\boldsymbol{\theta}})$, $r=r(\Delta\boldsymbol{\theta},\bar{\boldsymbol{\theta}})$ とおいて（27）の右辺を計算すると，

$$\int (q(\boldsymbol{x}) - p(\boldsymbol{x};\bar{\boldsymbol{\theta}})) \left(h(\Delta\boldsymbol{\theta}, \bar{\boldsymbol{\theta}}) - h(\boldsymbol{0}, \bar{\boldsymbol{\theta}}) + \frac{\partial \log p(\boldsymbol{x};\boldsymbol{\theta})}{\partial \boldsymbol{\theta}'}\Big|_{\bar{\boldsymbol{\theta}}} \Delta\boldsymbol{\theta} \right) d\boldsymbol{x}$$
$$= \Delta\boldsymbol{\theta}' \int (q(\boldsymbol{x}) - p(\boldsymbol{x};\bar{\boldsymbol{\theta}})) \frac{\partial \log p(\boldsymbol{x};\boldsymbol{\theta})}{\partial \boldsymbol{\theta}}\Big|_{\bar{\boldsymbol{\theta}}} d\boldsymbol{x}$$
$$= \Delta\boldsymbol{\theta}'(\boldsymbol{0} - \boldsymbol{0}) = 0$$

となって確かに直交している．これが任意の $\Delta\boldsymbol{\theta}$ でいえてピタゴラスの定理が成り立つので，線分 $q\bar{p}$ は $R(\bar{\boldsymbol{\theta}})$ に直交している．ただし，(24)と

$$\begin{aligned} \frac{\partial D(p(\bar{\boldsymbol{\theta}}), p(\boldsymbol{\theta}))}{\partial \boldsymbol{\theta}}\Big|_{\bar{\boldsymbol{\theta}}} &= -\int p(\boldsymbol{x};\bar{\boldsymbol{\theta}}) \frac{\partial \log p(\boldsymbol{x};\boldsymbol{\theta})}{\partial \boldsymbol{\theta}}\Big|_{\bar{\boldsymbol{\theta}}} d\boldsymbol{x} \\ &= -\int p(\boldsymbol{x};\bar{\boldsymbol{\theta}}) \frac{1}{p(\boldsymbol{x};\bar{\boldsymbol{\theta}})} \frac{\partial p(\boldsymbol{x};\boldsymbol{\theta})}{\partial \boldsymbol{\theta}}\Big|_{\bar{\boldsymbol{\theta}}} d\boldsymbol{x} \\ &= -\left[\frac{\partial}{\partial \boldsymbol{\theta}} \int p(\boldsymbol{x};\boldsymbol{\theta})\, d\boldsymbol{x} \right]_{\bar{\boldsymbol{\theta}}} = \boldsymbol{0} \end{aligned}$$

を用いている．

2.4 最尤推定量の漸近分布

モデル $p(\boldsymbol{x};\boldsymbol{\theta})$ の最適なパラメータ値 $\bar{\boldsymbol{\theta}} = \bar{\boldsymbol{\theta}}(q)$ は未知の $q(\boldsymbol{x})$ に依存するから，現実のデータ解析では計算できない．そこで，経験分布と呼ばれる分布をデータから計算し $q(\boldsymbol{x})$ を近似する．経験分布は

$$\hat{q}(\boldsymbol{x}) = \frac{1}{n} \sum_{t=1}^{n} \delta(\boldsymbol{x} - \boldsymbol{x}_t)$$

で定義される．これを使って $\bar{\boldsymbol{\theta}}$ をデータから推定したものが，最尤推定量 $\hat{\boldsymbol{\theta}}(\boldsymbol{X})$ であることを以下で説明する．ここで $\boldsymbol{x}$ が離散量の場合，$\delta(\cdot)$ は $\boldsymbol{x} = \boldsymbol{x}_t$ で $\delta(\boldsymbol{x} - \boldsymbol{x}_t) = 1$，$\boldsymbol{x} \neq \boldsymbol{x}_t$ で $\delta(\boldsymbol{x} - \boldsymbol{x}_t) = 0$ となる関数である．$\boldsymbol{x}$ が連続量の場合，$\delta(\cdot)$ はディラックのデルタ関数と呼ばれ，$\boldsymbol{x} = \boldsymbol{x}_t$ で $\delta(\boldsymbol{x} - \boldsymbol{x}_t) = \infty$，$\boldsymbol{x} \neq \boldsymbol{x}_t$ で $\delta(\boldsymbol{x} - \boldsymbol{x}_t) = 0$，そして $\int \delta(\boldsymbol{x} - \boldsymbol{x}_t)\, d\boldsymbol{x} = 1$ を満たす超関数である．形式的に $\hat{q}(\boldsymbol{x})$ はデータ $\boldsymbol{X}$ を表わす確率密度関数である．$n \to \infty$ の極限を考えると累積分布関数に関して $\hat{q}(\boldsymbol{x})$ が $q(\boldsymbol{x})$ に収束するので，$\hat{q}(\boldsymbol{x})$ は $q(\boldsymbol{x})$ の近似である．

最適パラメータ値は $L(q, p(\boldsymbol{\theta}))$ を最小にする $\boldsymbol{\theta}$ として定義されていたが，

真の分布 q の役割を経験分布 $\hat{q}$ で置き換えると

$$L(\hat{q}, p(\boldsymbol{\theta})) = -\int \hat{q}(\boldsymbol{x}) \log p(\boldsymbol{x}; \boldsymbol{\theta})\, d\boldsymbol{x} = -\frac{1}{n}\ell(\boldsymbol{\theta}; \boldsymbol{X})$$

である．つまり $L(\hat{q}, p(\boldsymbol{\theta}))$ は対数尤度を $-1/n$ 倍したものである．したがって $L(\hat{q}, p(\boldsymbol{\theta}))$ を最小化する $\boldsymbol{\theta}$ は最尤推定 $\hat{\boldsymbol{\theta}}$ に他ならない．$\bar{\boldsymbol{\theta}}(\cdot)$ は確率分布 q からパラメータ値 $\bar{\boldsymbol{\theta}}$ への写像であり，ここでは q を $\hat{q}$ で置き換えたのだから，形式的に $\hat{\boldsymbol{\theta}} = \bar{\boldsymbol{\theta}}(\hat{q})$ と書くことにする．最尤推定量をモデルに代入した分布を $\hat{p} = p(\hat{\boldsymbol{\theta}})$ と書くと，経験分布 $\hat{q}$ から M への射影が $\hat{p}$ になる．これが最尤推定の幾何的イメージである(図 7)．ただし $D(\hat{q}, p(\boldsymbol{\theta})) = L(\hat{q}, p(\boldsymbol{\theta})) - L(\hat{q}, \hat{q})$ の第 2 項は $\boldsymbol{\theta}$ に依存しない定数なので形式的に無視するが，$\boldsymbol{x}$ が連続量の場合に発散してしまうので，実際の計算では $D(\hat{q}, p(\boldsymbol{\theta}))$ ではなく $L(\hat{q}, p(\boldsymbol{\theta}))$ を用いる．

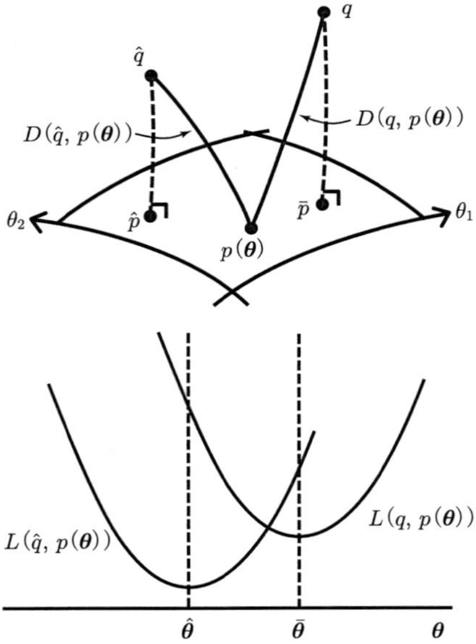

図 7　最尤推定の幾何的イメージ．$\hat{q}$ から M への射影が $\hat{p} = p(\hat{\boldsymbol{\theta}})$ である．最尤推定 $\hat{\boldsymbol{\theta}}$ は $L(\hat{q}, p(\boldsymbol{\theta})) = -\ell(\boldsymbol{\theta}; \boldsymbol{X})/n$ を最小にするパラメータ値である．最適パラメータ $\bar{\boldsymbol{\theta}}$ は $L(q, p(\boldsymbol{\theta}))$ を最小にする．

サンプルサイズ n が増大するにつれて $\hat{\boldsymbol{\theta}}$ は $\bar{\boldsymbol{\theta}}$ に収束する．$L(\hat{q}, p(\boldsymbol{\theta}))$ は互いに独立な n 個の要素の和を n で割ったものであるから，$n \to \infty$ の極限では期待値に収束することが大数の法則よりいえる．ここで期待値は

$$E_q\{L(\hat{q}, p(\boldsymbol{\theta}))\} = \frac{1}{n}\sum_{t=1}^{n} E_q\{-\log p(\boldsymbol{x}_t; \boldsymbol{\theta})\} = L(q, p(\boldsymbol{\theta}))$$

であり，$n \to \infty$ の極限で $L(\hat{q}, p(\boldsymbol{\theta})) \to L(q, p(\boldsymbol{\theta}))$ と収束する．したがって $L(q, p(\boldsymbol{\theta}))$ の $\boldsymbol{\theta}$ に関する連続性を仮定すれば，$\hat{\boldsymbol{\theta}} \to \bar{\boldsymbol{\theta}}$ がわかる．$\hat{q}$ は q に収束するので，$\bar{\boldsymbol{\theta}}(\cdot)$ の連続性を仮定すると $\hat{\boldsymbol{\theta}} = \bar{\boldsymbol{\theta}}(\hat{q})$ は $\bar{\boldsymbol{\theta}} = \bar{\boldsymbol{\theta}}(q)$ に収束すると解釈することもできよう．

具体的に $\hat{\boldsymbol{\theta}}$ が $\bar{\boldsymbol{\theta}}$ の推定値としてどのような性質があるのかを調べる．特にサンプルサイズ n が十分に大きいと仮定した近似計算を行う．このような近似計算の方法論は漸近理論と呼ばれる．まず次のテーラー展開を考える．

$$\frac{\partial L(\hat{q}, p(\boldsymbol{\theta}))}{\partial \boldsymbol{\theta}} = \left.\frac{\partial L(\hat{q}, p(\boldsymbol{\theta}))}{\partial \boldsymbol{\theta}}\right|_{\bar{\boldsymbol{\theta}}} + \left.\frac{\partial^2 L(\hat{q}, p(\boldsymbol{\theta}))}{\partial \boldsymbol{\theta} \partial \boldsymbol{\theta}'}\right|_{\bar{\boldsymbol{\theta}}} (\boldsymbol{\theta} - \bar{\boldsymbol{\theta}}) + O(\|\boldsymbol{\theta} - \bar{\boldsymbol{\theta}}\|^2) \tag{29}$$

これは左辺を $\boldsymbol{\theta} = \bar{\boldsymbol{\theta}}$ の周りで $\boldsymbol{\theta} - \bar{\boldsymbol{\theta}}$ の 1 次項まで近似したものである．$\hat{\boldsymbol{\theta}}$ が $\boldsymbol{\Theta}$ の内点であることを仮定すると，$\hat{\boldsymbol{\theta}}$ は $L(\hat{q}, p(\boldsymbol{\theta}))$ の極値を与えるから

$$\left.\frac{\partial L(\hat{q}, p(\boldsymbol{\theta}))}{\partial \boldsymbol{\theta}}\right|_{\hat{\boldsymbol{\theta}}} = -\frac{1}{n}\sum_{t=1}^{n} \left.\frac{\partial \log p(\boldsymbol{x}_t; \boldsymbol{\theta})}{\partial \boldsymbol{\theta}}\right|_{\hat{\boldsymbol{\theta}}} = \mathbf{0} \tag{30}$$

である．したがって先ほどのテーラー展開に $\boldsymbol{\theta} = \hat{\boldsymbol{\theta}}$ を代入して整理すると，

$$\hat{\boldsymbol{\theta}} - \bar{\boldsymbol{\theta}} = -\left[\left.\frac{\partial^2 L(\hat{q}, p(\boldsymbol{\theta}))}{\partial \boldsymbol{\theta} \partial \boldsymbol{\theta}'}\right|_{\bar{\boldsymbol{\theta}}}\right]^{-1} \left.\frac{\partial L(\hat{q}, p(\boldsymbol{\theta}))}{\partial \boldsymbol{\theta}}\right|_{\bar{\boldsymbol{\theta}}} + O(\|\hat{\boldsymbol{\theta}} - \bar{\boldsymbol{\theta}}\|^2)$$

つまり $\hat{\boldsymbol{\theta}}$ の振る舞いを調べるには，$L(\hat{q}, p(\boldsymbol{\theta}))$ の 1 階偏微分と 2 階偏微分を調べればよい．$\|\hat{\boldsymbol{\theta}} - \bar{\boldsymbol{\theta}}\|$ が十分に小さいとき，$O(\|\hat{\boldsymbol{\theta}} - \bar{\boldsymbol{\theta}}\|^2)$ は左辺に比べてさらに小さくなるので，ここでの議論では無視してよい．

まず 2 階偏微分を先に見ると，

$$\left.\frac{\partial^2 L(\hat{q}, p(\boldsymbol{\theta}))}{\partial \boldsymbol{\theta} \partial \boldsymbol{\theta}'}\right|_{\bar{\boldsymbol{\theta}}} = -\frac{1}{n}\sum_{t=1}^{n} \left.\frac{\partial^2 \log p(\boldsymbol{x}_t; \boldsymbol{\theta})}{\partial \boldsymbol{\theta} \partial \boldsymbol{\theta}'}\right|_{\bar{\boldsymbol{\theta}}}$$

であるが，右辺の和における要素

$$-\frac{\partial^2 \log p(\boldsymbol{x}_t;\boldsymbol{\theta})}{\partial\boldsymbol{\theta}\partial\boldsymbol{\theta}'}\bigg|_{\bar{\boldsymbol{\theta}}}$$

は $\boldsymbol{x}_t$ の関数であり確率変数になる．期待値は前章で定義したとおり $\boldsymbol{H}(q)$ である．大数の法則によれば，n 個の実現値の平均は $n\to\infty$ の極限でその期待値に収束するので，

$$\frac{\partial^2 L(\hat{q},p(\boldsymbol{\theta}))}{\partial\boldsymbol{\theta}\partial\boldsymbol{\theta}'}\bigg|_{\bar{\boldsymbol{\theta}}} \to \boldsymbol{H}(q) \tag{31}$$

である．

次に 1 階偏微分を見ると

$$\frac{\partial L(\hat{q},p(\boldsymbol{\theta}))}{\partial\boldsymbol{\theta}}\bigg|_{\bar{\boldsymbol{\theta}}} = -\frac{1}{n}\sum_{t=1}^{n}\frac{\partial \log p(\boldsymbol{x}_t;\boldsymbol{\theta})}{\partial\boldsymbol{\theta}}\bigg|_{\bar{\boldsymbol{\theta}}}$$

であるが，この和の要素

$$-\frac{\partial \log p(\boldsymbol{x}_t;\boldsymbol{\theta})}{\partial\boldsymbol{\theta}}\bigg|_{\bar{\boldsymbol{\theta}}} \tag{32}$$

も $\boldsymbol{x}_t$ の関数であり確率変数になる．期待値を計算すると(24)より $\mathbf{0}$ になる．したがって再び大数の法則を用いると

$$\frac{\partial L(\hat{q},p(\boldsymbol{\theta}))}{\partial\boldsymbol{\theta}}\bigg|_{\bar{\boldsymbol{\theta}}} \to \mathbf{0}$$

となってゼロベクトルに収束するのだが，実はその大きさは $O(1/\sqrt{n})$ なので，もし $\sqrt{n}$ 倍拡大してみるとさらに詳しい振る舞いがわかる．中心極限定理によれば，$L(\hat{q},p(\boldsymbol{\theta}))$ の 1 階偏微分を $\sqrt{n}$ 倍してスケールを調整した確率変数の従う分布は $n\to\infty$ の極限で多変量正規分布に収束する．平均ベクトルは $\mathbf{0}$，分散共分散を成分とする $\dim\boldsymbol{\theta}\times\dim\boldsymbol{\theta}$ の対称行列は

$$\boldsymbol{G}(q) = E_q\left\{\frac{\partial \log p(\boldsymbol{x};\boldsymbol{\theta})}{\partial\boldsymbol{\theta}}\bigg|_{\bar{\boldsymbol{\theta}}}\frac{\partial \log p(\boldsymbol{x};\boldsymbol{\theta})}{\partial\boldsymbol{\theta}'}\bigg|_{\bar{\boldsymbol{\theta}}}\right\}$$

と書ける．この結果を

$$\sqrt{n}\,\frac{\partial L(\hat{q},p(\boldsymbol{\theta}))}{\partial\boldsymbol{\theta}}\bigg|_{\bar{\boldsymbol{\theta}}} \sim AN(\mathbf{0},\boldsymbol{G}(q)) \tag{33}$$

のように書く．AN は漸近正規(asymptotic normal)分布の意味で，これは n が十分に大きいときに成り立つ近似であることを表わしている．

以上の結果を総合すると，(31)と(33)より，

$$\sqrt{n}\,(\hat{\boldsymbol{\theta}}-\bar{\boldsymbol{\theta}}) \sim AN(\mathbf{0}, \boldsymbol{H}(q)^{-1}\boldsymbol{G}(q)\boldsymbol{H}(q)^{-1}) \tag{34}$$

である．つまり n が十分に大きいとき，$\hat{\boldsymbol{\theta}}$ は近似的に正規分布に従う確率変数である．平均は $\bar{\boldsymbol{\theta}}$，分散は $\boldsymbol{H}(q)^{-1}\boldsymbol{G}(q)\boldsymbol{H}(q)^{-1}/n$ である．分散の大きさは $1/n$ に比例して小さくなるので，$n\to\infty$ の極限で $\hat{\boldsymbol{\theta}}\to\bar{\boldsymbol{\theta}}$ であることも意味している．

ここで得た結果は後ほどモデルの良さを導出する際に用いる．

2.5 予測分布

これまで(5)式のように $\boldsymbol{x}$ を独立に n 回観測したものをデータ $\boldsymbol{X}$ としてきた．将来も同様に観測が続くとして

$$\boldsymbol{x}_1,\cdots,\boldsymbol{x}_n,\boldsymbol{x}_{n+1},\boldsymbol{x}_{n+2},\cdots \sim q(\boldsymbol{x})$$

のように将来の観測 $\boldsymbol{x}_{n+1},\boldsymbol{x}_{n+2},\cdots$ も互いに独立に真の分布 $q(\boldsymbol{x})$ に従うと仮定する．手元のデータに基づいて将来の観測値，たとえば $\boldsymbol{x}_{n+1}$ について，どのような予測が可能だろうか？

データ $\boldsymbol{X}$ の関数 $\hat{\boldsymbol{x}}_{n+1}(\boldsymbol{X})$ を定義し，これが $\boldsymbol{x}_{n+1}$ の予測値を表わすものとする．$\hat{\boldsymbol{x}}_{n+1}(\boldsymbol{X})$ を工夫して，なるべく将来の観測値 $\boldsymbol{x}_{n+1}$ に近い値をとるようにすれば，$\boldsymbol{x}_{n+1}$ の良い予測ができたといえるだろう．$\boldsymbol{x}_{n+1}$ は $q(\boldsymbol{x})$ に従って分布しているから，平均 2 乗誤差

$$\int (\boldsymbol{x}_{n+1}-\hat{\boldsymbol{x}}_{n+1}(\boldsymbol{X}))^2\,q(\boldsymbol{x}_{n+1})\,d\boldsymbol{x}_{n+1}$$

が小さければ $\hat{\boldsymbol{x}}_{n+1}(\boldsymbol{X})$ は良い予測だったといえる．予測値は $\boldsymbol{X}$ の関数だから，$\boldsymbol{X}$ の値によっては平均 2 乗誤差が小さいときもあるし大きいときもあるだろう．そこでさらに平均 2 乗誤差の(5)に関する期待値を取って

$$\int\cdots\int (\boldsymbol{x}_{n+1}-\hat{\boldsymbol{x}}_{n+1}(\boldsymbol{X}))^2\,q(\boldsymbol{x}_1)\cdots q(\boldsymbol{x}_{n+1})d\boldsymbol{x}_1\cdots d\boldsymbol{x}_{n+1}$$

が $\hat{\boldsymbol{x}}_{n+1}(\boldsymbol{X})$ という予測値計算法の期待平均 2 乗誤差である．

ところがもし $q(\boldsymbol{x})$ に複数の山がある場合には，上記の意味で $\hat{\boldsymbol{x}}_{n+1}(\boldsymbol{X})$ を最適化しても，このような予測値がうまく機能しないことがある．たと

えば，$\boldsymbol{x}$ が整数値を取り，$q(0)=0.4$, $q(20)=0.6$ とする．平均 2 乗誤差を最小にするには $\hat{\boldsymbol{x}}_{n+1}(\boldsymbol{X})\equiv 12$ とすればよく，それをデータから推定するために $\hat{\boldsymbol{x}}_{n+1}(\boldsymbol{X})=(\boldsymbol{x}_1+\cdots+\boldsymbol{x}_n)/n$ とした場合の期待平均 2 乗誤差はそれより少し悪くなる．いずれにしても，$q(\boldsymbol{x})$ の 2 つの山の中間辺りの予測値が得られてしまう．むしろ最も頻度の高い $\boldsymbol{x}$ を予測値とする方法もあり，十分に n が大きければ $\hat{\boldsymbol{x}}_{n+1}(\boldsymbol{X})=20$ に収束するが，これも $\boldsymbol{x}_{n+1}=0$ である可能性を無視しているので良い方法でない．やはり $\hat{\boldsymbol{x}}_{n+1}(\boldsymbol{X})$ によって予測すること自体にあまり意味がないだろう．

そこで観測値を予測するのではなく，それが従う確率分布 $q(\boldsymbol{x})$ を言い当てることを目標にしよう．データ $\boldsymbol{X}$ から何らかの計算を行って求めた $q(\boldsymbol{x})$ の近似を

$$\hat{p}(\boldsymbol{x};\boldsymbol{X})$$

と書く．これは予測分布と呼ばれる．予測分布を得る 1 つの方法は，パラメトリック確率モデル $p(\boldsymbol{x};\boldsymbol{\theta})$ に最尤推定 $\hat{\boldsymbol{\theta}}(\boldsymbol{X})$ を代入して，

$$p(\boldsymbol{x};\hat{\boldsymbol{\theta}}(\boldsymbol{X}))$$

とすることである．このほかにも，たとえば最尤推定とは別のパラメータ推定法を $p(\boldsymbol{x};\boldsymbol{\theta})$ に代入するなどの方式が考えられる．経験分布 $\hat{q}(\boldsymbol{x})$ は全くモデルを仮定しないで予測分布を得る方法ともいえる．ひとたび予測分布が得られれば，$q(\boldsymbol{x})$ の様々な側面を予測することが可能である．どうしても観測値としての予測が必要ならば，たとえば $\boldsymbol{x}$ の期待値を用いて $\hat{\boldsymbol{x}}_{n+1}(\boldsymbol{X})=E_{\hat{p}(\boldsymbol{X})}\{\boldsymbol{x}\}=\displaystyle\int \boldsymbol{x}\hat{p}(\boldsymbol{x};\boldsymbol{X})\,d\boldsymbol{x}$ としたり，$\hat{p}(\boldsymbol{x};\boldsymbol{X})$ を最大にする $\boldsymbol{x}$ を予測値とする方法もある．

なお 1.3 節で述べた回帰の条件付分布に関しても同様に予測分布を与える．たとえば住宅価格データの場合，$q(x_{14}|x_1,\cdots,x_{13})$ を近似する予測分布 $p(x_{14}|x_1,\cdots,x_{13};\hat{\boldsymbol{\theta}}(\boldsymbol{X}))$ がパラメータの最尤推定によって与えられる．条件付分布がわかっているので，条件付期待値によって

$$\int x_{14}p(x_{14}|x_1,\cdots,x_{13};\hat{\boldsymbol{\theta}}(\boldsymbol{X}))\,dx_{14}=\hat{\beta}_0+\hat{\beta}_1x_1+\cdots\hat{\beta}_{13}x_{13}$$

と通常の回帰式による予測ができるばかりでなく，分散 $\hat{\sigma}^2$ など分布に関する他の情報も取り出せる．1.3 節で述べた時系列の取り扱いを行えば，

$$p(y_{n+1}|y_{n-2}, y_{n-1}, y_n; \hat{\boldsymbol{\theta}}(\boldsymbol{X}))$$

によって一期先予測分布が得られるし，その期待値や分散も回帰モデルと同様に得られる．

予測分布 $\hat{p}(\boldsymbol{x}; \boldsymbol{X})$ がうまく $q(\boldsymbol{x})$ を近似しているかどうかは，Kullback-Leibler 情報量

$$D(q, \hat{p}(\boldsymbol{X}))$$

によって測る．幾何的なイメージでいうと点 $\hat{p}(\boldsymbol{X})$ が点 q に近いほどよい．形式的には，$\boldsymbol{x}_{n+1}$ に関する予測誤差を $\log q(\boldsymbol{x}_{n+1}) - \log \hat{p}(\boldsymbol{x}_{n+1}; \boldsymbol{X})$ で定義したときの平均予測誤差に相当する量である．

予測分布は $\boldsymbol{X}$ に依存するので，$\boldsymbol{X}$ の値によっては $D(q, \hat{p}(\boldsymbol{X}))$ が小さいときもあるし大きいときもあるだろう．そこでさらに(5)に関する期待値を取って

$$\begin{aligned}
&E_q\{D(q, \hat{p}(\boldsymbol{X}))\}\\
&= \int \cdots \int D(q, \hat{p}(\boldsymbol{X}))q(\boldsymbol{x}_1)\cdots q(\boldsymbol{x}_n)d\boldsymbol{x}_1\cdots d\boldsymbol{x}_n\\
&= \int \cdots \int (\log q(\boldsymbol{x}_{n+1}) - \log \hat{p}(\boldsymbol{x}_{n+1}; \boldsymbol{X}))\, q(\boldsymbol{x}_1)\cdots q(\boldsymbol{x}_{n+1})d\boldsymbol{x}_1\cdots d\boldsymbol{x}_{n+1}
\end{aligned}$$

は平均予測誤差の期待値，すなわち期待平均予測誤差である．つまりこれを小さくする予測分布の計算方式がよいと考える．予測分布そのものの良さを見ているのではなく，予測分布を計算する手続きの良さを評価していることになる．複数の予測分布(を計算する手続き)の候補があるとして，これらを比較するのが目的である．したがって，$D(q, \hat{p}(\boldsymbol{X}))$ を $L(q, \hat{p}(\boldsymbol{X}))$ で置き換えても影響がないから，上式から $\log q(\boldsymbol{x}_{n+1})$ を取り除いて

$$\begin{aligned}
&E_q\{L(q, \hat{p}(\boldsymbol{X}))\}\\
&= -\int \cdots \int \log \hat{p}(\boldsymbol{x}_{n+1}; \boldsymbol{X})q(\boldsymbol{x}_1)\cdots q(\boldsymbol{x}_{n+1})d\boldsymbol{x}_1\cdots d\boldsymbol{x}_{n+1} \qquad (35)
\end{aligned}$$

が予測分布の良さであり，これが小さいほどよい．統計的決定理論では，$L(q, \hat{p}(\boldsymbol{X}))$ を損失関数，その期待値を取った(35)をリスクと呼ぶ．

2.6 モデルの良さ

確率モデルの候補が(12)のように K 個あるとき，各々のモデル $p_k(\boldsymbol{x};\boldsymbol{\theta}_k)$ と最尤推定 $\hat{\boldsymbol{\theta}}_k(\boldsymbol{X})$ によって予測分布 $p_k(\boldsymbol{x};\hat{\boldsymbol{\theta}}_k(\boldsymbol{X}))$ が与えられる．モデルごとに得られる予測分布が異なるので，その予測分布が真の分布を近似する良さを期待平均予測誤差によって測ればモデルの比較ができる．つまり $\hat{p}(\boldsymbol{x};\boldsymbol{X}) \equiv p_k(\boldsymbol{x};\hat{\boldsymbol{\theta}}_k(\boldsymbol{X}))$ とおいて(35)を評価したもの

$$\mathrm{RISK}_k(q) = E_q\{L(q, p_k(\hat{\boldsymbol{\theta}}_k(\boldsymbol{X})))\} \tag{36}$$

によってモデルの良さを定義し，これが小さいモデルほどよいと考える．平均対数尤度

$$E_q\{\ell(\boldsymbol{X};\boldsymbol{\theta})\} = E_q\{-nL(\hat{q}, p(\boldsymbol{\theta}))\} = -nL(q, p(\boldsymbol{\theta}))$$

のパラメータ値 $\boldsymbol{\theta}$ に $\hat{\boldsymbol{\theta}}(\boldsymbol{X})$ を代入したものが $-nL(q, p(\hat{\boldsymbol{\theta}}(\boldsymbol{X})))$ であるから，これを $\boldsymbol{X}$ の関数とみなして(5)に関する期待値を取ったもの，すなわち期待平均対数尤度が大きいほど良いモデルと考えてもよい．ここでは最尤推定による予測分布 $p(\boldsymbol{x};\hat{\boldsymbol{\theta}}(\boldsymbol{X}))$ について，モデルの良さである(35)を詳しく展開して調べる．

まず(25)に $\boldsymbol{\theta}=\hat{\boldsymbol{\theta}}$ を代入すると

$$L(q, p(\hat{\boldsymbol{\theta}})) = L(q, p(\bar{\boldsymbol{\theta}})) + \frac{1}{2}(\hat{\boldsymbol{\theta}} - \bar{\boldsymbol{\theta}})'\boldsymbol{H}(q)(\hat{\boldsymbol{\theta}} - \bar{\boldsymbol{\theta}}) + O(\|\hat{\boldsymbol{\theta}} - \bar{\boldsymbol{\theta}}\|^3)$$

である(図 8 左)．一般に行列のトレースについて $\mathrm{tr}(\boldsymbol{AB}) = \mathrm{tr}(\boldsymbol{BA})$ が成

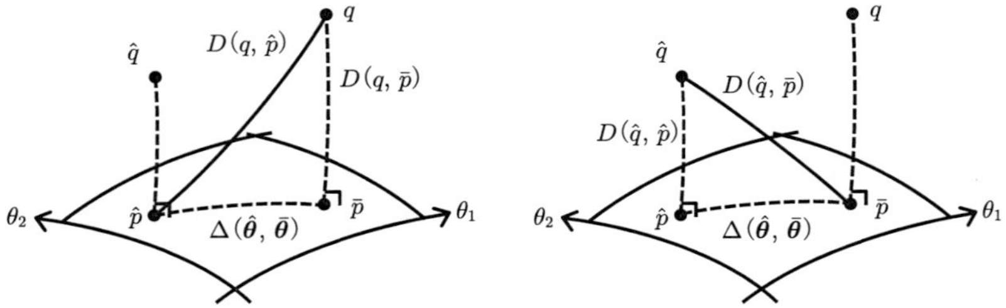

図 8 予測分布の良さの展開(左図)と最大対数尤度の展開(右図)で共通の項 $\Delta(\hat{\boldsymbol{\theta}}, \bar{\boldsymbol{\theta}})$ が出てくる．

り立つので，右辺第 2 項を $\Delta(\hat{\boldsymbol{\theta}},\bar{\boldsymbol{\theta}})$ とおくと

$$\Delta(\hat{\boldsymbol{\theta}},\bar{\boldsymbol{\theta}})=\frac{1}{2}\mathrm{tr}\left(\boldsymbol{H}(q)(\hat{\boldsymbol{\theta}}-\bar{\boldsymbol{\theta}})(\hat{\boldsymbol{\theta}}-\bar{\boldsymbol{\theta}})'\right)$$

と書いてもよい．十分に n が大きいと仮定すると(34)より

$$E_q\{\Delta(\hat{\boldsymbol{\theta}}(\boldsymbol{X}),\bar{\boldsymbol{\theta}})\}=\frac{1}{2n}\mathrm{tr}\left(\boldsymbol{G}(q)\boldsymbol{H}(q)^{-1}\right)+O(n^{-3/2})$$

がいえるので，モデルの良さは

$$E_q\{L(q,p(\hat{\boldsymbol{\theta}}))\}=L(q,p(\bar{\boldsymbol{\theta}}))+\frac{1}{2n}\mathrm{tr}\left(\boldsymbol{G}(q)\boldsymbol{H}(q)^{-1}\right)+O(n^{-3/2}) \quad (37)$$

となる．これが最尤推定の場合について(35)を $O(1/n)$ の項まで展開したものである．(37)の $p(\boldsymbol{x};\boldsymbol{\theta})$ を $p_k(\boldsymbol{x};\boldsymbol{\theta}_k)$ で置き換えれば $\mathrm{RISK}_k(q)$ の展開式

$$\mathrm{RISK}_k(q)=L(q,p_k(\bar{\boldsymbol{\theta}}_k))+\frac{1}{2n}\mathrm{tr}\left(\boldsymbol{G}_k(q)\boldsymbol{H}_k(q)^{-1}\right)+O(n^{-3/2})$$

が得られる．ただし $\boldsymbol{H}(q)$ と $\boldsymbol{G}(q)$ に対応した行列を $\boldsymbol{H}_k(q)$ と $\boldsymbol{G}_k(q)$ と書くことにする．

モデルの良さの第 1 項 $L(q,p(\bar{\boldsymbol{\theta}}))$ は，最適パラメータを用いた予測分布 $p(\bar{\boldsymbol{\theta}})$ の近似の良さである．一般にパラメータ数の多い複雑なモデルを用いた方がこれを小さくできる．特に，2 つのモデル M_k と $M_{k'}$ が包含関係 $M_k\subset M_{k'}$ にある場合には，$L(q,p_k(\bar{\boldsymbol{\theta}}_k))\geq L(q,p_{k'}(\bar{\boldsymbol{\theta}}_{k'}))$ である．

モデルの良さの第 2 項はパラメータ推定の分散を反映している．$\hat{\gamma}-\bar{\gamma}=\boldsymbol{H}(q)^{\frac{1}{2}}(\hat{\boldsymbol{\theta}}-\bar{\boldsymbol{\theta}})$ とおけば，$\Delta(\hat{\boldsymbol{\theta}},\bar{\boldsymbol{\theta}})=\|\hat{\gamma}-\bar{\gamma}\|^2/2$ である．したがってこの期待値 $E_q\{\Delta(\hat{\boldsymbol{\theta}},\bar{\boldsymbol{\theta}})\}=\mathrm{tr}\left(\boldsymbol{G}(q)\boldsymbol{H}(q)^{-1}\right)/2n$ はパラメータ推定の平均 2 乗誤差といえる．推定するパラメータの数が増えれば，この誤差も大きくなる．

特に $q\in M$ すなわち $q=\bar{p}$ ならば，

$$\boldsymbol{G}(q)=\boldsymbol{H}(q)$$

が成り立ち，この行列は **Fisher 情報行列**(Fisher information matrix)と呼ばれる．すると

$$\mathrm{tr}\left(\boldsymbol{G}(q)\boldsymbol{H}(q)^{-1}\right)=\dim\boldsymbol{\theta} \quad (38)$$

であるから，モデルの良さの第 2 項は $\dim\boldsymbol{\theta}/2n$ となってパラメータ数に

比例している．この場合は $\Delta(\hat{\boldsymbol{\theta}},\bar{\boldsymbol{\theta}})$ の期待値だけでなく，その確率分布も簡単に得られる．(34)より

$$\sqrt{n}\,(\hat{\boldsymbol{\gamma}}-\bar{\boldsymbol{\gamma}})\sim AN(\mathbf{0},\boldsymbol{I})$$

なので，$2n\Delta(\hat{\boldsymbol{\theta}},\bar{\boldsymbol{\theta}})=n\|\hat{\boldsymbol{\gamma}}-\bar{\boldsymbol{\gamma}}\|^2$ は近似的に自由度 $\dim\boldsymbol{\theta}$ のカイ 2 乗分布に従う．この期待値はもちろん $\dim\boldsymbol{\theta}$ である．

$q\notin M$ であっても $D(q,p(\bar{\boldsymbol{\theta}}))$ があまり大きくなければ近似的にこれらの関係が成り立つと考えられるので，モデルの良さの第 2 項は $\dim\boldsymbol{\theta}/2n$ で近似できることになる．また $2n\Delta(\hat{\boldsymbol{\theta}},\bar{\boldsymbol{\theta}})$ も自由度 $\dim\boldsymbol{\theta}$ のカイ 2 乗分布で近似される．

2 つの行列 $\boldsymbol{G}(q)$ と $\boldsymbol{H}(q)$ が等しくなることは，$q=p(\boldsymbol{\theta})$ とおくことによって次のように確かめられる．簡単のため $p(\boldsymbol{x};\boldsymbol{\theta})$ を単に p と書く．まず $\log p$ を $\boldsymbol{\theta}$ で微分する．

$$\frac{\partial\log p}{\partial\boldsymbol{\theta}}=\frac{1}{p}\frac{\partial p}{\partial\boldsymbol{\theta}}$$

もう一度 $\boldsymbol{\theta}'$ で微分する．

$$\frac{\partial^2\log p}{\partial\boldsymbol{\theta}\partial\boldsymbol{\theta}'}=-\frac{1}{p^2}\frac{\partial p}{\partial\boldsymbol{\theta}}\frac{\partial p}{\partial\boldsymbol{\theta}'}+\frac{1}{p}\frac{\partial^2 p}{\partial\boldsymbol{\theta}\partial\boldsymbol{\theta}'}$$

したがって，

$$\frac{\partial^2\log p}{\partial\boldsymbol{\theta}\partial\boldsymbol{\theta}'}=-\frac{\partial\log p}{\partial\boldsymbol{\theta}}\frac{\partial\log p}{\partial\boldsymbol{\theta}'}+\frac{1}{p}\frac{\partial^2 p}{\partial\boldsymbol{\theta}\partial\boldsymbol{\theta}'}$$

両辺の $p(\boldsymbol{x};\boldsymbol{\theta})$ に関する期待値を取ると，

$$-\boldsymbol{H}(p(\boldsymbol{\theta}))=-\boldsymbol{G}(p(\boldsymbol{\theta}))+\int\frac{\partial^2 p(\boldsymbol{x};\boldsymbol{\theta})}{\partial\boldsymbol{\theta}\partial\boldsymbol{\theta}'}\,d\boldsymbol{x}$$

最後の項は成分がすべて 0 の行列である．

2.7 竹内情報量規準

前節ではモデルの良さを定義して(37)を求めた．ところがこの式からも明らかなように，モデルの良さを計算するには本来は未知のはずの真の分布 $q(\boldsymbol{x})$ を知っている必要がある．そこでデータから(37)を推定することを

試みる．

まず(37)の右辺第 1 項 $L(q,p(\bar{\boldsymbol{\theta}}))$ を $L(\hat{q},p(\hat{\boldsymbol{\theta}}))$ によって推定することを考える．$L(\hat{q},p(\hat{\boldsymbol{\theta}}))$ の性質を調べるために，$L(\hat{q},p(\boldsymbol{\theta}))$ を $\hat{\boldsymbol{\theta}}$ の周りでテーラー展開する．$D(q,p(\boldsymbol{\theta}))$ を $\bar{\boldsymbol{\theta}}$ の周りでテーラー展開した(25)を参考にすると，

$$L(\hat{q},p(\boldsymbol{\theta}))=L(\hat{q},p(\hat{\boldsymbol{\theta}}))+\frac{1}{2}(\boldsymbol{\theta}-\hat{\boldsymbol{\theta}})'\boldsymbol{H}(\hat{q})(\boldsymbol{\theta}-\hat{\boldsymbol{\theta}})+O(\|\boldsymbol{\theta}-\hat{\boldsymbol{\theta}}\|^3)$$

である．ただし

$$\boldsymbol{H}(\hat{q})=-\frac{1}{n}\sum_{t=1}^{n}\frac{\partial^2\log p(\boldsymbol{x}_t;\boldsymbol{\theta})}{\partial\boldsymbol{\theta}\partial\boldsymbol{\theta}'}\bigg|_{\hat{\boldsymbol{\theta}}}$$

は $n\to\infty$ で $\boldsymbol{H}(q)$ に収束し，その誤差は $O(1/\sqrt{n})$ であるので，特に $\boldsymbol{\theta}=\bar{\boldsymbol{\theta}}$ とおいて式を整理すると

$$L(\hat{q},p(\hat{\boldsymbol{\theta}}))=L(\hat{q},p(\bar{\boldsymbol{\theta}}))-\Delta(\hat{\boldsymbol{\theta}},\bar{\boldsymbol{\theta}})+O(n^{-3/2}) \tag{39}$$

がいえる(図 8 右)．$E_q\{L(\hat{q},p(\bar{\boldsymbol{\theta}}))\}=L(q,p(\bar{\boldsymbol{\theta}}))$ に注意して両辺の期待値を計算すると

$$E_q\{L(\hat{q},p(\hat{\boldsymbol{\theta}}))\}=L(q,p(\bar{\boldsymbol{\theta}}))-\frac{1}{2n}\mathrm{tr}\left(\boldsymbol{G}(q)\boldsymbol{H}(q)^{-1}\right)+O(n^{-3/2}) \tag{40}$$

である．したがって $L(\hat{q},p(\hat{\boldsymbol{\theta}}))$ を $L(q,p(\bar{\boldsymbol{\theta}}))$ の推定量として考えると，平均的に右辺第 2 項のズレがある．このように推定量の期待値は一般に目的とする量に一致しないが，このズレを「偏り」もしくはバイアスと呼ぶ．

もし $L(\hat{q},p(\hat{\boldsymbol{\theta}}))$ を $E_q\{L(q,p(\hat{\boldsymbol{\theta}}))\}$ の推定量として考えると，(37)と(40)より同じバイアスが 2 回加わって

$$E_q\{L(\hat{q},p(\hat{\boldsymbol{\theta}}))\}=E_q\{L(q,p(\hat{\boldsymbol{\theta}}))\}-\frac{1}{n}\mathrm{tr}\left(\boldsymbol{G}(q)\boldsymbol{H}(q)^{-1}\right)+O(n^{-3/2}) \tag{41}$$

となる．しかしこのようにバイアスがわかっていれば，その分をバイアス補正項としてあらかじめ推定量から差し引けばバイアスはゼロになり，$E_q\{L(q,p(\hat{\boldsymbol{\theta}}))\}$ の不偏な推定量が得られるはずである．実際にはバイアスも $q(\boldsymbol{x})$ に依存するのでデータから推定して

$$L(\hat{q}, p(\hat{\boldsymbol{\theta}})) + \frac{1}{n}\mathrm{tr}\left(\boldsymbol{G}(\hat{q})\boldsymbol{H}(\hat{q})^{-1}\right) \tag{42}$$

とおけば，$O(n^{-3/2})$ の誤差を許して不偏になり，予測分布 $p(\boldsymbol{x};\hat{\boldsymbol{\theta}}(\boldsymbol{X}))$ の平均的な良さが推定できる．これは**竹内情報量規準 TIC**（Takeuchi information criterion）と呼ばれており，AIC との比較を考えて通常は(42)を $2n$ 倍したものを用いる．つまりモデル M_k の TIC は

$$\mathrm{TIC}_k = -2 \times \left(\ell_k(\hat{\boldsymbol{\theta}}_k;\boldsymbol{X}) - \mathrm{tr}\left(\boldsymbol{G}_k(\hat{q})\boldsymbol{H}_k(\hat{q})^{-1}\right)\right)$$

によって定義される．$\mathrm{RISK}_k(q)$ の近似的に不偏な推定量としては，$-\ell_k(\hat{\boldsymbol{\theta}}_k;\boldsymbol{X})/n$ のバイアスが $O(n^{-1})$ であるのに対し，$\mathrm{TIC}_k/2n$ のバイアスは $O(n^{-3/2})$，すなわち

$$E_q\{\mathrm{TIC}_k/2n\} = \mathrm{RISK}_k(q) + O(n^{-3/2})$$

である．

TIC のバイアス補正項を複雑なモデルで計算するのは面倒なこともあり，また $\mathrm{tr}\left(\boldsymbol{G}(q)\boldsymbol{H}(q)^{-1}\right)$ を $\mathrm{tr}\left(\boldsymbol{G}(\hat{q})\boldsymbol{H}(\hat{q})^{-1}\right)$ で推定する際のバラツキが問題になることもある．そこでバイアス補正項の計算を簡単化して TIC を近似

表 4 情報量規準（AIC, TIC）とクロスバリデーション（CV）のバイアス補正

					バイアス補正項			
k	$\|S_k\|$	$\Delta\mathrm{AIC}_k$	$\Delta\mathrm{TIC}_k$	$\Delta\mathrm{CV}_k$	AIC	TIC	CV	S_k のパターン
4097	1	256.0	246.1	241.7	6	9.7	10.0	------------*
5121	2	187.3	177.6	173.3	8	11.9	12.3	----------*-*
4130	3	128.4	123.6	120.3	10	18.8	20.2	*----*------*
5154	4	87.8	83.1	79.9	12	20.8	22.3	*----*----*-*
7202	5	72.8	71.3	68.8	14	26.2	28.2	*----*----***
5298	6	44.3	40.1	37.4	16	25.4	27.3	*---**-*--*-*
7346	7	32.4	31.3	29.3	18	30.5	33.1	*---**-*--***
7354	8	22.2	22.3	20.8	20	33.7	36.8	*--***-*--***
8114	9	10.9	11.0	10.2	22	35.8	39.6	*---**-******
8122	10	2.9	4.1	3.7	24	38.8	43.1	*--***-******
8124	11	0.0	0.5	0.4	26	40.1	44.7	**-***-******
8128	12	0.5	0.0	0.0	28	41.1	45.7	******-******
8192	13	2.5	3.0	3.5	30	44.1	49.2	*************

住宅価格データの変数選択．$|S_k|$ が等しいモデルのなかで $\ell_k(\hat{\boldsymbol{\theta}}_k)$ を最大にするモデルが示されている．IC_k を AIC, TIC, CV のどれかとおくと，$\Delta\mathrm{IC}_k = \mathrm{IC}_k - \min_{k'}\mathrm{IC}_{k'}$，およびバイアス補正項 $\mathrm{IC}_k - (-2\ell_k(\hat{\boldsymbol{\theta}}_k))$ が示されている．

したものが AIC なのである．もし $q \in M$ ならば $\boldsymbol{G}(q)=\boldsymbol{H}(q)$ だから，バイアス補正項は推定するまでもなく $\mathrm{tr}\left(\boldsymbol{G}(q)\boldsymbol{H}(q)^{-1}\right) = \dim \boldsymbol{\theta}$ から得られる．一般に $D(q,\bar{p})$ があまり大きくなければ，AIC は TIC の良い近似となる．表 4 を見ると AIC と TIC はモデル選択でほぼ同じ結果を与えている．

2.8 クロスバリデーション

予測分布の良さを推定する一般的な手続きとしてクロスバリデーション(cross-validation, CV)法が知られている．データ $\boldsymbol{X}$ の t 番目の要素 $\boldsymbol{x}_t$ を取り除いた部分データを

$$\boldsymbol{X}_{-t} = (\boldsymbol{x}_1, \cdots, \boldsymbol{x}_{t-1}, \boldsymbol{x}_{t+1}, \cdots, \boldsymbol{x}_n)$$

と書き，これから得た最尤推定量を $\hat{\boldsymbol{\theta}}(\boldsymbol{X}_{-t})$ とする．取り除いた $\boldsymbol{x}_t$ は $p(\boldsymbol{x}; \hat{\boldsymbol{\theta}}(\boldsymbol{X}_{-t}))$ の予測誤差を評価するために用いる．この評価を $t=1,\cdots,n$ に対して繰り返し行って平均を取ることにより，期待平均予測誤差を推定するというアイデアである．つまり，

$$-\frac{1}{n}\sum_{t=1}^{n} \log p(\boldsymbol{x}_t; \hat{\boldsymbol{\theta}}(\boldsymbol{X}_{-t})) \tag{43}$$

によって予測分布の良さを測る．モデル選択に用いるときは AIC との比較を考えて，モデル M_k の(43)を $2n$ 倍したものを CV_k と書く．

ここで $\boldsymbol{X}_{-t}$ を $\boldsymbol{X}$ で置き換えて

$$-\frac{1}{n}\sum_{t=1}^{n} \log p(\boldsymbol{x}_t; \hat{\boldsymbol{\theta}}(\boldsymbol{X})) = -\frac{1}{n}\ell(\hat{\boldsymbol{\theta}}; \boldsymbol{X}) = L(\hat{q}, p(\hat{\boldsymbol{\theta}}))$$

としてしまうと予測分布の良さを正しく測れない．このように単純に最大対数尤度を用いると，予測分布 $p(\boldsymbol{x}; \hat{\boldsymbol{\theta}}(\boldsymbol{X}))$ の評価をするのに $\boldsymbol{X}$ 自身を用いることになってしまい，評価にバイアスが入るためである．いわば正解を先に見てからテストを受けるようなものであるから，本来の能力よりも予測が良いように見えてしまう．AIC や TIC ではこのバイアスを解析的に評価して補正していたのだが，クロスバリデーションでは $\boldsymbol{X}$ の代わりに $\boldsymbol{X}_{-t}$ を用いることによってバイアス補正を数値的に実現している．

表 4 を見ると CV と TIC はモデル選択でほぼ同じ結果を与えていることが

わかる．実はクロスバリデーションは TIC に等価であることが Stone(1977)，Shibata(1989)によって示されている．この結果について紹介しよう．まず $\ell(\boldsymbol{\theta};\boldsymbol{X}_{-t})=\ell(\boldsymbol{\theta};\boldsymbol{X})-\log p(\boldsymbol{x}_t;\boldsymbol{\theta})$ に注意すると

$$\frac{\partial\ell(\boldsymbol{\theta};\boldsymbol{X}_{-t})}{\partial\boldsymbol{\theta}}\bigg|_{\hat{\boldsymbol{\theta}}(\boldsymbol{X}_{-t})}=\frac{\partial\ell(\boldsymbol{\theta};\boldsymbol{X})}{\partial\boldsymbol{\theta}}\bigg|_{\hat{\boldsymbol{\theta}}(\boldsymbol{X}_{-t})}-\frac{\partial\log p(\boldsymbol{x}_t;\boldsymbol{\theta})}{\partial\boldsymbol{\theta}}\bigg|_{\hat{\boldsymbol{\theta}}(\boldsymbol{X}_{-t})}=\boldsymbol{0}$$

したがって

$$-\frac{1}{n}\frac{\partial\log p(\boldsymbol{x}_t;\boldsymbol{\theta})}{\partial\boldsymbol{\theta}}\bigg|_{\hat{\boldsymbol{\theta}}(\boldsymbol{X}_{-t})}=\frac{\partial L(\hat{q},p(\boldsymbol{\theta}))}{\partial\boldsymbol{\theta}}\bigg|_{\hat{\boldsymbol{\theta}}(\boldsymbol{X}_{-t})}$$

であるが，この右辺を $\hat{\boldsymbol{\theta}}(\boldsymbol{X})$ の周りでテーラー展開すると(29)を参考にして

$$-\frac{1}{n}\frac{\partial\log p(\boldsymbol{x}_t;\boldsymbol{\theta})}{\partial\boldsymbol{\theta}}\bigg|_{\hat{\boldsymbol{\theta}}(\boldsymbol{X}_{-t})}=\frac{\partial^2 L(\hat{q},p(\boldsymbol{\theta}))}{\partial\boldsymbol{\theta}\partial\boldsymbol{\theta}'}\bigg|_{\hat{\boldsymbol{\theta}}(\boldsymbol{X})}(\hat{\boldsymbol{\theta}}(\boldsymbol{X}_{-t})-\hat{\boldsymbol{\theta}}(\boldsymbol{X}))+\cdots$$

これを $\hat{\boldsymbol{\theta}}(\boldsymbol{X}_{-t})-\hat{\boldsymbol{\theta}}(\boldsymbol{X})$ について解くと

$$\hat{\boldsymbol{\theta}}(\boldsymbol{X}_{-t})-\hat{\boldsymbol{\theta}}(\boldsymbol{X})=-\frac{1}{n}\boldsymbol{H}(\hat{q})^{-1}\hat{\boldsymbol{d}}_t+O(n^{-3/2})$$

となる．ただし簡単のため

$$\hat{\boldsymbol{d}}_t=\frac{\partial\log p(\boldsymbol{x}_t;\boldsymbol{\theta})}{\partial\boldsymbol{\theta}}\bigg|_{\hat{\boldsymbol{\theta}}(\boldsymbol{X})}$$

とおいた．

ここで $\hat{\boldsymbol{\theta}}(\boldsymbol{X}_{-t})=\hat{\boldsymbol{\theta}}(\boldsymbol{X})+O(n^{-1})$ であって，右辺の偏微分を評価する際に $\hat{\boldsymbol{\theta}}(\boldsymbol{X}_{-t})$ を $\hat{\boldsymbol{\theta}}(\boldsymbol{X})$ で置き換えてもその差は無視できることに注意する．この結果を次のテーラー展開に代入すると

$$\begin{aligned}
&-\frac{1}{n}\sum_{t=1}^{n}\log p(\boldsymbol{x}_t;\hat{\boldsymbol{\theta}}(\boldsymbol{X}_{-t}))\\
&=-\frac{1}{n}\sum_{t=1}^{n}\{\log p(\boldsymbol{x}_t;\hat{\boldsymbol{\theta}}(\boldsymbol{X}))+\hat{\boldsymbol{d}}_t'(\hat{\boldsymbol{\theta}}(\boldsymbol{X}_{-t})-\hat{\boldsymbol{\theta}}(\boldsymbol{X}))+O(n^{-2})\}\\
&=L(\hat{q},p(\hat{\boldsymbol{\theta}}))+\frac{1}{n^2}\sum_{t=1}^{n}\{\hat{\boldsymbol{d}}_t'\boldsymbol{H}(\hat{q})^{-1}\hat{\boldsymbol{d}}_t\}+O(n^{-3/2})\\
&=L(\hat{q},p(\hat{\boldsymbol{\theta}}))+\frac{1}{n}\mathrm{tr}\left\{\frac{1}{n}\left(\sum_{t=1}^{n}\hat{\boldsymbol{d}}_t\hat{\boldsymbol{d}}_t'\right)\boldsymbol{H}(\hat{q})^{-1}\right\}+O(n^{-3/2})\\
&=L(\hat{q},p(\hat{\boldsymbol{\theta}}))+\frac{1}{n}\mathrm{tr}\left(\boldsymbol{G}(\hat{q})\boldsymbol{H}(\hat{q})^{-1}\right)+O(n^{-3/2})
\end{aligned}$$

したがって(43)は(42)と $O(n^{-3/2})$ の違いしかなく，この誤差はバイアス補正項のオーダー $O(n^{-1})$ より小さいので相対的に無視できる．つまりクロスバリデーションは TIC に等価である．

2.9 情報量規準 GIC

これまで述べてきた AIC や TIC の導出では，最尤推定による予測分布 $p(\boldsymbol{x};\hat{\boldsymbol{\theta}}(\boldsymbol{X}))$ の平均的な良さを推定することが目的であった．この予測分布は仮定した確率モデルごとに得られるので，それらの予測分布の良さを比較することにより結果としてモデル選択が行われていたのである．

最尤推定は良い性質を持つことが知られており広く利用されているが，これ以外にも様々なパラメータ推定法が提案されている．もし $\hat{\boldsymbol{\theta}}(\boldsymbol{X})$ に最尤推定量とは別の推定量を採用したら，情報量規準はどのように変更されるであろうか？　この疑問に答えるのが Konishi and Kitagawa(1996, 2003)の**一般化情報量規準 GIC**(generalized information criterion)である．

他の推定量と区別するために最尤推定量を $\hat{\boldsymbol{\theta}}_{\mathrm{ML}}$ と書くことにする．確率分布 q から最適パラメータ値への写像を $\bar{\boldsymbol{\theta}}_{\mathrm{ML}}=\bar{\boldsymbol{\theta}}_{\mathrm{ML}}(q)$ と書くと，$\hat{\boldsymbol{\theta}}_{\mathrm{ML}}=\bar{\boldsymbol{\theta}}_{\mathrm{ML}}(\hat{q})$ である．関数 $q(\boldsymbol{x})$ を入力とするこのような写像は一般に汎関数と呼ばれる．GIC の導出において $\bar{\boldsymbol{\theta}}(\cdot)$ は，q からパラメータ値への任意の滑らかな汎関数とする．そしてパラメータ推定には $\hat{\boldsymbol{\theta}}=\bar{\boldsymbol{\theta}}(\hat{q})$ を採用する．特に $\bar{\boldsymbol{\theta}}(\cdot)=\bar{\boldsymbol{\theta}}_{\mathrm{ML}}(\cdot)$ の場合には $\hat{\boldsymbol{\theta}}$ は最尤推定になるが，一般に他の方法によって $\bar{\boldsymbol{\theta}}(\cdot)$ を定義した場合には $\hat{\boldsymbol{\theta}}$ は様々な推定量を表現できる．

Konishi and Kitagawa(1996)は，期待平均予測誤差の推定量が

$$L(\hat{q},p(\hat{\boldsymbol{\theta}}))+\frac{1}{n}\int q(\boldsymbol{x})\frac{\partial\log p(\boldsymbol{x};\boldsymbol{\theta})}{\partial\boldsymbol{\theta}'}\bigg|_{\hat{\boldsymbol{\theta}}}\frac{\partial\bar{\boldsymbol{\theta}}(q)}{\partial q(\boldsymbol{x})}\,d\boldsymbol{x} \tag{44}$$

であり，これが近似的に不偏であることを示した．すなわち，(44)の期待値は，$E_q\{L(q,p(\bar{\boldsymbol{\theta}}(\hat{q})))\}+O(n^{-2})$ である．Konishi and Kitagawa (2003)ではさらにこの $O(n^{-2})$ の項まで求めている．ただし次式で定義される $\boldsymbol{x}$ の関数は影響関数と呼ばれ，いわば $\bar{\boldsymbol{\theta}}(\cdot)$ の「$q(\boldsymbol{x})$ 成分」による微分である．

$$\frac{\partial\bar{\boldsymbol{\theta}}(q)}{\partial q(\boldsymbol{x})}=\lim_{\epsilon\to 0}\frac{\bar{\boldsymbol{\theta}}((1-\epsilon)q+\epsilon\delta_{\boldsymbol{x}})-\bar{\boldsymbol{\theta}}(q)}{\epsilon}$$

また $\delta_{\boldsymbol{x}}(\boldsymbol{y})=\delta(\boldsymbol{y}-\boldsymbol{x})$ は $\boldsymbol{x}$ を中心とするデルタ関数である．AIC との比較を考えて(44)を $2n$ 倍し，第 2 項の q を $\hat{q}$ で置き換えたものが GIC である．

以下では特に，$\boldsymbol{\theta}$ と同じ次元のベクトル値を取る適当な関数 $\boldsymbol{\psi}(\boldsymbol{x};\boldsymbol{\theta})$ を用いて

$$\int q(\boldsymbol{x})\boldsymbol{\psi}(\boldsymbol{x};\bar{\boldsymbol{\theta}}(q))\,d\boldsymbol{x}=\boldsymbol{0}$$

によって $\bar{\boldsymbol{\theta}}(\cdot)$ が定義される場合を考えよう．q に $\hat{q}$ を代入すると

$$\sum_{t=1}^{n}\boldsymbol{\psi}(\boldsymbol{x}_t;\hat{\boldsymbol{\theta}})=\boldsymbol{0}$$

によって推定量 $\hat{\boldsymbol{\theta}}$ が定義されることがわかる．これは M-推定量と呼ばれ，特に $\boldsymbol{\psi}(\boldsymbol{x};\boldsymbol{\theta})=\partial\log p(\boldsymbol{x};\boldsymbol{\theta})/\partial\boldsymbol{\theta}$ とおけば最尤法になる．このような M-推定量では $\bar{\boldsymbol{\theta}}(\cdot)$ の影響関数は

$$\frac{\partial\bar{\boldsymbol{\theta}}(q)}{\partial q(\boldsymbol{x})}=M(q)^{-1}\boldsymbol{\psi}(\boldsymbol{x};\bar{\boldsymbol{\theta}}(q))$$

によって計算できる．ただし $M(q)$ は正方行列で

$$M(q)=-\int q(\boldsymbol{x})\frac{\partial\boldsymbol{\psi}(\boldsymbol{x};\boldsymbol{\theta})}{\partial\boldsymbol{\theta}'}\bigg|_{\bar{\boldsymbol{\theta}}(q)}d\boldsymbol{x}$$

によって定義される．この結果から，特に最尤法の場合には TIC がただちに導かれる．

一般に $\bar{\boldsymbol{\theta}}(p(\boldsymbol{\theta}))=\boldsymbol{\theta}$ を満たす場合，$\bar{\boldsymbol{\theta}}(\cdot)$ は Fisher 一致性があるという．もしモデルが真の分布を含むなら $p(\bar{\boldsymbol{\theta}}(q))=q$ である．Fisher 一致性をもつ M-推定量では，TIC から AIC を導いた時と同様の近似が行える．すなわち，(44)の第 2 項は $\dim\boldsymbol{\theta}/n$ で置き換えてよく，AIC と同じ形式の情報量規準が得られる．

以上で述べたように，最尤推定には限らず一般の推定量に関する予測分布の良さを GIC によって測ることができる．予測分布に最尤法以外の推定量を用いる場合には，AIC や TIC よりも GIC を用いてモデル選択を行うべきだろう．

GIC の応用はこのようなモデル選択に限らない．候補となる確率モデルが1つだけしかない場合でも，複数のパラメータ推定法が利用可能ならば，推定法ごとに予測分布の候補が得られる．これらの予測分布の良さを GIC で比較することにより，結果としてパラメータ推定法が選択できる．

罰金付き最尤法における罰金の大きさを定めるために GIC 最小化法が利用できる．罰金付き対数尤度とは

$$\sum_{t=1}^{n} (\log p(\boldsymbol{x};\boldsymbol{\theta}) - \lambda k_n(\boldsymbol{\theta})) \tag{45}$$

のように $\lambda k_n(\boldsymbol{\theta})$ によって定められる罰金項を通常の対数尤度から引いたものである．$k_n(\boldsymbol{\theta})$ はパラメータに関する何らかの制限を表現しており，例えば $k_n(\boldsymbol{\theta}) = ||\boldsymbol{\theta}||^2$ とすれば極端に大きなパラメータ値が推定されることを防ぐ効果がある．$\lambda \geq 0$ はスカラーで罰金の相対的な大きさを定めている．(45)を最大にするパラメータ値 $\hat{\boldsymbol{\theta}}_\lambda$ は λ の値ごとに定まる．したがって，もし λ を少しずつ変化させれば予測分布 $p(\boldsymbol{x};\hat{\boldsymbol{\theta}}_\lambda)$ も無数に得られることになる．そこで GIC を用いて λ を定めるのである．$\hat{\boldsymbol{\theta}}_\lambda$ は M-推定量の一種であり，

$$\boldsymbol{\psi}(\boldsymbol{x};\boldsymbol{\theta}) = \frac{\partial}{\partial \boldsymbol{\theta}} (\log p(\boldsymbol{x};\boldsymbol{\theta}) - \lambda k_n(\boldsymbol{\theta}))$$

とおけばよい．これを GIC に代入すれば，λ を定めるための情報量規準が得られる．この結果は Shibata(1989)において RIC として得られている．

上記の議論では罰金付き最尤法の良さを罰金無しの Kullback-Leibler 情報量によって測っている．その際に予測誤差の $\ell(\boldsymbol{\theta};\boldsymbol{X})$ に相当する量をもし(45)で置き換えることが妥当ならば，数学的な扱いは多少容易になる．より一般的には $L(\hat{q}, p(\boldsymbol{\theta}))$ に罰金項を加えるなどして他の関数に置き換えたとしても，これを推定量 $\hat{\boldsymbol{\theta}}$ を定義する時だけでなく予測分布の良さを測る時の損失関数にも共通に用いれば，TIC の導出と形式的にまったく同様な手順によって類似の情報量規準が得られる．ただし GIC から得られるものとは異なった情報量規準になることに注意する．この考え方は，Murata et al. (1994)の **NIC**(network information criterion)に示されている．NIC ではさらに，データが逐次的に得られる状況(ニューラルネットのオンライ

ン学習)におけるパラメータ推定の影響まで考慮されている．

標本調査法，実験計画法，能動学習などの回帰分析において説明変数の確率分布が変化して，パラメータ推定の時と期待平均予測誤差の評価の時で異なる場合には，重み付き最尤法が用いられることがある．これには GIC を直接に適用できないが，Shimodaira(2000)は GIC と類似の議論によって情報量規準を導出し，モデル選択や重み関数の選択を行っている．

2.10 ベイズ予測分布の場合

これまで $\boldsymbol{\theta}$ は定数ベクトルとして扱ってきた．もしモデル $p(\boldsymbol{x};\boldsymbol{\theta})$ が正しいと仮定すれば，$\boldsymbol{\theta}$ の真値が存在すると考えていた．そしてパラメータの真値は全く未知であり，データから最尤法などにより推定していたのである．

ところが場合によっては $\boldsymbol{\theta}$ の値についてある程度の知識が事前にあって，真値の可能性が高い値とそうでない値がわかっていることもあろう．この場合にはベイズ(Bayes)法が用いられる．ベイズ法では $\boldsymbol{\theta}$ を定数ベクトルではなく確率変数ベクトルとして扱い，パラメータの事前分布 $\pi(\boldsymbol{\theta})$ をあらかじめ指定しておく．

データ $\boldsymbol{X}$ を観測すると $\boldsymbol{\theta}$ について知識が増すので，データの持つ情報と事前分布の情報を統合して新たに $\boldsymbol{\theta}$ の分布を計算する．これが $\boldsymbol{\theta}$ の事後分布であり，

$$\pi(\boldsymbol{\theta}|\boldsymbol{X}) = \frac{p(\boldsymbol{X};\boldsymbol{\theta})\pi(\boldsymbol{\theta})}{p(\boldsymbol{X})}$$

と定義される．ただし

$$p(\boldsymbol{X}) = \int p(\boldsymbol{X};\boldsymbol{\theta})\pi(\boldsymbol{\theta})\,d\boldsymbol{\theta} \tag{46}$$

は事前分布を仮定したときの $\boldsymbol{X}$ の確率分布である．このように事後分布を計算する方法をベイズの定理と呼ぶ．ただし積分はパラメータの取りうる値の集合全体 $\boldsymbol{\theta} \in \boldsymbol{\Theta}$ に関する定積分である．また，$p(\boldsymbol{X};\boldsymbol{\theta}) = p(\boldsymbol{x}_1;\boldsymbol{\theta})\cdots p(\boldsymbol{x}_n;\boldsymbol{\theta})$ は $\boldsymbol{X}$ の確率分布のモデルである．

事後分布は $\boldsymbol{\theta}$ の尤もらしさを確率分布として柔軟に表現しているが，何らかの方法によって $\boldsymbol{\theta}$ の値を 1 つ定めて推定量 $\hat{\boldsymbol{\theta}}$ を求めたい場合がある．$\pi(\boldsymbol{\theta}|\boldsymbol{X})$ から $\hat{\boldsymbol{\theta}}$ を計算するのに，その定義には様々なやり方があり得るが，例えば事後分布に関して $\boldsymbol{\theta}$ の平均を計算して $\hat{\boldsymbol{\theta}} = \int \boldsymbol{\theta}\pi(\boldsymbol{\theta}|\boldsymbol{X})\,d\boldsymbol{\theta}$ としてもよい．このほかに $\pi(\boldsymbol{\theta}|\boldsymbol{X})$ を最大にする $\boldsymbol{\theta}$ の値を $\hat{\boldsymbol{\theta}}$ にすることも可能である．事前に $\boldsymbol{\theta}$ が全く未知の場合は形式的に $\pi(\boldsymbol{\theta}) =$ 定数とおくと，$\pi(\boldsymbol{\theta}|\boldsymbol{X})$ を最大にする $\hat{\boldsymbol{\theta}}$ は最尤推定量になるので，ベイズ法は最尤法の一般化であるとみなしてもよい．

このように $\hat{\boldsymbol{\theta}}$ を 1 つ定めてから $p(\boldsymbol{x};\hat{\boldsymbol{\theta}})$ によって予測分布を定義すると，事後分布のもつ情報を十分に予測分布に伝えられない．そこで

$$\hat{p}_{\mathrm{Bayes}}(\boldsymbol{x};\boldsymbol{X}) = \int p(\boldsymbol{x};\boldsymbol{\theta})\pi(\boldsymbol{\theta}|\boldsymbol{X})\,d\boldsymbol{\theta}$$

で定義されるベイズ予測分布が用いられる．この予測分布の平均的な良さは GIC では表現できないのだが類似の議論が可能である．Konishi and Kitagawa(1996)によれば，$E_q\{L(q,\hat{p}_{\mathrm{Bayes}}(\boldsymbol{X}))\}$ の不偏な推定量が

$$L(\hat{q},\hat{p}_{\mathrm{Bayes}}(\boldsymbol{X})) + \frac{1}{n}\mathrm{tr}\left(\boldsymbol{G}(\hat{q})\boldsymbol{H}(\hat{q})^{-1}\right) + o(n^{-1}) \qquad (47)$$

となり TIC と同じ第 2 項を持つ．つまり(42)の $L(\hat{q},p(\hat{\boldsymbol{\theta}}(\boldsymbol{X})))$ を $L(\hat{q},\hat{p}_{\mathrm{Bayes}}(\boldsymbol{X}))$ で置き換えたものが(47)である．$o(n^{-1})$ は n^{-1} の比例よりも小さなオーダーの誤差を表わしている．

Shimodaira(2000)によれば(47)は

$$L(\hat{q},p(\hat{\boldsymbol{\theta}}_{\mathrm{ML}}(\boldsymbol{X}))) + \frac{1}{2\,n}\left(\mathrm{tr}\left(\boldsymbol{G}(\hat{q})\boldsymbol{H}(\hat{q})^{-1}\right) + \dim\boldsymbol{\theta}\right) + o(n^{-1}) \quad (48)$$

のように最尤推定量 $\hat{\boldsymbol{\theta}}_{\mathrm{ML}}(\boldsymbol{X})$ を用いて書くこともできる．

$$\Delta D(q) = \frac{1}{2n}\left\{\mathrm{tr}\left(\boldsymbol{G}(q)\boldsymbol{H}(q)^{-1}\right) - \dim\boldsymbol{\theta}\right\}$$

とおけば，$p(\boldsymbol{x};\hat{\boldsymbol{\theta}}_{\mathrm{ML}}(\boldsymbol{X}))$ の良さの推定量(42)と，$\hat{p}_{\mathrm{Bayes}}(\boldsymbol{x};\boldsymbol{X})$ の良さの推定量(48)との差は $\Delta D(\hat{q}) + o(n^{-1})$ である．したがって情報量規準によってどちらの予測分布がよいかを選ぶには，$\Delta D(\hat{q})$ を計算して $\Delta D(\hat{q}) < 0$ なら $p(\boldsymbol{x};\hat{\boldsymbol{\theta}}_{\mathrm{ML}}(\boldsymbol{X}))$，$\Delta D(\hat{q}) > 0$ なら $\hat{p}_{\mathrm{Bayes}}(\boldsymbol{x};\boldsymbol{X})$ とすればよい．

期待平均予測誤差の差は，情報量規準の差の期待値なので

$$E_q\{L(q, p(\hat{\boldsymbol{\theta}}_{\mathrm{ML}}(\boldsymbol{X}))) - L(q, \hat{p}_{\mathrm{Bayes}}(\boldsymbol{X}))\} = \Delta D(q) + o(n^{-1}) \quad (49)$$

である．もしモデルが正しい，すなわち $q \in M$ ならば(38)より $\Delta D(q) = 0$ である．この場合の(49)は $O(n^{-2})$ になり，Komaki(1996)が詳細に議論している．

一般に $q \notin M$ の場合は $\Delta D(q) \neq 0$ であるが，その大きさと符号は M の幾何的なイメージに結びつけて解釈できる(図 9)．M が平坦でなければ，その曲がりの程度(mixture 埋め込み曲率)にモデルの近似の悪さの程度 $\sqrt{D(q, \bar{p})}$ を乗じたものが $\Delta D(q)$ の大きさに比例する．もし M の曲がり方とは反対側に q が離れていれば $\Delta D(q) < 0$，逆に M の曲がり方と同じ側に q が離れていれば $\Delta D(q) > 0$ である．そもそも $\hat{p}_{\mathrm{Bayes}}(\boldsymbol{x}; \boldsymbol{X})$ は $\hat{\boldsymbol{\theta}}_{\mathrm{ML}}$ の近傍で $p(\boldsymbol{x}; \boldsymbol{\theta})$ を平均したものであるから，$p(\boldsymbol{x}; \hat{\boldsymbol{\theta}})$ より M の曲がり方と同じ側に少し離れたところにある．したがって $\Delta D(q) > 0$ ならベイズ法に有利だということも幾何的なイメージから直感的に理解できよう．

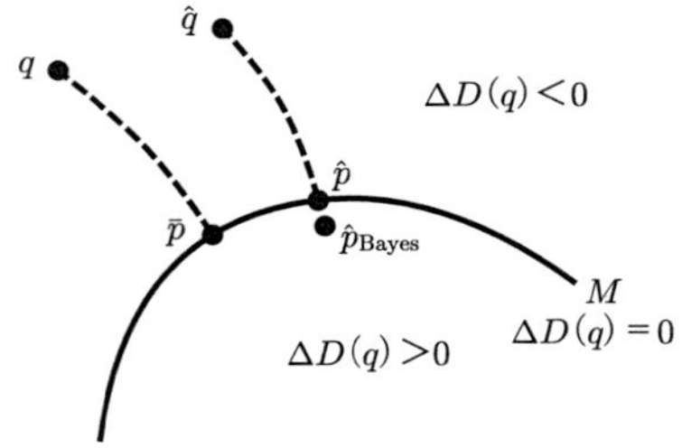

図 9　ベイズ予測分布 $\hat{p}_{\mathrm{Bayes}}$ と最尤法による予測分布 $\hat{p}$ の関係．$\Delta D(q)$ の符号によって q の位置が 3 通りに分類される．$\Delta D(q) > 0$ ならば $\hat{p}_{\mathrm{Bayes}}$ の方が $\hat{p}$ より平均的に有利である．

2.11　ベイズ情報量規準

上で述べたようなベイズ予測分布の良さを測るのではなく，事後確率が大きいほど良いモデルとする方法もベイズ推測では一般的である．モデルの事後確率は，モデルの事前確率と(46)の積に比例する．Schwarz(1979)に

よれば

$$-\frac{1}{n}\log p(\boldsymbol{X}) \approx L(\hat{q}, p(\hat{\boldsymbol{\theta}}_{\mathrm{ML}}(\boldsymbol{X}))) + \frac{\log n}{2n}\dim\boldsymbol{\theta} \qquad (50)$$

であり，AIC との比較を考慮して(50)の右辺を $2n$ 倍したものはベイズ情報量規準 **BIC**(Bayesian information criterion)と呼ばれている．つまり AIC の第 2 項で $\dim\boldsymbol{\theta}$ の係数を 2 から $\log n$ に置き換えたものである．十分大きな n ではモデルの事前確率や $\pi(\boldsymbol{\theta})$ の影響は対数尤度に比べて相対的に無視できる．実は符号理論においてデータを圧縮して記述する際の**最小記述長**(minimum description length)から得られる MDL 規準(Rissanen 1987)が BIC に等価であることが知られている．BIC と MDL は一見して異なるアプローチでありながら同じ規準を導いていることが興味深く，これらと AIC との関連も踏まえた議論が今後期待される．

BIC は次のように AIC から導くことも可能である(韓 1990, 下平 1999)．まず，条件付確率を(46)に繰り返し適用すると，

$$p(\boldsymbol{X}) = \prod_{t=1}^{n} \hat{p}_{\mathrm{Bayes}}(\boldsymbol{x}_t; \boldsymbol{x}_1, \cdots, \boldsymbol{x}_{t-1})$$

である．t 番目の予測分布 $\hat{p}_{\mathrm{Bayes}}(\boldsymbol{x}_t; \boldsymbol{x}_1, \cdots, \boldsymbol{x}_{t-1})$ の良さは最初の $t-1$ 個のデータから $\boldsymbol{\theta}$ を最尤推定するときの AIC とほぼ等しいことが前章の議論で $\Delta D(q) \approx 0$ と近似することによりわかる．したがって t 番目の予測分布の良さは(37)より

$$L(q, p(\bar{\boldsymbol{\theta}})) + \frac{\dim\boldsymbol{\theta}}{2t}$$

と近似できる．これを $t=1, \cdots, n$ について足し合わせてから n で割ったものは，(50)の期待値と $O(n^{-1})$ の誤差で等しい．この誤差は BIC の第 2 項に比べて漸近的に無視できる．この議論からわかるように，AIC は $\boldsymbol{x}_1, \cdots, \boldsymbol{x}_n$ から $\boldsymbol{x}_{n+1}$ を予測するときの良さを測ろうとしていたのに対して，BIC は各 t において $\boldsymbol{x}_1, \cdots, \boldsymbol{x}_{t-1}$ から $\boldsymbol{x}_t$ を逐次予測するときの良さの平均を測ろうとしているのである．

2.12 確率変数の一部が観測できない場合

データ $\boldsymbol{X}$ の一部が観測できない場合がデータ解析ではしばしばある．$\boldsymbol{X}=(\boldsymbol{Y},\boldsymbol{Z})$ のように 2 つの部分にわけ，$\boldsymbol{Y}$ は観測できるが，$\boldsymbol{Z}$ は観測できないとしよう．観測データ $\boldsymbol{Y}$ に対して，$\boldsymbol{X}$ は完全データとも呼ばれる．たとえば，単純にデータ $\boldsymbol{X}$ に欠測 $\boldsymbol{Z}$ がある場合は $\boldsymbol{Y}$ だけが観測される．また時系列解析の状態空間モデルでは，$\boldsymbol{Y}$ が観測系列，$\boldsymbol{Z}$ が状態系列である．音声認識で用いられる隠れマルコフモデル(HMM)では $\boldsymbol{Y}$ が観測音声の特徴系列，$\boldsymbol{Z}$ がラベル付けされてない音素や単語の系列である．ただし $\boldsymbol{Y}$ には一部のラベル付けがされた単語系列も含まれる．以下の議論では $\boldsymbol{X}=(\boldsymbol{x}_1,\cdots,\boldsymbol{x}_n)$ の各要素が $\boldsymbol{x}_t=(\boldsymbol{y}_t,\boldsymbol{z}_t)$ と分割されると仮定する．

完全データの確率モデル $p(\boldsymbol{X};\boldsymbol{\theta})=p(\boldsymbol{Y},\boldsymbol{Z};\boldsymbol{\theta})$ が与えられていたとしても，$\boldsymbol{Z}$ がわからないので最尤法をそのまま用いることはできない．そこで周辺分布 $p(\boldsymbol{Y};\boldsymbol{\theta})=\int p(\boldsymbol{Y},\boldsymbol{Z};\boldsymbol{\theta})\,d\boldsymbol{Z}$ に関する最尤法を行い，$p(\boldsymbol{Y};\boldsymbol{\theta})$ を最大にするパラメータ値を最尤推定量とする．この計算には Dempster et al. (1977)の **EM**(expectation-maximization)アルゴリズムが用いられることが多い．AIC によるモデル選択では

$$-\log p(\boldsymbol{Y};\hat{\boldsymbol{\theta}})+\dim\boldsymbol{\theta} \tag{51}$$

を各モデルごとに計算してモデルの良さを評価する．これは観測データの予測分布 $p(\boldsymbol{y};\hat{\boldsymbol{\theta}}(\boldsymbol{Y}))$ の良さを測っているが，本来はむしろ完全データの予測分布 $p(\boldsymbol{x};\hat{\boldsymbol{\theta}}(\boldsymbol{Y}))$ の良さを測る方が適切な場合がある．つまり

$$-\int q(\boldsymbol{Y})\int q(\boldsymbol{x}_{n+1})\log p(\boldsymbol{x}_{n+1};\hat{\boldsymbol{\theta}}(\boldsymbol{Y}))\,d\boldsymbol{x}_{n+1}\,d\boldsymbol{Y}$$

の推定量として新たな情報量規準を導きたい．もし $\boldsymbol{X}$ が観測できるなら

$$-\log p(\boldsymbol{X};\hat{\boldsymbol{\theta}})+\dim\boldsymbol{\theta} \tag{52}$$

とすればよいかもしれないが，ここでは $\boldsymbol{Y}$ だけから(52)の代わりになる規準を計算したい．この場合の情報量規準を Shimodaira(1994)は次式で与えた．

$$-\log p(\boldsymbol{Y};\hat{\boldsymbol{\theta}})+\operatorname{tr}\left(H_X(\hat{\boldsymbol{\theta}})H_Y^{-1}(\hat{\boldsymbol{\theta}})\right) \tag{53}$$

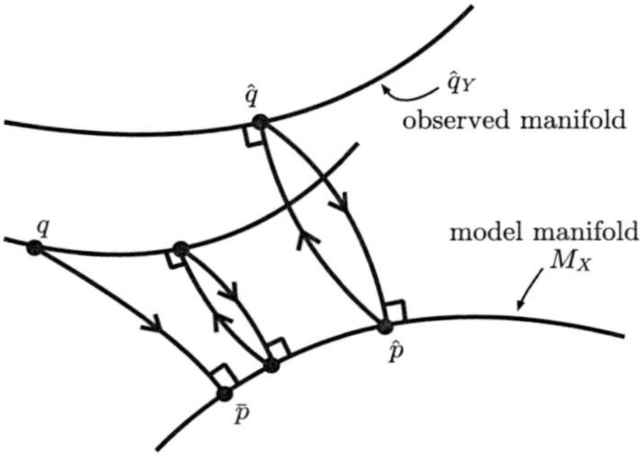

図 10 完全データの確率分布の空間の幾何的イメージ．完全データのモデルは $M_X = \{p(\boldsymbol{x};\boldsymbol{\theta})\,|\,\boldsymbol{\theta} \in \boldsymbol{\Theta}\}$，観測データは $\hat{q}_Y = \left\{\hat{q}(\boldsymbol{x}) \middle| \int \hat{q}(\boldsymbol{x})\, d\boldsymbol{z} = \hat{q}(\boldsymbol{y})\right\}$ と 2 つの曲面として表現される．EM アルゴリズムは $\min_{p \in M_X} \min_{q \in \hat{q}_Y} D(q,p)$ を実現する $\hat{p}$ を計算する．

ただし，

$$H_X(\boldsymbol{\theta}) = -\int p(\boldsymbol{X};\boldsymbol{\theta}) \frac{\partial^2 \log p(\boldsymbol{X};\boldsymbol{\theta})}{\partial\boldsymbol{\theta}\partial\boldsymbol{\theta}'}\, d\boldsymbol{X}$$

$$H_Y(\boldsymbol{\theta}) = -\int p(\boldsymbol{Y};\boldsymbol{\theta}) \frac{\partial^2 \log p(\boldsymbol{Y};\boldsymbol{\theta})}{\partial\boldsymbol{\theta}\partial\boldsymbol{\theta}'}\, d\boldsymbol{Y}$$

は $\boldsymbol{X}$ と $\boldsymbol{Y}$ に関する Fisher 情報行列である．すべての確率変数が観測できる場合，すなわち $\boldsymbol{X} \equiv \boldsymbol{Y}$ ならば $H_X(\boldsymbol{\theta}) = H_Y(\boldsymbol{\theta})$ なので，(53)は(51)に一致する．$H_{Z|Y} = H_X - H_Y$ は非負定値行列なので，(53)は(51)より $\mathrm{tr}(H_{Z|Y}H_Y^{-1}) = \mathrm{tr}(H_X H_Y^{-1}) - \dim\boldsymbol{\theta}$ だけ大きいことになる．この差は，$\boldsymbol{\theta}$ の推定に関して $\boldsymbol{X}$ より $\boldsymbol{Y}$ が損失した情報を反映している．

EM アルゴリズムでは反復計算によって $\hat{\boldsymbol{\theta}}$ を求める．まず

$$Q(\boldsymbol{\theta}_1, \boldsymbol{\theta}_2) = \int p(\boldsymbol{Z}|\boldsymbol{Y};\boldsymbol{\theta}_2) \log p(\boldsymbol{Y},\boldsymbol{Z};\boldsymbol{\theta}_1)\, d\boldsymbol{Z}$$

と定義する．第 i ステップの $\hat{\boldsymbol{\theta}}$ を $\boldsymbol{\theta}^{(i)}$ と書くと，$Q(\boldsymbol{\theta}, \boldsymbol{\theta}^{(i)})$ を最大にする $\boldsymbol{\theta}$ として $\boldsymbol{\theta}^{(i+1)}$ を計算する．これを $\boldsymbol{\theta}^{(i+1)} = EM(\boldsymbol{\theta}^{(i)})$ と書くと，$EM(\boldsymbol{\theta})$ を適当な初期値に繰り返し適用して，収束した値が最尤推定 $\hat{\boldsymbol{\theta}}$ になる．

Shimodaira(1994)によれば

$$H_X(\hat{\boldsymbol{\theta}})H_Y(\hat{\boldsymbol{\theta}})^{-1} \approx \left(I - \left.\frac{\partial EM(\boldsymbol{\theta})}{\partial \boldsymbol{\theta}'}\right|_{\hat{\boldsymbol{\theta}}}\right)^{-1}$$

であり，EM アルゴリズムの反復計算から直接(53)の第 2 項が計算できる．この式は EM アルゴリズムの収束速度を反映しており，収束が遅いときは(53)の第 2 項は大きくなる．なお，Cavanaugh and Shumway(1998)は EM アルゴリズムの副産物として得られる $-Q(\hat{\boldsymbol{\theta}}, \hat{\boldsymbol{\theta}})$ で(53)の第 1 項を置き換える提案をしている．

3 モデル選択の信頼性

AIC 最小モデル $\hat{k}$ は RISK 最小モデルの推定量であるから，データのバラツキによって偶然選ばれた $\hat{k}$ のほかに，もっと良いモデルがある可能性がある．そこで本章では，モデル選択の結果がどれほど信頼できるものなのかを評価するための方法を紹介する．まず 3.2 節のブートストラップ法や 3.3 節の多重比較法が示されるが，これらには一種のバイアスがあることが 3.4 節で説明される．これに対して 3.5 節のマルチスケール・ブートストラップ法は近似的に不偏であり望ましい方法といえる．このアルゴリズムはとても簡単で実装も容易であるが，3.6 節の理論はやや複雑である．モデル選択の信頼性評価はモデルの良さの検定として定式化されるが，これとモデルの正しさの検定との相違について 3.7 節で述べる．3.5 節と 3.6 節は高度な内容を含むので，省略して読んでもよい．

3.1 AIC のバラツキ

AIC はデータから計算する統計量である．これを明示するためにデータ $\boldsymbol{X}$ から計算されたモデル M_k の AIC 値を $\mathrm{AIC}_k(\boldsymbol{X})$ と書こう．結果として AIC 最小モデルも $\boldsymbol{X}$ の関数となるので，$\hat{k}(\boldsymbol{X})$ と書く．観測した $\boldsymbol{X}$ をサンプルと呼び，$\boldsymbol{X}$ を観測することをサンプリングともいう．$\boldsymbol{X}$ の要素数 n はサンプルサイズである．現実には $\boldsymbol{X}$ は 1 回だけしかサンプリングされないが，もし仮に(5)に従って真の分布から何回も $\boldsymbol{X}$ をサンプリングできるなら，得られたサンプルごとに異なる AIC 値が計算されるはずである．つまり $\boldsymbol{X}$ から計算した $\mathrm{AIC}_k(\boldsymbol{X})$ や $\hat{k}(\boldsymbol{X})$ にはバラツキがあり，あるモデルが選ばれたとしてもそれが本当に良いモデルとは限らず偶然に過ぎない可能性がある．

実際の $\boldsymbol{X}$ は(5)から 1 回だけしかサンプリングされていないので，バラツキを調べるために次のような実験を行う．住宅価格データはサンプルサイズ $n=506$ であるが，ランダムに $n'=50$ 地点を抜き出した部分データを

$$\boldsymbol{X}^* = (\boldsymbol{x}_1^*, \cdots, \boldsymbol{x}_{n'}^*)$$

と書くことにする．つまり $\{1, \cdots, n\}$ から擬似乱数を使ってランダムに n' 個の数字 $t_1, \cdots, t_{n'}$ を選び，$\boldsymbol{x}_i^* = \boldsymbol{x}_{t_i}$, $i=1, \cdots, n'$ としたものが $\boldsymbol{X}^*$ である．同様の実験を $B=10$ 回繰り返して作成した部分データの列を

$$\boldsymbol{X}_1^*, \cdots, \boldsymbol{X}_B^* \tag{54}$$

とする．各 $\boldsymbol{X}_b^*$, $b=1, \cdots, B$ はどれもサンプルサイズ n' のデータセットであり，全データ $\boldsymbol{X}$ のある一部分をサンプリングして得られたものである．このようにすでに得られたデータから再びサンプリングすることを，リサンプリング(resampling)と呼び，得られたサンプル $\boldsymbol{X}^*$ をデータの複製(replicate)と呼ぶ．

複製データの列(54)に次々と AIC 最小化法を適用してモデル選択した結果が図 11 に示されている．サンプルごとに AIC は大きく変動しており，選択されるモデルもバラツキがある．$\mathrm{RISK}_k(q)$ 最小モデルは未知であり，AIC 最小モデルはあくまでもその推定量であるから，このようにランダムに変動する．

真の分布 $q(\boldsymbol{x})$ は母集団を表わしており，いわばサンプルサイズ無限大という理想化されたデータセットである．これからランダムに n 個取り出したものが $\boldsymbol{X}$ であった(図 12)．このサンプリングによる $\boldsymbol{X}$ のバラツキは，(54)に得られた複数のサンプルのバラツキからある程度わかるだろう．各サンプル $\boldsymbol{X}_b^*$ ごとにモデル選択を行って $\hat{k}(\boldsymbol{X}_b^*)$, $b=1, \cdots, B$ を調べれば，

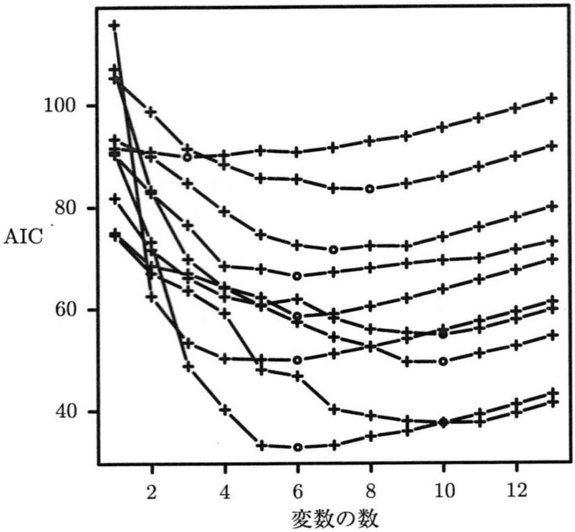

図 11 住宅価格データの 506 地点からランダムに 50 地点だけ抜き出す実験を 10 回行い，作成したデータセットにそれぞれ変数選択を行った．結果は各実験ごとに線分で結ばれている．説明変数の数 $|S_k| = 1, \cdots, 13$ に対して，同じ $|S_k|$ を持つモデルの AIC 最小値がプロットされている．○は AIC 最小を示す．

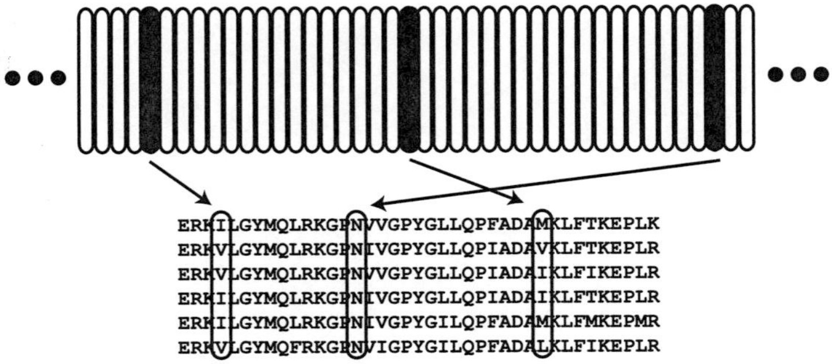

図 12 母集団からのサンプリング．母集団は真の確率分布を反映した仮想的な無限長のアミノ酸配列であり，これからランダムに n 個の座位を取り出したものが配列データ $\boldsymbol{X}$ である．

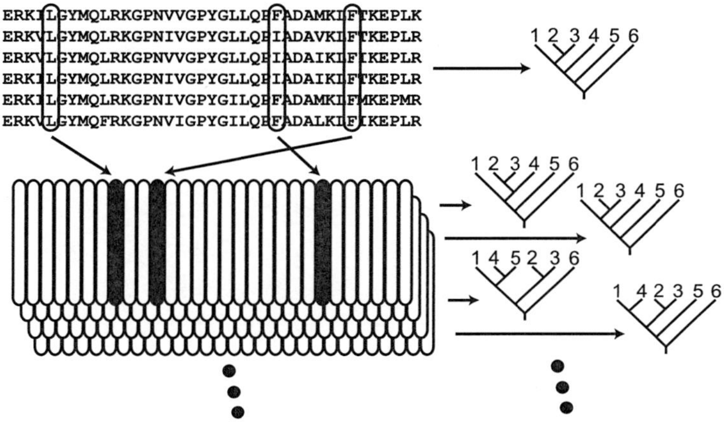

図 13　観測した配列データ $\boldsymbol{X}$ からリサンプリングによって多数の複製データ $\boldsymbol{X}^*$ を生成する．$\hat{k}(\boldsymbol{X}^*)$ のバラツキを調べることによって $\hat{k}(\boldsymbol{X})$ のバラツキを推定する．

$\hat{k}(\boldsymbol{X})$ のバラツキも想像できる(図 13)．このようにバラツキをデータ自身から推定することによってモデル選択の結果をどれほど信用してよいかが評価できる．

リサンプリングによって $\hat{k}(\boldsymbol{X}^*)$ にバラツキがあることは確認できたが，サンプルサイズを n から n' に変更しているので，この結果をそのまま $\hat{k}(\boldsymbol{X})$ のバラツキの推定とはできない．この問題点を解決するには $n'=n$ とすればよいが，それでは $\boldsymbol{X}^*$ は $\boldsymbol{X}$ の要素を並べ替えただけなので $\hat{k}(\boldsymbol{X}^*)=\hat{k}(\boldsymbol{X})$ となってしまい意味がない．バラツキ評価には次章で説明するようなリサンプリング法の工夫が必要である．

3.2　ブートストラップ法

Efron(1979)によって考案されたブートストラップ法はリサンプリング法の一種である(Efron and Tibshirani, 1993)．ブートストラップ法では復元抽出を行う．つまり $\{1,\cdots,n\}$ から擬似乱数を使ってランダムに n' 個の数字 $t_1,\cdots,t_{n'}$ を選ぶときに，同じ数字を複数回選ぶことを許す．こうし

て作った $\boldsymbol{X}^*$ をブートストラップ複製という．これを多数回(例えば $B=10000$ 回)繰り返し，(54)を生成する．任意のサンプルサイズ n' が可能であるが，通常は $n'=n$ とする．

ブートストラップ複製は，経験分布 $\hat{q}$ からのサンプルである．(5)と対応させると，サンプルサイズ n' のブートストラップ複製 $\boldsymbol{X}^*$ は

$$\boldsymbol{x}_1^*, \cdots, \boldsymbol{x}_{n'}^* \sim \hat{q}(\boldsymbol{x}) \tag{55}$$

と書ける．$\hat{q}(\boldsymbol{x})$ は $q(\boldsymbol{x})$ の近似であるから，$\hat{q}(\boldsymbol{x})$ からのサンプル $\boldsymbol{X}^*$ を調べれば，$q(\boldsymbol{x})$ からのサンプル $\boldsymbol{X}$ のバラツキ等の振る舞いが推定できる．

Felsenstein(1985)は系統樹推定の信頼性を評価するために，ブートストラップ法で生成した(54)から $\hat{k}(\boldsymbol{X}_b^*)=k$ となる回数

$$C_k = \#\{\hat{k}(\boldsymbol{X}_b^*) = k, b = 1, \cdots, B\}$$

を数えて頻度 C_k/B を計算し，M_k が 1 番良いモデルである可能性を表わす指標として用いた．十分に B を大きくすれば C_k/B は

$$\tilde{\alpha}_k(\boldsymbol{X}) = P\{\hat{k}(\boldsymbol{X}^*) = k \mid \boldsymbol{X}\}$$

に収束する．ただし $P\{\cdot|\boldsymbol{X}\}$ は条件付確率であり，すでに $\boldsymbol{X}$ を観測したという条件下で，$\hat{k}(\boldsymbol{X}^*)$ を確率変数とみなしてこれがちょうど k になる確率を表わす．$\tilde{\alpha}_k(\boldsymbol{X})$ はモデル M_k を選択するブートストラップ確率と呼ばれる．混乱の恐れがなければ単に $\tilde{\alpha}_k$ と書き，また特に断らない限り $n'=n$ とする．

住宅価格データで計算したブートストラップ確率を表 5 に示す．ブートストラップ複製を $B=10000$ 回生成し，各 $\boldsymbol{X}_b^*$ に対して $\hat{k}(\boldsymbol{X}_b^*)$ を求めて $\tilde{\alpha}_k$ を推定した．AIC 最小化法では必ずどれか 1 つのモデルを選択するので，$\sum_{k=1}^{K} \tilde{\alpha}_k = 1$ である．AIC 最小モデル M_{8124} は $\tilde{\alpha}_{8124}=0.35$ となり，10000 回のブートストラップ複製のうち約 35% で $\hat{k}(\boldsymbol{X}^*)=8124$ となったことを表わしている．これは $\tilde{\alpha}_k$ の最大値であるが，それでも約 65% は他のモデルが選ばれていて，これでは M_{8124} が本当に 1 番良いモデルであったか疑問である．例えば AIC を 2 番目に小さくするモデル M_{8128} では $\tilde{\alpha}_{8128}=0.22$ であり，これが実は 1 番良いモデルだった可能性も否定できない．そもそも $\Delta\mathrm{AIC}_{8128}=0.5$ であって，これほど小さな AIC の差は AIC のバラツキによって簡単に逆転できるので，どちらか一方のモデルが他方よりよいと

表 **5**　変数選択の信頼性

順位	k	$\lvert S_k \rvert$	AIC_k	$\Delta\mathrm{AIC}_k$	$\tilde{\alpha}_k$	$\hat{\alpha}_k$	$\hat{v}_k$	$\hat{c}_k$	S_k のパタン
1	8124	11	646.7	0.0	0.35	0.72	0.15	0.73	**-***-******
2	8128	12	647.2	0.5	0.22	0.87	−0.37	0.78	******-******
3	8188	12	648.7	2.0	0.11	0.31	0.82	0.33	**-**********
4	8192	13	649.2	2.5	0.08	0.33	0.61	0.19	*************
5	8122	10	649.6	2.9	0.06	0.19	1.57	0.71	*--***-******
6	8126	11	650.7	4.0	0.02	0.14	1.67	0.59	*-****-******
7	8186	11	651.4	4.7	0.03	0.10	1.75	0.46	*--**********
8	8190	12	652.5	5.8	0.01	0.06	1.85	0.32	*-***********
9	8120	11	654.6	7.9	0.02	0.14	1.67	0.60	***-**-******
10	8116	10	654.9	8.2	0.02	0.10	1.96	0.66	**--**-******
17	6076	10	660.2	13.6	0.02	0.15	1.79	0.75	**-***-****-*
18	6080	11	661.1	14.4	0.01	0.14	1.76	0.69	******-****-*
19	6140	11	662.2	15.5	0.01	0.07	2.07	0.56	**-********-*

住宅価格データの変数選択．順位は AIC の昇順．$\tilde{\alpha}_k$ はブートストラップ確率(3.2 節)．$\hat{\alpha}_k$ はマルチスケール・ブートストラップ法で計算した近似的に不偏な確率値(3.5 節)．この表には 8192 個のモデルのうち $\hat{\alpha}_k \geq 0.05$ となる 13 個だけが示されている．3.5 節の方法によって符号付距離 ($\hat{v}_k$) と曲率 ($\hat{c}_k$)，および $\hat{\alpha}_k$ が計算されている．

断言できるはずもないだろう．

AIC はモデルの良さの推定量である．すなわち

$$E_q\left\{\mathrm{AIC}_k(\boldsymbol{X})\right\} \approx 2n\mathrm{RISK}_k(q) \tag{56}$$

であり，$\mathrm{AIC}_k(\boldsymbol{X})$ は $2n\mathrm{RISK}_k(q)$ の近似的に不偏な推定量である．RISK_k を最小にする k の値を $\bar{k}$ と定義すると，$\hat{k}(\boldsymbol{X})$ は $\bar{k}$ の推定量であるがサンプリングによるバラツキがあるので，$\hat{k}(\boldsymbol{X})=\bar{k}$ であるとは限らない．このバラツキの程度をブートストラップ法によって見積もっていたのである．そしてブートストラップ確率 $\tilde{\alpha}_k(\boldsymbol{X})$ が大きいモデルほど，$k=\bar{k}$ である可能性が高いと考える．

バラツキの程度を表現するために，$\tilde{\alpha}_k$ の値があらかじめ定めた閾値以上に大きくなるモデルを集めて，その添字 k の集合を $\hat{K}_{BP}$ と書くことにする．仮説検定の有意水準と同様に $\alpha=0.05$ を閾値とする．住宅価格データで $\tilde{\alpha}_k \geq \alpha$ となる集合を求めると $\hat{K}_{BP}=\{8124, 8128, 8188, 8192, 8122\}$ となり，AIC を小さくする順位が 1 番から 5 番までのモデルが選ばれる．これら 5 個のモデルはどれも $\bar{k}$ である可能性が無視できないので，どれか 1

表 **6** 系統樹推定の信頼性

k	$\Delta\ell_k$	KH_k	SH_k	$\tilde{\alpha}_k$	$\hat{\alpha}_k$	$\hat{v}_k$	$\hat{c}_k$	T_k
1	0.0	0.64	0.99	0.57	0.80	−0.51	0.32	((((1(23))4)5)6)
2	2.7	0.36	0.91	0.32	0.52	0.21	0.27	(((1((23)4))5)6)
3	7.4	0.13	0.60	0.04	0.11	1.50	0.29	((((14)(23))5)6)
4	17.6	0.04	0.33	0.01	0.07	1.86	0.36	(((1(23))(45))6)
5	18.9	0.07	0.45	0.03	0.13	1.51	0.35	((1((23)(45)))6)
6	20.1	0.05	0.17	0.01	0.03	2.26	0.33	((1(((23)4)5))6)
7	20.6	0.05	0.40	0.01	0.10	1.73	0.42	(((1(45))(23))6)
8	22.2	0.03	0.08	0.00	0.01	2.80	0.41	(((15)((23)4))6)
9	25.4	0.00	0.02	0.00	0.00	3.52	0.65	((((1(23))5)4)6)
10	26.3	0.02	0.20	0.00	0.03	2.36	0.42	((((15)4)(23))6)
11	28.9	0.01	0.11	0.00	0.00	3.17	0.48	((((14)5)(23))6)
12	31.6	0.00	0.05	0.00	0.00	3.26	0.36	((((15)(23))4)6)
13	31.8	0.00	0.05	0.00	0.01	3.09	0.89	((1(((23)5)4))6)
14	34.7	0.00	0.02	0.00	0.00	3.83	0.83	(((14)((23)5))6)
15	36.2	0.00	0.01	0.00	0.00	7.34	−0.94	(((1((23)5))4)6)

アミノ酸配列データ．k は最大対数尤度の降順．$\tilde{\alpha}_k$ はブートストラップ確率(3.2 節)．$\hat{\alpha}_k$ はマルチスケール・ブートストラップ法で計算した近似的に不偏な確率値(3.5 節)．この表には 105 個の系統樹のうち上位 15 個だけを示した．KH_k は Kishino-Hasegawa 検定の確率値(3.3 節)，SH_k は weighted-Shimodaira-Hasegawa 検定の確率値(3.3 節)．T_k は系統樹をカッコ式で表わしたもので，図 3 と見比べれば意味がわかるだろう．確率値の計算は CONSEL(Shimodaira and Hasegawa，2001)で行った．

つだけ選ぶのではなく 5 個すべてを選ぶという方法も有用な場合があるだろう．AIC 最小モデル $\hat{k}=8124$ がいわば $\bar{k}$ の点推定であることを考慮すると，$\hat{K}_{BP}$ は $\bar{k}$ の信頼区間に相当する．この意味で $\hat{K}_{BP}$ をモデルの信頼集合と呼ぶことにする．$\hat{K}_{BP}$ に含まれるモデルの数が少ないほど，このモデル選択の信頼性が高いといえる．

アミノ酸配列データで計算したブートストラップ確率を表 6 に示す．$\tilde{\alpha}_1=0.57$，$\tilde{\alpha}_2=0.32$ の 2 つだけで全体の 89% を占める．$\tilde{\alpha}_k \geq 0.05$ となるモデル信頼集合は $\hat{K}_{BP}=\{1,2\}$ であり，これ以外の系統樹は棄却できることになる．もしこれが本当ならば，ウサギとマウスが近縁(4 と 5 の葉が隣り合う)という常識的な仮説を否定し，むしろウサギはヒトに近縁(5 の葉に対して，1 と 4 が隣り合う)という生物学的には新たな発見をしたことになる．この「発見」は実際に *Nature* 誌に報告されている(Graur et al., 1996)．

ところが，より多くのデータを用いた解析によると，おそらく T_7 が正しいことがわかってきた(Murphy et al., 2001, Hasegawa et al., 2003)．$\tilde{\alpha}_7=0.01$ であり，ブートストラップ法では棄却されてしまう．T_7 が真実かどうかはミトコンドリア DNA だけからはわからないし，仮にそれが真実だったとしても誤った結論を導く可能性が 5%(一般には有意水準)までは仮説検定の枠組みで許容される．問題なのは，この**擬陽性**(false positive)の確率がブートストラップ法では 5% 以上になってしまう傾向がある点である．つまり，ブートストラップ法によるバラツキ評価では，誤った「発見」をしてしまう確率が予想以上に大きかったのである．

3.3 AIC の差の有意性検定

2 つのモデル $M_k, M_{k'}$ の比較では，AIC の差 $\Delta\mathrm{AIC}(\boldsymbol{X})=\mathrm{AIC}_k-\mathrm{AIC}_{k'}$ の期待値が 0 であるという帰無仮説の検定を行ってモデル選択のバラツキを調べることもできる．つまり $\Delta\mathrm{AIC}(\boldsymbol{X})$ が十分に 0 より離れていなければ，どちらのモデルが良いかわからないと判断する．M_k と $M_{k'}$ が互いに包含関係になければ $\Delta\mathrm{AIC}(\boldsymbol{X})$ が正規分布によって比較的良く近似できることを利用した検定が Linhart(1988), Kishino and Hasegawa(1989), Vuong(1989)によって提案されており，特に系統樹推定では Kishino-Hasegawa(KH)検定として普及している(表 6)．

まず $\Delta\ell(\boldsymbol{x})=\log p_{k'}(\boldsymbol{x};\hat{\boldsymbol{\theta}}_{k'})-\log p_k(\boldsymbol{x};\hat{\boldsymbol{\theta}}_k)$ とおくと，対数尤度差は $\Delta\ell(\boldsymbol{X})=\sum_{t=1}^{n}\Delta\ell(\boldsymbol{x}_t)$ と書ける．その分散は，

$$\widehat{\mathrm{var}}(\Delta\ell(\boldsymbol{X}))=\frac{n}{n-1}\sum_{t=1}^{n}\left\{\Delta\ell(\boldsymbol{x}_t)-\frac{1}{n}\sum_{t'=1}^{n}\Delta\ell(\boldsymbol{x}_{t'})\right\}^2$$

と推定できる．AIC の差の分散は $\widehat{\mathrm{var}}(\Delta\mathrm{AIC}(\boldsymbol{X}))=4\widehat{\mathrm{var}}(\Delta\ell(\boldsymbol{X}))$ である．KH 検定では AIC の差を標準偏差で割った統計量

$$\frac{\Delta\mathrm{AIC}(\boldsymbol{X})}{\sqrt{\widehat{\mathrm{var}}(\Delta\mathrm{AIC}(\boldsymbol{X}))}}$$

が分散 1 の正規分布に従うと近似して確率値を計算する．近似の良さや正則条件については Shimodaira(1997)で議論している．

下平(1993, 1999)は非常に粗い近似を行って,

$$\widehat{\mathrm{var}}(\Delta\ell(\boldsymbol{X})) \approx n \times (D(\hat{p}_k, \hat{p}_{k'}) + D(\hat{p}_{k'}, \hat{p}_k))$$

を示している. 互いに似たモデルの比較をすると, AIC の差の分散はあまり大きくないことを意味する. 一般に AIC の変動の大きさに比べると, モデル間の AIC の差の変動はあまり大きくない. 図 11 では線分でつながれた各実験の結果は比較的その形を保ちながら全体として大きく上下している.

実際には 2 つだけでなく多数のモデルを同時に比較し, $\mathrm{AIC}_k - \mathrm{AIC}_{\hat{k}}$ が有意に大きいかどうかを検定するので, KH 検定をそのまま用いると選択バイアスの影響で擬陽性の確率が高くなる. 下平(1993), Shimodaira(1998)は多重比較法を用いて選択バイアスを補正し, これを Shimodaira and Hasegawa (1999)は系統樹推定に応用した. その後, Shimodaira-Hasegawa(SH)検定として広く用いられている(表 6).

SH 検定では選択バイアスが最大になる最悪ケースの評価を行っているので, 正しい仮説を誤って棄却してしまう確率が小さく安全であるが, 誤った仮説を棄却しない**擬陰性**(false negative)の確率が有意水準以上になってしまう傾向がある. つまり新たな発見がデータで示されていても, それを見過ごしてしまう可能性が必要以上に大きい.

3.4 近似的に不偏な検定

モデル選択の信頼性評価を仮説検定の枠組みで考えることにしよう. モデル M_k が 1 番良い, すなわち $k=\bar{k}$ という仮説を検定し, これが棄却されれば $k \neq \bar{k}$ と判断する. 検定の確率値を一般に $\hat{\alpha}_k(\boldsymbol{X})$ と書き, $\hat{\alpha}_k(\boldsymbol{X}) < \alpha$ なら仮説 $k=\bar{k}$ を棄却する. $\hat{\alpha}_k(\boldsymbol{X}) \geq \alpha$ となるような k の集合 $\hat{K}$ がモデル信頼集合である. 確率値の与え方の 1 つがブートストラップ確率 $\tilde{\alpha}_k(\boldsymbol{X})$ であるが, これはあまり精度の高い方法ではない.

ここで確率値の精度とは次のような意味で用いられている. 確率値 $\hat{\alpha}_k(\boldsymbol{X})$ が有意水準 α より小さくなって仮説 $\bar{k}=k$ が棄却される確率を

$$\beta_k(q) = P\{\hat{\alpha}_k(\boldsymbol{X}) < \alpha\}$$

と書く. 回帰係数と同じ記号 (β) を使っているが無関係である. もし $\hat{\alpha}_k(\boldsymbol{X})$

が常に

$$\beta_k(q) \le \alpha, \quad k = \bar{k} \tag{57}$$

$$\beta_k(q) \ge \alpha, \quad k \ne \bar{k} \tag{58}$$

を満たすならば，この確率値は不偏といわれる．$k=\bar{k}$ では $\beta_k(q)$ の値は小さいほどよく，$k \ne \bar{k}$ では大きい方がよいのだが，これらはトレードオフの関係にあるので不等式(57)と(58)を満たすことを目標にして，これからのズレが小さいほど精度が高いと考える．不等式(57)は言い換えると

$$P\{\bar{k} \in \hat{K}\} \ge 1 - \alpha \tag{59}$$

であり，信頼集合に $\bar{k}$ が含まれる確率の下限を与えている．一方，不等式(58)は $\hat{K}$ の大きさを必要最小限に抑える役割を果たす．ブートストラップ確率 $\tilde{\alpha}_k$ は(58)を満たすが(57)を満たさず擬陽性の傾向がある．SH_k は(57)を満たすが(58)を満たさず擬陰性の傾向がある．どちらの確率値もバイアスがあり不偏ではない．

あるモデルが $k=\bar{k}$ もしくは $k \ne \bar{k}$ のどちらになるかは q と $M_1, \cdots, M_K$ の関係によって定まる．そこで $k=\bar{k}$ となるような q の集合

$$R_k = \left\{ q \mid \mathrm{RISK}_k(q) = \min_{k'=1}^{K} \mathrm{RISK}_{k'}(q) \right\}$$

を定めると，$k=\bar{k}$ と $k \ne \bar{k}$ は，それぞれ $q \in R_k$ と $q \notin R_k$ で表現できる．つまり R_k は確率分布の空間における領域で，そこでは M_k が 1 番良いモデルになる．領域 R_k の内側と外側を隔てる境界を ∂R_k と書く．

領域 R_k に隣接する領域 $R_{k'}$ をもつモデル $M_{k'}$ を考える．これらの領域 R_k と $R_{k'}$ は境界をはさんで接しており，q がちょうどこの境界上にあって $q \in \partial R_k \cap \partial R_{k'}$ ならば M_k と $M_{k'}$ の両方がタイで 1 番良いモデルであり，どちらを $\bar{k}$ としてもよい．仮に q を少しずつ動かして R_k から $R_{k'}$ に移動させたとき，$\beta_k(q)$ が q に関して連続に変化すると仮定すると，境界上では(57)と(58)が同時に満たされる必要があることがわかる．したがって，不偏な確率値では

$$\beta_k(q) = \alpha, \quad q \in \partial R_k \tag{60}$$

がすべての $k=1, \cdots, K$ で満たされる必要がある．各 k で(60)を満たす検

定を相似という(Lehmann, 1986). 厳密に(60)がいえなくても，サンプルサイズが大きくなるにつれ，誤差が $O(n^{-i/2})$ に比例して小さくなる場合には，i 次の精度の近似的に不偏(approximately unbiased)な確率値という. 近似的に不偏な検定とは，近似的に不偏な確率値を用いた検定である.

ブートストラップ確率は 1 次の精度の確率値である. これを改良した精度の高い方法が次に述べるマルチスケール・ブートストラップ法であり，ある種の条件下で 3 次の精度の確率値を与える.

3.5 マルチスケール・ブートストラップ法

$\boldsymbol{X}^*$ のサンプルサイズ n' を n から変化させると $\tilde{\alpha}_k(\boldsymbol{X})$ の値も変化する. これは n' を増やすほど $\boldsymbol{X}^*$ の見かけのサンプルサイズが大きくなるので，$\hat{k}(\boldsymbol{X}^*)$ のバラツキは一般に小さくなるためである. $\mathrm{AIC}_k(\boldsymbol{X}^*)$ の大きさに対する分散の比は n/n' に比例して変化する. その平方根

$$\tau = \sqrt{\frac{n}{n'}}$$

をスケールと呼び，ブートストラップ確率を $\tilde{\alpha}_k(\boldsymbol{X},\tau)$ もしくは単に $\tilde{\alpha}_k(\tau)$ と書く. ブートストラップ法によるモデル選択のバラツキ評価には $n'=n$, すなわち $\tau=1$ として $\tilde{\alpha}_k(\boldsymbol{X})=\tilde{\alpha}_k(\boldsymbol{X},1)$ を用いたが，Shimodaira(2002, 2004)，下平(2002a, 2002b)によって提案されたマルチスケール・ブートストラップ法では n' を変化させ，複数の n' で $\tilde{\alpha}_k(\boldsymbol{X},\tau)$ を求める. この値の変化率から有用な情報を引き出し，仮説 $k=\bar{k}$ の確率値を精度よく計算する.

住宅価格データの $n=506$ に対して $n'=126, 253, 506, 1012, 2024$ と変化させる. 各 n' において $\boldsymbol{X}_b^*$ を $B=10000$ 回生成し $\hat{k}(\boldsymbol{X}_b^*)=8124$ となった回数を数えたところ，$C_{8124}=588, 1259, 1977, 2466, 2424$であった. これより $\tilde{\alpha}_{8124}(2.00)=0.059$, $\tilde{\alpha}_{8124}(1.41)=0.13$, $\tilde{\alpha}_{8124}(1.00)=0.20$, $\tilde{\alpha}_{8124}(0.71)=0.25$, $\tilde{\alpha}_{8124}(0.50)=0.24$ を得る. 3.2 節で求めた $\tau=1$ のブートストラップ確率 $\tilde{\alpha}_{8124}=0.35$ よりもずっと精度の高い確率値が $\tilde{\alpha}_k(\tau)$ の変化率から計算できるというのである. ただしマルチスケール・ブートストラップ

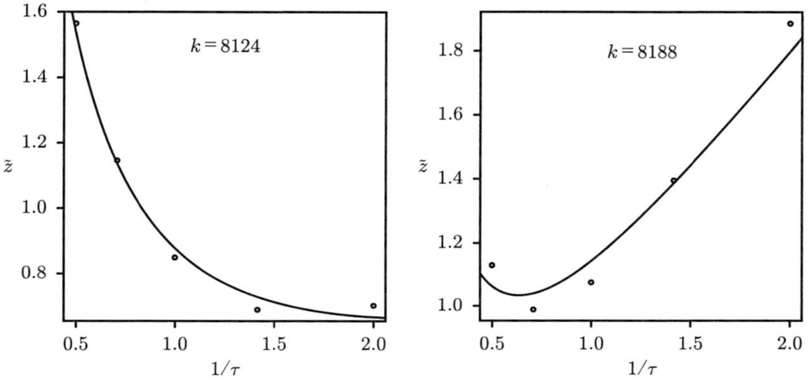

図 14　住宅価格データのブートストラップ確率の変化．AIC 最小モデル $k=8124$ と 3 番目のモデル $k=8188$ について $\tilde{z}_k(\tau)$ を $1/\tau=\sqrt{n'/n}$ に対してプロットしてある．5 組のブートストラップ法(各 $B=10000$)から得た実測値は○，理論式の当てはめ曲線は実線で示されている．

法では $\mathrm{AIC}_k(\boldsymbol{X}^*)$ の定義を少し変更しており，$\tilde{\alpha}_{8124}(1)=0.20$ は表 5 の $\tilde{\alpha}_{8124}=0.35$ と異なる．この理由については後ほど説明する．

マルチスケール・ブートストラップ法で計算する確率値を $\hat{\alpha}_k(\boldsymbol{X})$ または $\hat{\alpha}_k$ と書く．$\hat{\alpha}_k$ の計算手順は，その背後にある理論の複雑さにもかかわらず，以下のようにきわめて簡単である．まず数個の τ 値 $\tau_1,\cdots,\tau_W$ を決めて $\tilde{\alpha}_k(\tau)$ を計算する．$\tau=1$ の周辺で最低 2 個以上適当に選べばよい．そして図 14 のように横軸に $1/\tau$，縦軸に $\tilde{z}_k(\tau)=-\Phi^{-1}(\tilde{\alpha}_k(\tau))$ をプロットする．ここで，$\Phi^{-1}(\cdot)$ は平均 0，分散 1 の正規分布の累積分布関数 $\Phi(\cdot)$ の逆関数であり，確率値 α に対して $z=-\Phi^{-1}(\alpha)=\Phi^{-1}(1-\alpha)$ は一般に z 値と呼ばれる(図 15)．このプロットに理論式

$$\tilde{z}_k(\tau)=\hat{v}_k/\tau+\hat{c}_k\tau \tag{61}$$

を重み付き最小 2 乗法によって当てはめ，係数 $\hat{v}_k$，$\hat{c}_k$ を推定する．つまり $\phi(z)=\exp(-z^2/2)/\sqrt{2\pi}$ とおいて

$$w_{k,i}=\frac{\phi(\tilde{z}_k(\tau_i))^2B}{\tilde{\alpha}_k(\tau_i)(1-\tilde{\alpha}_k(\tau_i))}$$

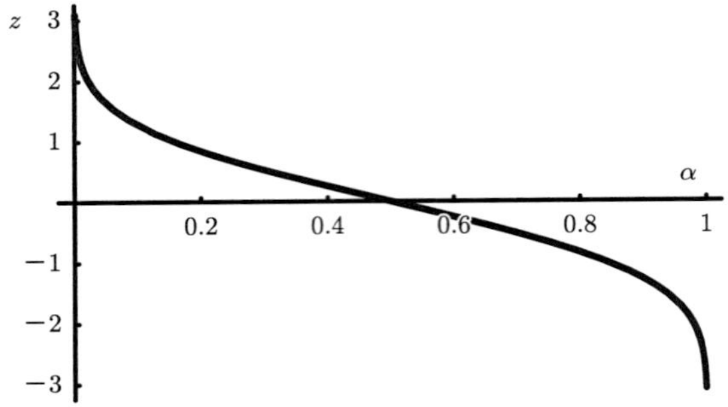

α	z
0.001	3.09
0.01	2.33
0.05	1.64
0.1	1.28
0.5	0
0.9	−1.28
0.95	−1.64
0.99	−2.33
0.999	−3.09

図 **15**　確率値 α と z-値の関係

によって重みを定め,

$$\mathrm{RSS}_k(\hat{v}_k, \hat{c}_k) = \sum_{i=1}^{W} w_{k,i}\left(\hat{v}_k/\tau_i + \hat{c}_k\tau_i - \tilde{z}_k(\tau_i)\right)^2$$

を最小化する. $1/w_{k,i}$ は $\tilde{z}_k(\tau_i)$ の分散の近似値である. $\hat{v}_k$ は符号付距離, $\hat{c}_k$ は曲率と呼ばれ, R_k と $\hat{q}$ の幾何的な関係を表わしている量である. これらを使って精度の高い確率値が

$$\hat{\alpha}_k = 1 - \Phi(\hat{v}_k - \hat{c}_k) \tag{62}$$

によって計算される. (61)式を $1/\tau$ で微分すると

$$\left.\frac{\partial \tilde{z}_k(\tau)}{\partial(1/\tau)}\right|_{1/\tau=1} = \hat{v}_k - \hat{c}_k \tag{63}$$

なので, 図 14 において $1/\tau = 1$ での曲線の傾きが $\hat{\alpha}_k$ の z 値である.

住宅価格データで計算した $\hat{\alpha}_k$ が表 5 に示されている. 例えば $\hat{\alpha}_{8124} = 0.72$ であり, $\tilde{\alpha}_{8124} = 0.35$ よりもかなり大きな値である. $\hat{\alpha}_k \geq 0.05$ となる k の集合を $\hat{K}_{AU}$ と書くと, 住宅価格データでは $\hat{K}_{AU}$ に含まれるモデルは 13 個にもなる. アミノ酸配列データでマルチスケール・ブートストラップ法を行った結果は表 6 に示されている. 有意水準 $\alpha = 0.05$ では $\hat{K}_{AU} = \{1, 2, 3, 4, 5, 7\}$, すなわち図 3 に示されている 6 個の系統樹が信頼集合になる. ウサギとマウスが近縁であることを支持する T_7 も棄却されず, 新たな「発見」は無かったことになる. このようにモデル選択では $\tilde{\alpha}_k$ より $\hat{\alpha}_k$ の方が大きな値になる傾向があり, $\hat{K}_{BP}$ より $\hat{K}_{AU}$ の方が大きな集合になる. マルチスケール・ブートストラップ法の精度が高いなら，通常のブートストラップ確率は誤って本当の $\bar{k}$ を棄却してしまう可能性が大きいことを意味する．

マルチスケール・ブートストラップ法で $\hat{k}(\boldsymbol{X}^*)$ を定めるには，$\mathrm{AIC}_k(\boldsymbol{X}^*)$ ではなくて $\mathrm{AIC}^*_k(\boldsymbol{X}^*,\tau)=2n\mathrm{RISK}_k(\hat{q}^*)$ を最小にする k を選ぶ．ただし $\hat{q}^*$ はスケール τ の $\boldsymbol{X}^*$ に相当する経験分布を表わす．言い換えると，$\tilde{\alpha}_k(\boldsymbol{X},\tau)=P\{\hat{q}^*\in R_k|\hat{q}\}$ である．(37)と(38)を用いて $2n\mathrm{RISK}_k(\hat{q}^*)$ を計算すると

$$\mathrm{AIC}^*_k(\boldsymbol{X}^*,\tau)=-2\times\left(\tau^2\ell_k(\hat{\boldsymbol{\theta}}_k(\boldsymbol{X}^*);\boldsymbol{X}^*)-\frac{1}{2}\dim\boldsymbol{\theta}_k\right) \tag{64}$$

である．たとえば正規線形回帰モデルでは，説明変数 S_k を使ってサンプルサイズ n' の $\boldsymbol{X}^*$ から最尤推定した σ^2 を $\hat{\sigma}^{*2}_k$ と書くと，

$$\mathrm{AIC}^*_k(\boldsymbol{X}^*,\tau)=n\left(1+\log(2\pi\hat{\sigma}^{*2}_k)\right)+\dim\boldsymbol{\theta}_k$$

である．AIC^*_k では通常の AIC よりもペナルティの大きさが半分になっていて，$\mathrm{AIC}^*_k(\boldsymbol{X}^*,1)\neq\mathrm{AIC}_k(\boldsymbol{X}^*)$ であることに注意する．これはパラメータ数が増えることに対する補正は AIC だけでなく(62)でも間接的に行われており，補正が重複しないためである．また τ を変えてもパラメータ数によるペナルティの大きさが変化しないようにしている．このようなマルチスケール・ブートストラップ法における AIC の定義の変更は，変数選択のようにモデルによってパラメータ数が変化する場合は必要である系統樹推定のようにパラメータ数が変化しない場合には必要ない．

3.6 多変量正規モデル

マルチスケール・ブートストラップ法を導出するために，ブートストラップ法の手続きを簡略化したモデルを用いる．データ $\boldsymbol{X}$ から何らかの非線形変換によって m 次元ベクトル $\boldsymbol{y}$ が得られ，それが平均ベクトル $\boldsymbol{\mu}$，共分散行列 $\boldsymbol{I}$ の多変量正規分布

$$\boldsymbol{y}\sim N_m(\boldsymbol{\mu},\boldsymbol{I}) \tag{65}$$

に従うと仮定しよう．ベクトルの次元 m は任意である．真の分布 q は未知ベクトル $\boldsymbol{\mu}$ によって表現され，$q\in R_k$ に対応する $\boldsymbol{\mu}$ の領域も同じ記号を使って $\boldsymbol{\mu}\in R_k$ と書くことにする．このような非線形変換が存在する

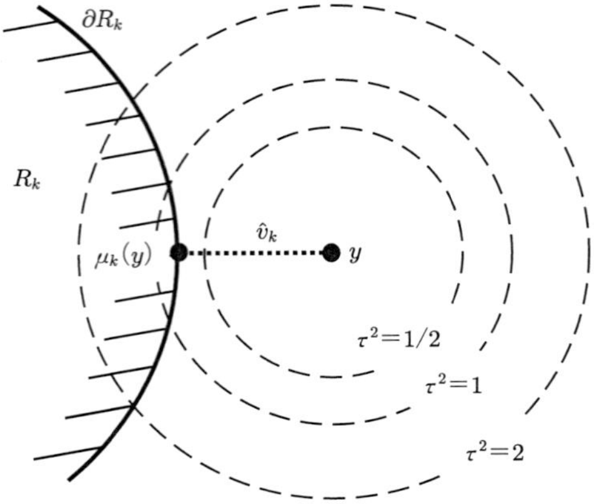

図 16 マルチスケール・ブートストラップ法の幾何的イメージ．確率分布の空間における点 $\hat{q}$ を，m 次元ベクトル $\boldsymbol{y}$ に対応させる．スケールを $\tau=1/\sqrt{2},1,\sqrt{2}$ の 3 通り変えた場合のブートストラップ複製 $\boldsymbol{y}^*$ の分布の広がりを示した．

とは限らないが，ここでは少なくとも近似的に(65)を仮定する．以下の議論で重要な点は，この非線形変換の存在だけを仮定すればよく実際にその変換を知る必要はないことである．これはブートストラップ法の**変換保存性**(transformation-respecting property)のためである．

ブートストラップ複製 $\boldsymbol{X}^*$ に対応するベクトルを $\boldsymbol{y}^*$ と書き，

$$\boldsymbol{y}^* \sim N_m(\boldsymbol{y}, \tau^2 \boldsymbol{I}) \tag{66}$$

と近似する(図 16)．このようにモデル(65)のパラメータ $\boldsymbol{\mu}$ を観測値 $\boldsymbol{y}$ で置き換えた(66)はパラメトリック・ブートストラップ法と呼ばれるが，ここではスケールを自由に変更できる点が特徴である．k が AIC_k^* 最小であることは $\boldsymbol{y}^* \in R_k$ と表現されるので，ブートストラップ確率は

$$\tilde{\alpha}_k(\boldsymbol{y}, \tau) = P(\boldsymbol{y}^* \in R_k; \boldsymbol{y}, \tau) \tag{67}$$

である．

Efron et al. (1996)，Efron and Tibshirani(1998)の多変量正規モデルにおける統計幾何理論を Shimodaira(2002, 2004)は発展させ，マルチスケール・ブートストラップ法が 3 次の精度の近似的に不偏な確率値を与えることを示した．つまり，(61)で与えられる理論式は $O(n^{-3/2})$ の誤差で近似

的に成立し，(62)で与えられる確率値も(60)を $O(n^{-3/2})$ の誤差で満たす．

$\hat{v}_k$ と $\hat{c}_k$ は $\boldsymbol{y}$ と R_k の幾何的な関係によって定まる量である．$\boldsymbol{y}$ までの距離が最小になる ∂R_k 上の点を $\hat{\boldsymbol{\mu}}_k(\boldsymbol{y})$ と書くと，$\boldsymbol{y}$ から ∂R_k までの符号付距離が $\hat{v}_k(\boldsymbol{y}) = \pm\|\boldsymbol{y} - \hat{\boldsymbol{\mu}}_k(\boldsymbol{y})\|$ である．符号は $\boldsymbol{y} \in R_k$ で負，$\boldsymbol{y} \notin R_k$ で正とする．もし ∂R_k が平坦なら，$\hat{v}_k = \hat{v}_k(\boldsymbol{y})$ は平均 $\hat{v}_k(\boldsymbol{\mu})$，分散 1 の正規分布なので $\hat{\alpha}_k(\boldsymbol{y}) = 1 - \Phi(\hat{v}_k)$ である．そして $\boldsymbol{y}$ を与えたときの $\hat{v}_k(\boldsymbol{y}^*)$ の条件付分布は平均 $\hat{v}_k(\boldsymbol{y})$，分散 τ^2 の正規分布なので $\tilde{\alpha}_k(\boldsymbol{y}, \tau) = 1 - \Phi(\hat{v}_k/\tau)$ である．これらは(62)と(61)の $\hat{c}_k = 0$ とおいた式であることから，∂R_k の曲率の影響を $\hat{c}_k$ で補正していることがわかる．

次のように ∂R_k の曲面が滑らかと仮定して曲面の式を $\hat{\boldsymbol{\mu}}_k(\boldsymbol{y})$ の周辺でテーラー展開することによって $\hat{c}_k$ は定義される．

$$\Delta\mu_m = -\sum_{a,b=1}^{m-1} \hat{d}^{ab}\Delta\mu_a\Delta\mu_b - \sum_{a,b,c=1}^{m-1} \hat{e}^{abc}\Delta\mu_a\Delta\mu_b\Delta\mu_c + \cdots \qquad (68)$$

ここで添字 k は省略してある．$\Delta\boldsymbol{\mu} = (\Delta\mu_1, \cdots, \Delta\mu_m)$ は $\hat{\boldsymbol{\mu}}_k(\boldsymbol{y})$ を原点に取り直した局所座標系で，$(\Delta\mu_1, \cdots, \Delta\mu_{m-1})$ が接平面の直交基底，$\Delta\mu_m$ は ∂R_k に垂直で R_k から離れる方向である．テーラー展開の係数 $\hat{d}^{ab} = O(n^{-1/2})$ は $\hat{\boldsymbol{\mu}}_k(\boldsymbol{y})$ における ∂R_k の曲率を表わす $(m-1)\times(m-1)$ 対称行列の成分であり，この行列を $\hat{D} = (\hat{d}^{ab})$ と書くことにする．このように曲面を表現したとき，$\hat{c}_k$ は次式で与えられる．

$$\hat{c}_k = \mathrm{trace}(\hat{D}) - \hat{v}_k \mathrm{trace}(\hat{D}^2) \qquad (69)$$

上記の議論を一般化して(65)の共分散行列が $\boldsymbol{\mu}$ に依存する場合や正規分布よりも一般の指数型分布族にマルチスケール・ブートストラップ法を拡張することも可能である(Shimodaira, 2004)．しかし一般化した手法は煩雑で計算量も大きく，むしろ 3.5 節で与えた手法が多くの場合に有効であろう．ただし(65)の近似が不十分な場合は，3 次の精度は保証されない．

3.7 モデルの良さの検定

AIC のバラツキをブートストラップ法やマルチスケール・ブートストラップ法で測ってモデル選択の信頼性を評価する方法は，どのモデルの近似が 1 番良いかという検定であり，帰無仮説は $q \in R_k$ である．これに対して 1.7 節の尤度比検定は，どのモデルが正しいかという検定であり，帰無仮説は $q \in M_k$ である．もちろんモデルが正しければ近似も良いのだが，そもそも正しいモデルが候補に含まれない状況が現実であろう．

特に系統樹推定のように互いに包含関係にないモデル候補の場合は，2 つの考え方の差が結果に大きな違いをもたらす．Shimodaira(2001)では $T_1, \cdots, T_{15}$ に対応する確率モデル $M_1, \cdots, M_{15}$ を部分集合として包含するような最小の確率モデル $M_{\{1,\cdots,15\}}$ を構成している．$M_1, \cdots, M_{15}$ はそれぞれ 9 個の枝長パラメータを持つので $9 \times 15 = 135$ 個のパラメータが必要になりそうだが，実は 17 個のパラメータで $M_{\{1,\cdots,15\}}$ を近似的に構成できる．これで包含関係 $M_k \subset M_{\{1,\cdots,15\}}$ が得られたので尤度比検定を行うと，$M_1, \cdots, M_{15}$ のすべてが棄却されてしまい，どの系統樹のモデルも正しくないと判断された．これは系統樹 $T_1, \cdots, T_{15}$ が正しくないことを意味しているのではなく，各 T_k に対応した M_k が正しくないのである．確率モデルの式(10)や(11)を与えるときに進化をマルコフ過程を使って表現したが，これはあくまでも現実を近似するモデルである．われわれはデータへの当てはまりをよくするために進化の確率モデルを随時改良している．ところが，モデルが改良されるころにはさらに多くのデータが蓄積されており，より詳細なモデルが必要とされる．したがって確率モデルの当てはまりは常に不十分にならざるを得ないのである．このように確率モデルが正しくない場合でも，候補のどれが相対的に良いかというモデル選択の問題設定は有効である．

ブートストラップ法やマルチスケール・ブートストラップ法は，バラツキ評価の非常に一般的な方法であり実装も容易である．基本的には $\boldsymbol{X}^*$ が仮説を支持するかしないかを判定する方法があれば利用可能である．例えば複数のモデルで構成されるような仮説では，ブートストラップ確率を足し合わせるだけでよい．住宅価格データで変数のパターン *...**-****** で表わされる仮説のブートストラップ確率は ******-******，**-***-******，*-****-******，***-**-******，*--***-******，**--**-******，*-*-**-******，*---**-****** の 8 個のモデルのブートストラップ確率の和を求めて $\tilde{\alpha} =$

0.71 となる．これは 8 個のモデルのうちどれかが 1 番良いという仮説の検定である．マルチスケール・ブートストラップ法では同様に $\tilde{\alpha}(2.00)=0.23$, $\tilde{\alpha}(1.41)=0.38$, $\tilde{\alpha}(1.00)=0.56$, $\tilde{\alpha}(0.71)=0.74$, $\tilde{\alpha}(0.50)=0.89$ となるので，$\hat{v}=-0.74$，$\hat{c}=0.56$ と推定されて $\hat{\alpha}=0.90$ と計算される．アミノ酸配列データでも同様に合成した仮説を検定できる．たとえばヒト，ウサギ，マウスが 1 つのグループになるという仮説は T_k に ((14)5)，((15)4)，(1(45)) のいずれかが含まれる 9 個の系統樹からなり，$\tilde{\alpha}=0.01$，$\hat{\alpha}=0.06$ と計算される．

マルチスケール・ブートストラップ法によるモデルの良さの検定は，次のようなブートストラップ法の良い性質を引き継ぐことも実用上有用である．一般に帰無仮説と対立仮説を入れ替えると符号付距離と曲率の符号が反転して，結果として確率値が $1-\hat{\alpha}$ によって与えられる．つまり $\hat{\alpha}<0.05$ の場合に有意水準 5% で帰無仮説を棄却するだけでなく，$\hat{\alpha}>0.95$ となった場合には有意水準 5% でもとの対立仮説が棄却されるので，もとの帰無仮説を積極的に支持すると解釈できる．

参考文献

Akaike, H.(1974): A new look at the statistical model identification, *IEEE Trans. Automat. Control* **19**, pp. 716–723.

Amari, S.(1985): *Differential-geometrical Methods in Statistics*, volume 28 of *Lecture Notes in Statistics*, Springer-Verlag, Berlin/New York.

Cavanaugh, J. E. & Shumway, R. H.(1998): An Akaike information criterion for model selection in the presence of incomplete data, *J. Statist. Plann. Infer* **67**, pp. 45–65.

Dempster, A. P., Laird, N. M. & Rubin, D. B.(1977): Maximum likelihood from incomplete data via the EM algorithm, *J. Roy. Statist. Soc. Ser. B* **39**, pp. 1–22.

Efron, B.(1978): The geometry of exponential families, *Ann. Statist* **6**, pp. 362–376.

Efron, B.(1979): Bootstrap methods: Another look at the jackknife, *Ann. Statist* **7**, pp. 1–26.

Efron, B., Halloran, E. & Holmes, S.(1996): Bootstrap confidence levels for phylogenetic trees, *Proc. Natl. Acad. Sci. USA* **93**, pp. 13429–13434.

Efron, B. & Tibshirani, R.(1998): The problem of regions, *Ann. Statist.* **26**, pp. 1687–1718.

Efron, B. & Tibshirani, R. J.(1993): *An Introduction to the Bootstrap*, Chapman & Hall, New York.

Felsenstein, J.(1981): Evolutionary trees from DNA sequences: A maximum likelihood approach, *J. Mol. Evol.* **17**, pp. 368–376.

Felsenstein, J.(1985): Confidence limits on phylogenies: an approach using the bootstrap, *Evolution* **39**, pp. 783–791.

Graur, D., Duret, L. & Gouy, M.(1996): Phylogenetic position of the order Lagomorpha (rabbits, hares and allies), *Nature* **379**, pp. 333–335.

Harrison, D. & Rubinfeld, D. L.(1978): Hedonic housing prices and the demand for clean air, *Journal of Environmental Economics and Management* **5**, pp. 81–102.

Hasegawa, M., Thorne, J. L. & Kishino, H.(2003): Time scale of eutherian evolution estimated without assuming a constant rate of molecular evolution, *Genes & Genetic Systems* **78** , pp. 267–283.

Kishino, H. & Hasegawa, M.(1989): Evaluation of the maximum likelihood estimate of the evolutionary tree topologies from DNA sequence data, and the branching order in Hominoidea, *J. Mol. Evol.* **29**, pp. 170–179.

Komaki, F.(1996): On asymptotic properties of predictive distributions, *Biometrika* **83**, pp. 299–313.

Konishi, S. & Kitagawa, G.(1996): Generalised information criteria in model selection, *Biometrika* **83**, pp. 875–890.

Konishi, S. & Kitagawa, G.(2003): Asymptotic theory for information criteria in model selection——functional approach, *Journal of Statistical Planning and Inference* **114**, pp. 45–61.

Lehmann, E. L.(1986): *Testing Statistical Hypotheses*, Wiley, New York, second edition.

Linhart, H.(1988): A test whether two AIC's differ significantly, *South African Statist. J.* **22**, pp. 153–161.

Marcus, R., Peritz, E. & Gabriel, K. R.(1976): On closed testing procedures with special reference to ordered analysis of variance, *Biometrika* **63**, pp. 655–660.

Murata, N., Yoshizawa, S. & Amari, S.(1994): Network information criterion——determining the number of hidden units for an artificial neural network model, *IEEE Transactions on Neural Networks* **5**, pp. 865–872.

Murphy, W. J., Eizirik, E., O'Brien, S. J., Madsen, O., Scally, M., J. Douady, C., Teeling, E., Ryder, O. A., J. Stanhope, M., W. de Jong, W. & Springer, M. S.(2001): Resolution of the early placental mammal radiation using bayesian phylogenetics, *Science* **294**, pp. 2348–2351.

Rissanen, J.(1987): Stochastic complexity, *J. Roy. Statist. Soc. Ser. B* **49**, pp. 223–239.

Schwarz, G.(1978): Estimating the dimension of a model, *Ann. Statist.* **6**, pp. 461–464.

Shibata, R.(1989): Statistical aspects of model selection, In Willems, J. C., editor, *From Data to Model*, pp. 215–240, Springer-Verlag, Berlin/New York.

Shimodaira, H.(1994): A new criterion for selecting models from partially observed data, In Cheeseman, P. & Oldford, R. W., editors, *Selecting Models from Data: AI and Statistics IV*, pp. 21–30. Springer-Verlag.

Shimodaira, H.(1997): Assessing the error probability of the model selection test, *Ann. Inst. Statist. Math.* **49**, pp. 395–410.

Shimodaira, H.(1998): An application of multiple comparison techniques to model selection, *Ann. Inst. Statist. Math.* **50**, pp. 1–13.

Shimodaira, H.(2000): Improving predictive inference under covariate shift by weighting the log-likelihood function, *Journal of Statistical Planning and Inference* **90**, pp. 227–244.

Shimodaira, H.(2001): Multiple comparisons of log-likelihoods and combining nonnested models with applications to phylogenetic tree selection, *Comm. in Statist., Part A–Theory Meth.* **30**, pp. 1751–1772.

Shimodaira, H.(2002): An approximately unbiased test of phylogenetic tree selection, *Systematic Biology* **51**, pp. 492–508.

Shimodaira, H.(2004): Approximately unbiased tests of regions using multistep-multiscale bootstrap resampling, *Annals of Statistics*, Vol. 32, No. 6.

Shimodaira, H. & Hasegawa, M.(1999): Multiple comparisons of log-likelihoods with applications to phylogenetic inference, *Mol. Biol. Evol.* **16**, pp. 1114–1116.

Shimodaira, H. & Hasegawa, M.(2001): CONSEL: for assessing the confidence of phylogenetic tree selection, *Bioinformatics* **17**, pp. 1246–1247.

Stone, M.(1977): An asymptotic equivalence of choice of model by cross-validation and Akaike's criterion, *J. Roy. Statist. Soc. Ser. B* **39**, pp. 44–47.

Vuong, Q. H.(1989): Likelihood ratio tests for model selection and non-nested hypotheses, *Econometrica* **57**, pp. 307–333.

Yang, Z.(1997): PAML: a program package for phylogenetic analysis by maximum likelihood, *Comput. Appl. Biosci.* **13**, pp. 555–556.

赤池弘次(1976): 情報量規準 AIC とは何か——その意味と将来への展望数理科学 **No. 153**, pp. 5–11.

赤池弘次(1979): 統計的検定の新しい考え方，数理科学 **No. 198**, pp. 51–57.

赤池弘次(1981): モデルによってデータを測る，数理科学 **No. 213**, pp. 7–10.

赤池弘次，北川源四郎 編(1994): 時系列解析の実際 I, II, 朝倉書店.

甘利俊一，長岡浩司(1993): 情報幾何の方法，岩波講座応用数学，岩波書店.

韓太舜(1990): 情報理論の最近の展開: エントロピーからコンプレクシティへ，システム/制御/情報 **34**, pp. 71–80.

長谷川政美，岸野洋久(1996): 分子系統学，岩波書店.

坂元慶行，石黒真木夫，北川源四郎(1983): 情報量統計学，共立出版.

柴田里程(1988): 変数選択理論の現状，数学 **36**, pp. 344–352.

下平英寿(1993): モデルの信頼集合と地図によるモデル探索，統計数理 **41**, pp. 131–147.

下平英寿(1999): モデル選択理論の新展開，統計数理 **47**, pp. 3–27.

下平英寿(2002a): データからの「発見」と新しいブートストラップ法，数理科学 **No. 474**, pp. 14–20.

下平英寿(2002b): ブートストラップ法によるクラスタ分析のバラツキ評価，統計数理 **50**, pp. 33–44.

竹内啓(1976): 情報統計量の分布とモデルの適切さの規準，数理科学 **No. 153**, pp. 12–18.

竹内啓(1983): AIC 基準による統計的モデル選択をめぐって，計測と制御 **22**, pp. 445–453.

竹内啓 編(1989): 統計学辞典，東洋経済新報社.

II

情報圧縮と確率的複雑さ——MDL原理

伊藤秀一

目　次

理想的なデータ圧縮に用いられる符号は，記号列 x に対して長さ $\log(1/P(x))$ の符号語長を与えるものである．情報源の確率パラメータに依存しないユニバーサルなデータ圧縮のアルゴリズムの研究から，能率の良いデータ圧縮器には圧縮しようとするデータの確率モデルを選択する仕組みがみられることがわかった．またモデル選択の点からみると Kolmogorov によるアルゴリズミックな複雑量の概念とユニバーサルデータ符号化の間にも密接な関係がみられる．

ここではまず情報理論におけるデータ圧縮理論をやさしく解説し，ユニバーサルデータ圧縮の原理を導入する．さらにデータのもつ確率的複雑さの定義をし，最小記述長原理(MDL 原理)がモデル選択の原理でもあることを示す．パラメトリックな確率モデルに対する符号語長の解析から，モデルのクラスを選ぶのに Fisher 情報量が重要な役割を持つことを示す．

パラメトリックなモデル選択，ノンパラメトリックなモデル選択の問題に MDL 原理を適用した具体例を紹介する．符号化という操作的な意味から自然に導かれる能率の良いアルゴリズムの例を提示し，モデル選択問題の工学への応用をいくつか紹介する．

AIC と MDL の長短についてもそれぞれの立場から多くの研究がなされているが，この問題については簡単な紹介に止めたい．

1 情報源符号化

情報理論では情報源から確率的に生起したデータを符号化し，なるべくコンパクトな表現で表わす問題を情報源符号化問題として取り扱う．

データ圧縮では，情報源からの記号列を符号化してなるべく短い記述で表現したい．しかしすべての記号列に短い符号語を割り当てようとすると，やがて割り当てることのできる符号語が足りなくなってしまう．したがって，まれにしか現れない記号列には長い符号語を割り当てて，その代わりに頻繁に現れる記号列には短い符号語を割り当てることによって，平均として短い符号語長での符号化を実現するというのがデータ圧縮の原理である．

ここでは，上の考え方をさらに詳しくみて，平均符号語長が最小になる最適な符号の性質を調べる．その結果，性能の良いデータ圧縮をしようとすると，圧縮の対象となるデータを発生している情報源が異なれば，それに応じて違う符号を用いなければならないことがわかる．しかも現実の世界では，情報源の統計的な性質自体すらはっきりしないというのが一般的である．

このような状況であっても良好なデータ圧縮を実現するための研究が進み，ユニバーサルデータ圧縮の理論が導入された．その結果，経験的に得られたデータの確率的な複雑量や情報源のモデリングなどの概念が取り扱われるようになった．ここでは情報源符号化の基礎と，ユニバーサルデータ圧縮の仕組みを紹介する．

なお情報源符号化には，復号したときに完全に元の情報が再現できる「無歪み符号化」と，復号された情報に歪みを許す「歪みのある符号化」とがあるが，ここでは無歪み符号化を取り上げる．

1.1 情報源符号器

情報源符号器では，情報源から確率的に生起する記号に対して，その記号に割り当てられた符号語を出力する．たとえば図 1 は，情報源から出力される { ○, ×, △, □ } の記号を符号化する符号器の例である．

いま情報源記号の集合(情報源アルファベットという)を $\mathcal{A}=\{a_1, a_2, \cdots, a_M\}$ とし，符号語を構成する記号の集合(符号語アルファベット)を $\mathcal{B}$ とする．情報源符号器 ϕ は情報源アルファベットから符号語アルファベットの

符号 A		
○	→	1
×	→	01
△	→	001
□	→	000

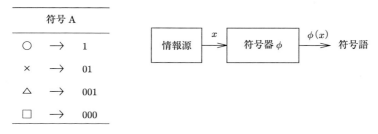

図 1　情報源符号化

有限長の記号列 $\mathcal{B}^*$ への写像である[*1]．情報源記号 x の符号語を $\phi(x)$ で表わし，その符号語長を $l_\phi(x)$ で表わす．

例 1　上の例では符号 A は情報源アルファベット $\mathcal{A}=\{○, ×, △, □\}$ から符号語アルファベット $\mathcal{B}=\{0,1\}$ の記号列への写像で $\phi(\mathcal{A})=\{1, 01, 001, 000\}$ すなわち $\phi(○)=1$, $\phi(×)=01$, $\phi(△)=001$, $\phi(□)=000$ のように定義され，$l_\phi(○)=1$, $l_\phi(×)=2$, $l_\phi(△)=3$, $l_\phi(□)=3$ である．∎

符号語アルファベット $\mathcal{B}$ の大きさが $|\mathcal{B}|=2$ のときに，符号語は 2 つの記号(たとえば $\{0,1\}$)からなる文字列であり，このとき $\phi(\mathcal{A})$ を 2 元符号という．ここでは以後とくに断らない限り $\mathcal{B}=\{0,1\}$ であるとする．

データ圧縮性能は，おもに平均としてどのくらい短い表現で記述できるかで測られる．情報源記号 a_i の生起する確率を $p(a_i)$, $i=1,2,\cdots,M$ とする．このとき，$\mathcal{A}$ に値を取る確率変数 X を情報源 $X\sim p$ と書くことにする．この情報源に対する符号 ϕ の平均符号語長 L_ϕ は

$$L_\phi = El_\phi(X) = \sum_{i=1}^{M} p(a_i) l_\phi(a_i) \qquad (1)$$

で表わされる．

例 2　例 1 の情報源において，情報源記号の生起確率が $P=\left\{\frac{1}{2}, \frac{1}{4}, \frac{1}{8}, \frac{1}{8}\right\}$ ならば，符号 A の平均符号語長 $L_{符号\mathrm{A}}$ は

*1　ここでは $\mathcal{S}^n$ は集合 $\mathcal{S}$ の要素(記号)を n 回連接してできる記号列の集合を表し，$\mathcal{S}^*$ は集合 $\mathcal{S}$ の要素(記号)を有限回連接してできる記号列の集合を表わす．

表 1 符号 B

符号 B		
○	→	11
×	→	10
△	→	01
□	→	00

$$L_{\text{符号A}} = \frac{1}{2} \times 1 + \frac{1}{4} \times 2 + \frac{1}{8} \times 3 + \frac{1}{8} \times 3 = 1.75$$

である．これに対して符号 B では

$$L_{\text{符号B}} = \frac{1}{2} \times 2 + \frac{1}{4} \times 2 + \frac{1}{8} \times 2 + \frac{1}{8} \times 2 = 2$$

となる．例 1 の情報源に対しては符号 A の方が符号 B よりも平均符号語長が短く，能率の良いことがわかる． ▎

1.2 一意復号可能性

正しく復号ができるためには，異なる情報源記号には異なる符号語が割り当てられなければならない．このような 1 対 1 の性質を満たす符号を正則符号という．たとえばすべての符号語が長さ 2 の 2 元記号列である符号では，先の符号 B のように $\{11, 10, 01, 00\}$ の $2^2 = 4$ 個の符号語*2しか作ることができない．これでは情報源アルファベットの大きさが 4 よりも大きい場合には，すべての記号に異なる符号語を割り当てることができないので，正則な符号を作ることができず，正しく復号できない．

では正則符号のように，個々の情報源記号の符号語が曖昧さなく復号されるという条件が満たされていれば，情報源符号器として十分であろうか．一般に情報源からは次々と記号が出力されるので，符号器は連続して符号化をしなくてはならない．1 つ 1 つの符号語の終わりを示す区切り記号(コンマ)がつけてあればよいが，そうでないと符号語記号の流れの中でどこが符

*2 このような符号語からなる符号を固定長符号または等長符号という．

号語の切れ目かを判断できる仕組みが必要となる．圧縮能率の点からいえば，コンマ記号のために符号語記号の 1 つを専用に割り当ててしまうのは得策ではない*3．そのためにコンマを必要としない符号の構成法が考えられた．

情報源の記号列 $x_1, x_2, \cdots, x_n$ に対する符号語を

$$\phi_n(x_1, x_2, \cdots, x_n) = \phi(x_1)\phi(x_2)\cdots\phi(x_n)$$

のように定義して得られる符号 ϕ_n を符号 ϕ の n 次拡大符号という．ここで $\phi(x_1)\phi(x_2)\cdots\phi(x_n)$ はそれぞれの符号語の連接である．

例 3　例 1 の符号 A を 3 次拡大すると，たとえば

$$\phi_3(\times\bigcirc\triangle) = 011001$$

は 01|1|001 のように ϕ の×，○，△に対する符号語を連接したものとなる．▮

ϕ の n 次拡大符号が任意の $n \geq 1$ で正則であるときに，ϕ は一意復号可能であるという．このように符号が一意復号可能であれば，個々の情報源記号に対する符号語の間にコンマ記号を入れなくても，連続した情報源記号列を符号化した符号語列を正しく復号することが可能になる．

1.3　語頭符号の符号木

一意復号可能な符号の中に瞬時復号可能という便利な性質を持つ特別な符号がある．この符号は瞬時符号または語頭符号といわれている．

定義 1（**語頭符号**(**prefix code**)）　どの符号語も他の符号語の語頭(prefix)になっていないときに，その符号は**語頭フリー**(prefix free)あるいは**語頭条件を満たす**という．語頭フリーな符号を**語頭符号**という．▮

語頭符号は符号語の系列をみたときに，符号語の切れ目がその場でわかる符号である．すなわち瞬時復号可能である．データ圧縮符号では，ただ単に符号が正則であるだけでは十分ではなく，一意復号可能でなければな

*3　コンマ記号のために符号語アルファベット中の記号の 1 つを温存させることは，符号語アルファベットの大きさを 1 つ減らすことになり，より長い符号語によらないと正則な符号を構成することができない．さらにコンマ分だけ符号語長が長くなる．

らない．さらに実装しやすさや利用しやすさからみると語頭符号であることが重要である．

データ圧縮効率の観点からいうと，与えられた情報源に対してなるべく平均符号語長の短い符号が望まれる．そのためには 1 つ 1 つの符号語をなるべく短くすればよい．しかし等長符号でみたように正則な符号では符号語長をいくらでも短くすることができるわけではない．次に語頭符号の符号語長が満たすべき条件を考える．まず 2 元符号が 2 分木を用いて表現されることを示す．

定義 2（**2 分木**(**binary tree**)） 2 分木 $T(\nu)$ は次のように再帰的に定義されるグラフ(graph)である．

（1） 1 つの**頂点**(vertex)ν からなるグラフは 2 分木 $T(\nu)$ である．

（2） ν を頂点，$T_1(\nu_1)$, $T_2(\nu_2)$ を 2 分木とする．頂点 ν を頂点 ν_1(および頂点 ν_2)と辺 e_1(および辺 e_2)でつなげたグラフは 2 分木 $T(\nu)$ である．

2 分木 $T(\nu)$ の頂点 ν をこの 2 分木の**根**(root)という．定義の(2)における $T_1(\nu_1)$, $T_2(\nu_2)$ およびそれらに含まれる頂点を頂点 ν の子孫という．とくに ν_1, ν_2 は ν の子ども，ν は ν_1, ν_2 の親であるという．子孫のいない頂点を**葉**(leaf)または外部頂点という．その他の頂点は内部頂点である．すべての頂点は root の子孫であり，頂点から root に至る道の辺の数を頂点の深さという．定義の(2)において必ず 2 つの子孫を持つときに $T(\nu)$ は完全であるという(図 2)． ❚

符号木(code tree)とは次のようにして作られた 2 分木である．まず 2 分木のすべての左の辺に '0'，右の辺に '1' のラベルをつける．root から頂点に至る道の記号列*4は，2 分木全体でみると任意の有限長の 2 進記号列を表わしている．したがって符号 ϕ のすべての符号語に対応する頂点を 2 分木の中に見出すことができる．符号語 $\phi(x)$ が root から頂点 ν までの道の記号列に等しいときに，この符号語の表わす情報源記号 x を ν のラベルと

*4 頂点 ν_2 が頂点 ν_1 の子孫である場合には ν_1 から ν_2 までの辺をたどって道(経路)を作ることができる．この経路上の辺につけられたラベルを連接してできる記号列を道の記号列(path string)という．

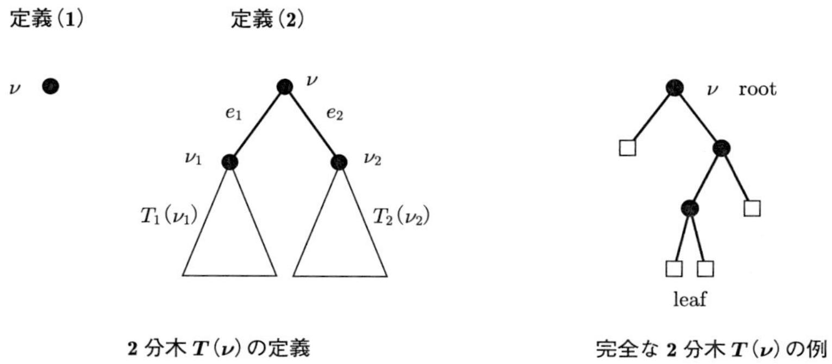

図 2 2分木

して割り当てる．このように ϕ の符号語が対応付けられたとき，すべての符号語頂点を含む最小の2分木[*5]を符号 ϕ の符号木という．符号語長 l の符号語頂点は，この符号木の深さ l に位置する．

root から頂点 ν_2 までの経路上に頂点 ν_1 が位置するときには，符号語 ν_1 は符号語 ν_2 の語頭になっている[*6]．したがって語頭符号では root からどの符号語頂点への道の上にも他の符号語頂点が存在しない．これより語頭符号の木では，すべての符号語は葉に対応付けられている．例に現れた符号Aも符号Bも，ともに語頭符号であることがわかる(図3)．

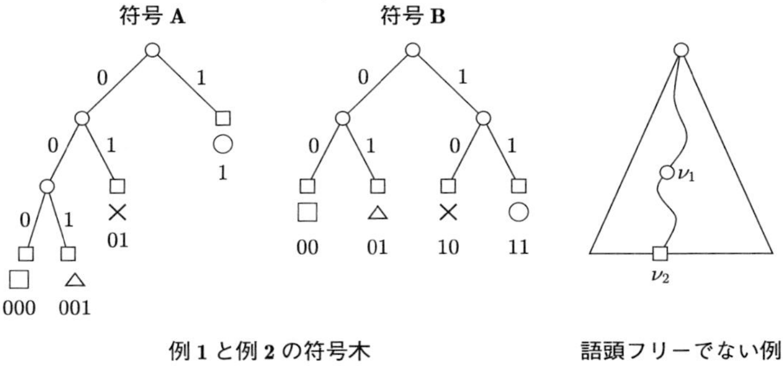

図 3 いろいろな符号木

*5 子孫に符号語頂点が1つもないときには子どもへの辺を延ばさない2分木である．
*6 ν_2 は ν_1 の子孫である．

1.4 Kraft の不等式

定理 1（Kraft の不等式） 2 元語頭符号の符号語長を $l_1, l_2, \cdots, l_M$ とする．このとき符号語長は

$$\sum_i 2^{-l_i} \le 1 \tag{2}$$

を満たさなければならない．逆にこの不等式を満たす符号語長の組が与えられると，それらの符号語長を持つ語頭符号を作ることができる．∎

証明 語頭符号木の枝を延ばし，すべての葉が深さ D にある完全な 2 分木を考える．ただし $D > \max\{l_1, l_2, \cdots, l_M\}$ である．この 2 分木で，長さ l_i の符号語頂点の子孫にある葉の個数は 2^{D-l_i} であり，すべての符号語について葉の数を合計しても 2^D を越えることはない．

$$\sum_{i=1}^{M} 2^{D-l_i} \le 2^D$$

両辺を 2^D で割って，定理の不等式を得る．逆に $\{l_i\}$ が Kraft の不等式を満たし，一般性を失うことなく $l_1 \le l_2 \le \cdots \le l_M$ であるとする．上述の深さ D の完全な 2 分木の葉を $00\cdots0$ の葉から順に $n_i = 2^{D-l_i}$ 個ずつの葉集合に区切っていく $(i = 1, 2, \cdots, M)$．Kraft の不等式を満たすことから M 個の葉集合全部を作ることができる．ここで i 番目の葉集合の大きさ n_i と，これより左の j 番目の葉集合の大きさ n_j とを比べてみると，

$$n_j = 2^{D-l_j} = 2^{l_i - l_j} 2^{D-l_i} = 2^{l_i - l_j} \cdot n_i$$

で，$l_i \ge l_j$ から n_j は n_i の整数倍である．よって i 番目の葉集合の最初の葉は $w_i 00\cdots0$ で表わされる．ここで w_i は l_i 桁の 2 進数である．したがってこの葉集合に所属するすべての葉は $w_i 00\cdots0$ から $w_i 11\cdots1$ までの記号列で表わされ，共通の語頭（祖先）w_i を持つ．葉集合は互いに素で，お互いに他の部分集合になることはない．これより $w_i, i = 1, 2, \cdots, M$ を符号語とすると，それらは互いに他の語頭になることはなく，符号 $\{w_i\}$ は語頭符号である（図 4）．∎

語頭符号においては，符号の木が完全な 2 分木で表わすことができ，か

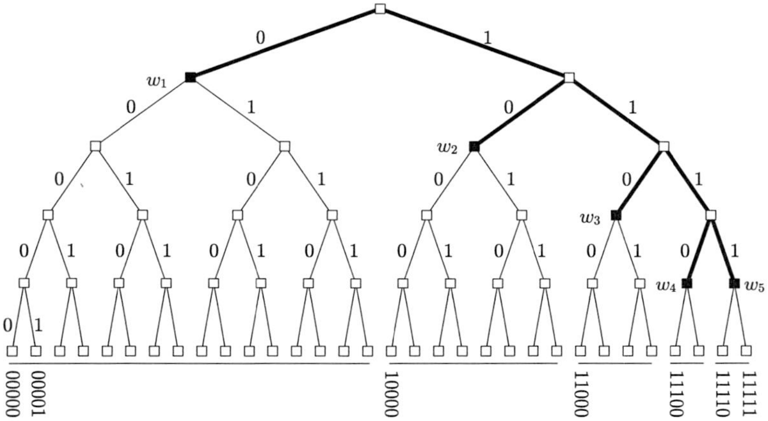

図 4　語頭符号の性質

つすべての葉が符号語に割り当てられている場合に Kraft の不等式は等号で成り立つ．符号語に割り当てられていない葉が存在する場合には不等号になる．

情報理論の教科書(たとえば Cover, Thomas(1991))によれば，Kraft の不等式は瞬時復号可能性のみならず一意復号可能であるための必要条件でもある．符号語長 l_i を小さくしていくと不等式の左辺の和が大きくなり，やがて 1 を越えてしまうので，Kraft の不等式は符号語長を小さくすることには限度のあることを示している．

1.5　理想符号語長と情報源モデル

平均符号語長を最小にする理想的な符号は Kraft の不等式を満たす符号語の組合せの中で，その符号語長の平均値を最小にすることによって実現できる．この問題は制約条件のもとでの最小化問題である．問題を簡単にするために，いま符号語長 $\{l_i\}$ に実数値も許すことにし，Kraft の不等式も等号で満たすとする．ここで対数 ln は $\log_e$ であるとし，また記号 a_i の生起する確率を $p_i = p(a_i)$ と表記すれば，ラグランジュ乗数を用いて

$$J = \sum_{i=1}^{M} p_i l_i + \lambda \sum_{i=1}^{M} 2^{-l_i} \tag{3}$$

を l_i で微分し，

$$\frac{\partial J}{\partial l_i} = p_i - \lambda 2^{-l_i} \ln 2 = 0 \qquad \Rightarrow \qquad p_i = \lambda 2^{-l_i} \ln 2$$

の両辺をすべての i に関して和をとり，

$$\sum p_i = \lambda \sum 2^{-l_i} \ln 2$$

と，$\sum p_i = 1$, $\sum 2^{-l_i} = 1$ より $\lambda = 1/\ln 2$ を得て，

$$p_i = 2^{-l_i} \tag{4}$$

から，最適な符号語長 $\{l_i^*\}$ が

$$l_i^* = -\log_2 p_i \tag{5}$$

と得られる．この符号語長を**理想符号語長**(ideal codeword length)という．これを用いたときの平均符号語長は

$$L^* = \sum p_i l_i^* = -\sum p_i \log_2 p_i = H(X) \tag{6}$$

となり，情報源 X のエントロピーに等しくなる．これ以降では，対数 log は，断りがない場合には $\log_2$ であるとする．平均符号語長が最小になる理想的な符号は情報源記号の生起確率 $\{p_i\}$ によって決まることがわかった．このことは，理想的な符号化をしようとすると $\{p_i\}$ の異なる情報源には，それぞれ異なった符号を用いなければならないことを意味する．

実際の符号語では l_i は自然数でなければならないので，いつも式(5)のように置けるわけではない．l_i をなるべく理想符号語長に近い整数値にとる．そこでこの l_i を用いて q_i を

$$q_i = 2^{-l_i} \qquad \text{すなわち,} \qquad l_i = -\log q_i \tag{7}$$

とおけば，$\sum q_i = \sum 2^{l_i} = 1$, $0 < q_i < 1$ となり，$\{q_i\}$ も 1 つの確率分布であるとみることができる．$l_i^* = -\log p_i$ が情報源確率分布 $\{p_i\}$ に対して最適な符号語長であることをみると，符号語長 $\{l_i\}$ は確率分布 $\{q_i\}$ に対して最適な符号語長の形になっていることがわかる．その意味においてこの符号 $\{l_i\}$ は“$\{q_i\}$ を**情報源の確率モデル**(probability model of the source)と

している符号である”ということができる.

情報源 $X \sim p$ に対して，この 2 つの符号を適用した場合の平均符号語長の差は

$$\begin{aligned} L - L^* &= \sum p_i l_i - \sum p_i l_i^* = \sum p_i(-\log q_i + \log p_i) \\ &= \sum p_i \log \frac{p_i}{q_i} = D(p \,\|\, q) \end{aligned} \tag{8}$$

となる．ここで $D(p \,\|\, q)$ は相対エントロピー，Kullback-Leibler の距離(以下，KL 距離と表わす)あるいはダイバージェンス(divergence)と呼ばれる量で，$(x-1)\log e \geq \log x$ の関係より，

$$\begin{aligned} D(p \,\|\, q) &= \sum p_i \log \frac{p_i}{q_i} = -\sum p_i \log \frac{q_i}{p_i} \\ &\geq -\sum p_i \left(\frac{q_i}{p_i} - 1 \right) \log e = -\left(\sum q_i - \sum p_i\right) \log e = 0 \end{aligned} \tag{9}$$

のように常に非負である．また等号の成り立つのは p, q 両者が等しい場合である．ダイバージェンスは，(1)対称ではない，(2)三角不等式が必ずしも成り立たないなど*7，距離尺度として要求される性質を十分に満たしていないので，真の距離とはいえないが，2 つの分布間の距離を表わす量として考えられることが多い．

さて，上の計算では情報源 $X \sim p$ から生起する記号に対して p に最適な符号 $\{l_i^*\}$ を使ったときと q に最適な符号 $\{l_i\}$ を使ったときとで，その平均符号語長の差が

$$L - L^* = D(p \,\|\, q) \geq 0 \tag{10}$$

のようになった．符号の情報源モデルと，真の情報源とが適合している場合には平均符号語長が最小 L^* となり，圧縮しようとするデータの情報源と異なる情報源をモデルとした符号の平均符号語長 L ではミスマッチが生ずるためにデータ圧縮能率が悪くなり，冗長な符号化となっている．そして両者の差が 2 つの分布の間の距離を真の情報源確率分布 p の側から測った量として表わされていることがわかる．

---

*7 $D(p \,\|\, q) = D(q \,\|\, p)$ や $D(p \,\|\, r) \leq D(p \,\|\, q) + D(q \,\|\, r)$ が必ずしも一般的に成り立たない．

理想符号語長を求める際に，符号語長 $\{l_i\}$ として実数値も許すことにして最適な符号語長の組合せを求めた．そこでもし式(3)において l_i を自然数に限定して最小化問題を解こうとすると整数計画法となりむつかしい．しかし Huffman 符号は 1 つの最適な解を与える符号である．情報理論の教科書 Cover, Thomas(1991)によれば Huffman 符号の平均符号語長 L は $L^*=H(X)$ に対して

$$H(X) \leq L < H(X)+1$$

の関係にある．したがって Huffman 符号の冗長度は

$$L-L^* < 1$$

である．

1.6 ブロック符号と冗長度

情報源 X(そのアルファベットを $\mathcal{A}$ とする)からの長さ n の系列 $X^n=X_1X_2\cdots X_n$ を符号化する場合には，$\mathcal{A}^n$ をアルファベットとする情報源 X^n の符号化を先と同様に考えればよい．この新しい情報源を元の情報源の **n 次拡大情報源**という．系列が $X^n=x_1x_2\cdots x_n$ の値を取る確率を $p(x^n)=p(x_1,x_2,\cdots,x_n)$ と表わすと，その理想符号語長は

$$l^*(x^n) = -\log p(x^n) \tag{11}$$

と表わされる．とくに情報源 X の確率分布が**独立同一分布**(i.i.d., independent identically distributed)である場合には $p(x^n)=p(x_1)p(x_2)\cdots p(x_n)$ であるから，1 情報源記号あたりの理想符号語長は

$$\frac{1}{n}l^*(x^n) = \frac{1}{n}\sum_{i=1}^{n} -\log p(x_i) \tag{12}$$

$$= -\sum_{j=1}^{M}\frac{N(a_j|x^n)}{n}\log p_j \tag{13}$$

となる．ここで $N(a_j|x^n)$ は系列 x^n の中で記号 a_j の生起する回数である．簡単のためにこれを $n_j=N(a_j|x^n)$ と書けば，$n_1+n_2+\cdots+n_M=n$ である．ここで期待値を取ると，$E[n_i]=np_i$ より，1 情報源記号あたりの理想符号語長の期待値 $\dfrac{1}{n}L^*$ は

$$\frac{1}{n}L^* = -\frac{1}{n}\sum_{x^n} p(x^n)\log p(x^n)$$
$$= -\sum_{j=1}^{M} p_i \log p_i = H(X)$$

のように，やはりこの情報源のエントロピー $H(X)$ に等しい．

n 次拡大情報源に対しても最適符号である Huffman 符号を適用すると，その平均符号語長 L_n は，

$$H(X^n) \leq L_n < H(X^n) + 1$$

となり，$H(X^n) = \frac{1}{n}H(X)$ であることから，1 情報源記号あたりの冗長度は

$$\frac{1}{n}L_n - H(X) < \frac{1}{n}$$

となる．このように情報源の拡大をして，長さ n の系列をブロックとして符号化することにより，最適符号の冗長度は $\frac{1}{n}$ となることがわかる．

実際に大きな n の場合に Huffman 符号を構成することは簡単ではない．符号化にも復号化にもあらかじめ 2^n の大きさのテーブルやデータ構造を準備しておくことが必要である．記憶域の大きさが n の指数関数オーダーとなる．のちに算術符号が発明され，情報源系列が与えられた時点で算術演算により符号語を作り出すことができるようになって，拡大情報源への適用が現実的になった．

ここでは記号の生起確率分布が既知であるとしている．独立に同一の分布で生起する系列を最も短い符号語で表現しようとした場合に，どこまで短くできるのかを考えた．その結果，1 情報源記号当たりの平均符号語長は，どんなにがんばっても情報源エントロピー $H(X)$ よりも短くすることができないことがわかった．また逆に $H(X)$ よりも長い平均符号語長を使えば，十分に系列長 n が大きい場合にはいくらでも $H(X)$ に近い符号語長で表現することができる．その意味でエントロピー $H(X)$ が記号列を表現するために最小限に必要な記述長となっている．

与えられた記号列をこれ以上短い平均符号語長では表現できない，という意味でエントロピーは情報圧縮の限界を表わしている．またその限界に

迫る符号として，平均符号語長が$H(X)+\dfrac{1}{n}$となるような符号(Huffman 符号)の存在が示されている．

1.7　ユニバーサルデータ圧縮

情報源に対して最適なデータ圧縮符号は，情報源記号の生起確率に応じて決まる理想符号語長を用いることによって実現できることがわかった．しかし情報源記号の生起確率が不明な場合には，理想符号語長を決めることができない．したがってこのような場合には理想的なデータ圧縮を行うことができない．この不便に対して，情報理論では情報源の確率パラメータの値が未知であっても能率良く圧縮を行う原理についての研究が進み，そのような圧縮をユニバーサルデータ圧縮とよんでいる．その原理は十分に長い情報源系列の持つ性質を利用している．

固定長ユニバーサルデータ圧縮　ここでは未知の確率分布 p の情報源 X から独立に生起した長さ n の系列 X^n を固定長 nR の符号語で符号化する問題を考える．R は 1 情報源記号当たりの符号語長であり，符号化レートあるいは単にレートと呼ぶ．いま $X^n=x_1x_2\cdots x_n=x^n$ が生起したとする．$n_j=N(a_j|x^n)$ とおいて，各情報源記号の相対頻度分布

$$P_{x^n}=\left(\frac{n_1}{n},\frac{n_2}{n},\cdots,\frac{n_M}{n}\right)$$

を x^n のタイプという．

この情報源の確率分布 p は未知であるが，系列 x^n をみればそのタイプは知ることができる．そこでまず仮に符号器も復号器もともに符号化しようとしている系列 x^n のタイプ P_{x^n} を知っているものとすると，どのようなレートで符号化できるであろうか．まず準備のために x^n の理想符号語長をタイプを用いて表わすと，式(13)より，

$$\frac{1}{n}l^*(x^n)=-\sum_{j=1}^{M}P_{x^n}(j)\log p_j=D(P_{x^n}||p)+H(P_{x^n})$$

と表わされる．ところが $l^*(x^n)=-\log p(x^n)$ より，この系列の生起確率は

$$p(x^n)=2^{-n\{D(P_{x^n}||p)+H(P_{x^n})\}} \tag{14}$$

となる．ここで $H(P_{x^n})$ は経験頻度分布に基づくエントロピーであるから，これを経験エントロピーということがある．

そこでレートを求めるために，タイプ P_{x^n} を持つ系列の集合 $T(P_{x^n})$ の大きさ $|T(P_{x^n})|$ を調べてみる．いま仮想的に，このタイプに等しい生起確率で独立に記号を発生する情報源を考える．この情報源からちょうど P_{x^n} に等しいタイプを持つ系列 y^n の生起する確率は式(14)において $p=P_{x^n}$ と置き $D(P_{x^n}||p)=0$ になることから，そのような y^n はすべて同じ生起確率

$$p(y^n) = 2^{-nH(P_{x^n})}$$

を持つことがわかる．よって，この仮想的な情報源から $T(P_{x^n})$ の生起する確率は

$$\mathrm{Prob}[T(P_{x^n})] = \sum_{y^n \in T(P_{x^n})} p(y^n) = |T(P_{x^n})| 2^{-nH(P_{x^n})} < 1$$

となることから，

$$|T(P_{x^n})| < 2^{nH(P_{x^n})}$$

であることがわかる．一般に N 通りの可能性のある事象は長さ $\log N$ ビットの符号語で表わすことができる．したがって集合 $T(P_{x^n})$ の要素を符号化するために必要なビット数は

$$\log |T(P_{x^n})| < nH(P_{x^n})$$

となる．そこでレート R を

$$H(P_{x^n}) < R$$

のようにとれば，$\log |T(P_{x^n})| < nR$ となり，タイプ P_{x^n} を持つ系列のすべてに符号語を割り当てることができる．したがってレート R が経験エントロピーを越えていさえすれば，情報源の確率分布に関わらず，すべての系列を nR ビットで符号化することができることがわかった．

逆に，経験エントロピーが R よりも大きい場合には，そのタイプを持つ系列の数に比べて用意できる符号語の数が足りなくなり，一意に符号語を定めることが保証できなくなる．この場合には正しく符号化することができないで復号誤りが生ずることとなってしまう．

さて一般に情報源 p から生起する系列は決まったタイプを持つとは限らない．それでは，レート R が与えられたときに大部分の系列が正しく符号

化されるためにはどのような条件が必要となるかを考えてみる．

いま情報源 X のエントロピー $H(p)$ がレート R よりも小さい

$$H(p) < R \tag{15}$$

とする．もしこの情報源から得られる系列 x^n の経験エントロピー $H(P_{x^n})$ が R よりも大きい場合には正しい符号化ができない．

情報源からの系列 X^n の経験エントロピーの分布を考えると，図5のように表わされる．系列長 n が十分に大きいときには大数の法則により大部分の系列のタイプは情報源の確率分布 p に近づいてくる．したがって経験エントロピーも情報源のエントロピーに近づく．図の分布は n の増大とともに $H(X)$ の周りに集中することとなる．経験エントロピーがレート R よりも大きくなる確率は分布の裾の部分に相当し，漸近的に0に近づくことがいえる．実際，情報理論の教科書 Csiszár, Körner(1981)によれば $H(P_{x^n}) > R$ となる系列 x^n の生起する確率 e_R は

$$e_R \leq 2^{-n(D^* - \epsilon_n)} \tag{16}$$

と表わされる．ここで ϵ_n は n の増大とともに0に近づく項である．また D^* は $H(P_{x^n}) > R$ となってしまい正しく復号できない系列 x^n のタイプ P_{x^n} と真の分布 p との距離 $D(P_{x^n}||p)$ の最小値

$$D^* = \min_{H(P)>R} D(P||p)$$

である．式(16)より，十分に大きな n に対して符号化に失敗する確率は n

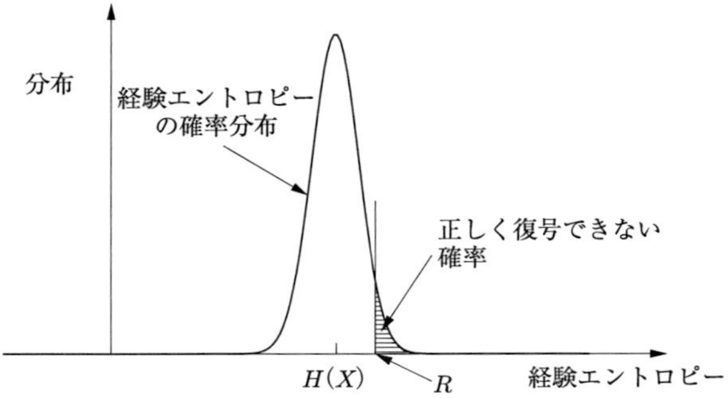

図 5　経験エントロピーの分布

の負の指数関数的に減少して 0 に近づくことがわかる．

以上のことから $H(p) < R$ であれば，情報源から生起した系列のほとんどの経験エントロピーが R よりも小さくなり，レート R で符号化が可能になる．

さてここまでは符号器も復号器もともに符号化しようとしている系列 x^n のタイプを知っているものと仮定してきた．符号器では系列中の記号の生起する相対頻度を調べればタイプを知ることができる．しかし復号器では系列を知らないから，そのタイプもわからない．したがって符号器は別の方法を用いて復号器にタイプを教えてやらねばならない．そこでどのタイプなのかを符号化することにしよう．第 i 番目の情報源記号の相対頻度 n_i/n は分子として取り得る値は $n_i = 0, 1, \cdots, n$ の $(n+1)$ 通りある．情報源アルファベットの大きさが M であるから，それぞれの情報源記号について高々$(n+1)$ 通りであることから，その総数は $(n+1)^M$ よりも少ない．したがって可能なタイプの中の 1 つを符号化するのには

$$M \log(n+1) \quad \text{ビット}$$

あれば十分であることがわかる．これらを合計して，長さ n の情報源系列 x^n を符号化するにはまず $M \log(n+1)$ ビットでタイプを符号化し，つぎに $nH(p)$ ビットで系列を符号化することになる．このとき情報源記号当たりの符号語長は

$$\frac{1}{n}L = H(p) + M\frac{\log(n+1)}{n}$$

となる．系列長 n が十分に大きくなると，第 2 項は漸近的に 0 に近づくので，タイプを表わす項の占める符号語長は無視できることになり，復号器において系列のタイプが未知であってもレート R が

$$H(p) < R$$

で符号化が可能となる．

逆にレート R がエントロピー $H(p)$ よりも小さいときには，どのような符号化を行っても系列の長さ n が大きくなるにつれて正しく復号される確率がいくらでも 0 に近づくことが示されている．

この符号化ではあらかじめ情報源の確率分布 p がわからなくても，符号

化が可能である．したがってこの符号はユニバーサル符号である．上に述べたのは固定レート R で符号化できるという原理だけであった．しかし符号化の考え方は，情報源の確率分布が既知の場合の符号化と強い関連を持つ．系列のタイプを仮想的に情報源の確率分布とみなして符号化を行うと，その符号語長は，与えられた系列のタイプに等しいような分布の情報源からの系列の符号語長と等しく，その値は経験エントロピーとなる．系列の長さが十分に長いと，そのタイプは情報源の確率分布に近づくので，結果として既知の情報源に対するデータ圧縮と同じ性能に近づくことになる．

ただし，復号を正しく行うためには系列がどんなタイプを持つかも符号化しておかなくてはならない．そのために必要な符号語長は系列長 n について，単位系列長当たりで $O\left(\frac{\log n}{n}\right)$ となる．Huffman 符号では符号化の冗長度が $O\left(\frac{1}{n}\right)$ であったが，ここで述べたユニバーサル符号ではさらに $O\left(\frac{\log n}{n}\right)$ だけの冗長度が増している．情報源のパラメータを知らないためのペナルティに相当する．

データ系列の複雑度は，情報理論の立場からみると，その系列の持つ情報量である．言い換えれば，その系列を記述する最も短い表現の長さである．2 進数による表現であれば，その長さはビットという単位で表わされた情報量に対応する．情報理論ではデータ系列は情報源からの出力とみなされている．情報源はその確率分布によって定義されるので，系列が定義されるということは，通常はその確率分布が既知であるという前提になっている．

このような場合には，データ系列の確率モデルが確定しているので，個々に与えられた系列の複雑度ではなく，同じような試行を繰り返したときの平均の振舞いを論じることができる．先に述べた Huffman 符号の最適性は，与えられた情報源の確率分布に対して平均符号語長を最小にするという点で最適であるという意味であった．さらに個々の系列についてみると，系列長が短い場合には，たまたま与えられた系列に対する符号語長が Huffman 符号よりも小さくなる符号は存在する．しかしそのような符号では特別な系列に対しては Huffman 符号よりも短い符号語長で符号化できても，同じ情報源から出る様々な系列について平均をとってみると，最適である Huffman

符号よりも短い符号語長とならない．

とはいえ，独立同一分布で生起したデータ系列はその系列長が十分に長い場合にはほとんどの系列はそのタイプが情報源の確率分布に近づき(情報理論では典型系列という)，式(13)で与えられるデータ系列の符号語長は理想符号語長の平均値(エントロピー)に漸近する．

ところが，

1. 情報源の確率分布のパラメータが未知である．
2. 情報源の確率分布が未知である．
3. 与えられた系列が確率的に生起したかどうかも未知である．

というような場合には，話はもっと複雑になる．いずれもユニバーサルデータ圧縮の問題となる．このようなデータ系列に対するデータ圧縮問題を掘り下げてみると，系列の複雑度や情報源のモデリングの意味がみえてくる．上で述べたユニバーサルデータ圧縮は確率分布が独立同一分布であることはわかっているが，その分布パラメータが未知な場合に相当する．

データ系列の元になる情報源の確率分布がさらに複雑な場合や，パラメータ表現のできない場合やもっと複合した分布クラスに属する場合などについては，この先の節で触れる．

1.8 整数の符号化

ユニバーサルデータ圧縮の様々な場面で正整数(または非負整数)の符号化が必要とされることがある．符号化しようとする整数があらかじめ何らかの分布(たとえばポアッソン分布)をすることがわかっていれば，データの情報源モデルは確定していて，その確率分布にしたがって算術符号または Huffman 符号を用いれば最短で符号化できる．

しかし分布が未知の場合には，そのようなモデル化をすることができない．では何らかの意味で「好ましい」符号化があるとすれば，どのようなものであろうか．実用上の意味からすると少ない処理量で符号化のできることが望ましい．さらに正整数のように無限個の情報源記号を取り扱う場合には，いくらでも大きな整数がうまく符号化できる必要がある．とくに

大きい正整数 n ほど小さい確率で生起する，すなわち

$$P(n) \geq P(n+1), \quad n \geq 1 \tag{17}$$

のような未知の確率分布 $P(n)$ で生起する場合を考えてみる．ある符号 C で整数 n を符号化したときの符号語長を $L_C(n)$ と表わすと，平均符号語長は

$$E[L_C] = \sum_{n=1}^{\infty} P(n) L_C(n)$$

である．いま式(17)を満たす任意の確率分布 $P(n)$ に対して，

$$\frac{E[L_C]}{\max\{1, H(P)\}} \leq R_C \tag{18}$$

となる有限の定数 R_C が存在するときに，この符号 C はユニバーサルに冗長有界であるという．とくにエントロピー $H(P)$ が十分に大きいときに $R_C \to 1$ を満たすと，この符号の平均符号語長は漸近的にエントロピーに近づき，「漸近的に最適である」．しかし，この性質はエントロピーが非常に大きいときの性能であり，必ずしも現実的な応用での良い性能を表わしているとはいえない．

次に少ない計算量でアルゴリズミックに符号化できる整数の符号化法にどのようなものがあるかをみてみよう．いま自然数 n を 2 進表現したものを $(n)_2$ と表わす．たとえば $(12)_2 = 1100$ である．しかし $(6)_2 = 110$ であり，符号語の 110 までをみただけでは $n=6$ なのか $n=12$ の始めの 3 桁なのかが決められず，$(n)_2$ は n の語頭符号になっていない．語頭条件を満たす自然数の 2 値表現のいくつかをあげてみる．

単進符号　k 個の 1 の連続を 1^k で表わす．$C_U(n) = 1^{n-1}0$ すなわち $n-1$ 個の 1 に続いて 0 で表わされる系列を n の単進表示という．0 が符号語の終わりを表わすので，瞬時復号可能であり，語頭条件を満たす．この符号を単進符号という．n の単進符号語の長さは $|1^{n-1}0| = n$ である．

Elias の γ 符号　n の 2 進表現の桁数 $|(n)_2|$ を語頭符号で表わし，それに続けて n の 2 進表現そのもの $(n)_2$ を置けば，符号語の終わりが明示的に表わされるので，全体として語頭符号とすることができる．桁数の語頭符号として単進符号を用いると $|(n)_2| = \lfloor \log n \rfloor + 1$ であるから，

この符号は $C_B(n) = C_U(\lfloor \log n \rfloor + 1)(n)_2$ となり，この C_B を **Elias の γ 符号**(Elias' gamma code)という．ここで $\lfloor x \rfloor$ は x を越えない最大の整数を表わし，x の小数部を切り捨てた値を示す．同様に $\lceil x \rceil$ は x を下まわらない最小の整数を表わし，整数への切り上げを示す．たとえば $n = 12$ のときには $(12)_2 = 1100$ で 4 桁で表わされる．桁数 4 の単進表現は $C_U(4) = 1110$ であるので，$C_B(12) = 1110\ 1100$ となる．$(n)_2$ の最上位の桁は常に 1 であるので，これを省略しても復号可能であるから，$C_{B'}(12) = 1110\ 100$ とすることができる．このとき符号語長は $|C_{B'}(n)| = 2\lfloor \log n \rfloor + 1$ である．Elias の γ 符号は式(18)の意味でユニバーサルに冗長有界である．

Elias の $\boldsymbol{\delta}$ 符号　n の桁数を符号化するのに Elias の γ 符号を用いたものを **Elias の $\boldsymbol{\delta}$ 符号**(Elias' delta code)C_D という．たとえば $C_D(12) = C_{B'}(4)100 = 110\ 00\ 100$ となる．この符号語長は $|C_D(n)| = 2\lfloor \log(\log n + 1) \rfloor + \lfloor \log n \rfloor + 1$ である．この符号は漸近的に最適である．

十分に大きな自然数 n の符号化に対しては Elias の δ 符号は符号語長が $\log n$ であり，Elias の γ 符号は $2 \log n$ である．大きな自然数の表現には δ 符号の能率が良いが，小さな n に対しては γ 符号の方が符号語長が短くてすむ．

表 2 自然数の符号化

自然数	2 進数	単進符号	γ 符号	δ 符号	桁数 2 進	桁数 単進	桁数 γ	桁数 δ
1	1	0	0	0	1	1	1	1
2	10	10	10 0	10 0 0	2	2	3	4
3	11	110	10 1	10 0 1	2	3	3	4
4	100	1110	110 00	10 1 00	3	4	5	5
5	101	11110	110 01	10 1 01	3	5	5	5
6	110	111110	110 10	10 1 10	3	6	5	5
7	111	1111110	110 11	10 1 11	3	7	5	5
8	1000	11111110	1110 000	110 00 000	4	8	7	8
9	1001	111111110	1110 001	110 00 001	4	9	7	8
15	1111	$1^{14}0$	1110 111	110 00 111	4	15	7	8
16	10000	1^{15}	11110 0000	110 01 0000	5	16	9	9
17	10001	$1^{16}0$	11110 0001	110 01 0001	5	17	9	9
31	11111	$1^{30}0$	11110 1111	110 01 1111	5	31	9	9
32	100000	$1^{31}0$	111110 00000	110 10 00000	6	32	11	10
33	100001	$1^{32}0$	111110 00001	110 10 00001	6	33	11	10
63	111111	$1^{62}0$	111110 11111	110 10 11111	6	63	11	10
64	10^6	$1^{63}0$	$1^60\ 0^6$	$110\ 11\ 0^6$	7	64	13	11
128	10^7	$1^{127}0$	$1^70\ 0^7$	$1110\ 000\ 0^7$	8	128	15	14
256	10^8	$1^{255}0$	$1^80\ 0^8$	$1110\ 001\ 0^8$	9	256	17	15
512	10^9	$1^{511}0$	$1^90\ 0^9$	$1110\ 010\ 0^9$	10	512	19	16
1K	10^{10}	$1^{1023}0$	$1^{10}0\ 0^{10}$	$1110\ 011\ 0^{10}$	11	1024	21	17
1M	10^{20}	$1^{1M-1}0$	$1^{20}0\ 0^{20}$	$11110\ 0101\ 0^{20}$	21	1M	41	29
1G	10^{30}	$1^{1G-1}0$	$1^{30}0\ 0^{30}$	$11110\ 1111\ 0^{30}$	31	1G	61	39
1T	10^{40}	$1^{1T-1}0$	$1^{40}0\ 0^{40}$	$1^50\ 01001\ 0^{40}$	41	1T	81	51

$1K = 2^{10} \simeq 10^3$, $1M = 2^{20} \simeq 10^6$, $1G = 2^{30} \simeq 10^9$, $1T = 2^{40} \simeq 10^{12}$.

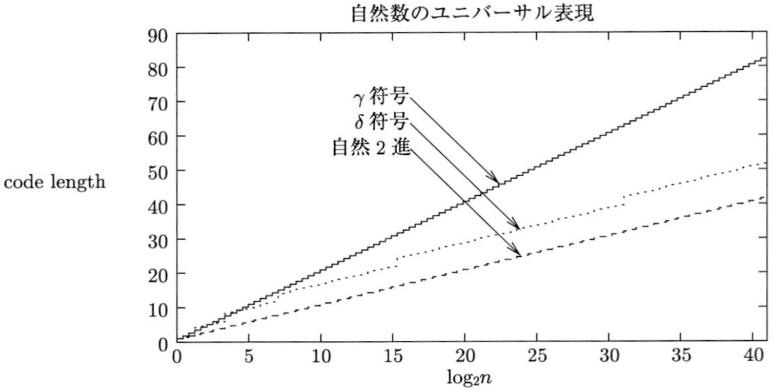

2 MDL 原理

前章ではデータ系列を記述するのに必要な最小限の長さの符号語長を求めた．その前提として「データを出している情報源が既知である」すなわちデータ系列の統計的な性質が既知であることを想定していた．

しかし興味ある多くの場合には情報源が未知である．あらかじめ統計的な性質がわかっている情報源からデータ系列が得られるのではなく，まずデータ系列が与えられて，これは一体どんな情報源から得られたのか，あるいはどのような母集団からの標本であるのかを知りたいという問題が多い．その最も簡単な場合として，想定する情報源が未知のパラメータを持つ確率分布によって表わされる場合がある．

標本のデータ系列からその母集団の確率パラメータを推定する問題は，統計学では古くからパラメータ推定の理論として研究が進んでいる．たとえば最尤推定量は，尤度関数の値を最大にするパラメータの値を推定量として決めている．独立な標本から得られる最尤推定量は，標本の大きさ(データ系列長)が十分に大きいときには真のパラメータの良い近似となっている．このように情報源がパラメトリックな確率分布を持つ場合には有効なパラメータ推定をすることによって情報源の分布を推定することができる．その推定の良さは，多くはパラメータの推定の良さによって決まる．しかしパラメータの個数が未知の場合には新たな問題が生ずる．パラメータの個数が異なる確率分布どうしでは，データを当てはめたときの確率尤度だけでは比較することができないからである．

一般にデータサイズ(データ系列の長さ)が有限の場合に，どのような複雑度の確率分布によってモデル化するかは「モデル選択」の問題として知られている．パラメトリックな確率分布の族では，パラメータの個数が多いほど複雑なモデルといえる．データ系列長が十分に大きいのにも関わらずパラメータの個数の少なすぎるモデルを選ぶと，データの統計的な特徴を十分にとらえ切れずに本来の母集団の持つ確率分布の十分な近似が得られない(under fitting). 逆にパラメータの個数の大きすぎるモデルを選ぶと，パラメータの推定精度が悪くなり，モデルはデータ系列に依存する揺らぎの影響を受けて安定しなくなる. 標本の持つランダムな揺らぎを統計的な性質としてとらえ，たまたま生起したデータに対して大きすぎる確率を与えるモデルとなってしまう(over fitting).

このような問題に対して統計学では赤池情報量規準(AIC)が提案されて，モデル選択問題への画期的な解決指針が示され，広く応用に使われてきた.

情報理論の世界でも同じような問題が別の側面から注目を受けた. データ系列の圧縮において，情報源の確率分布が既知であれば，Huffman 符号や算術符号のように平均符号語長がエントロピーに近い，圧縮の理論限界に迫る符号を使うことができる. しかしこれらの符号は情報源の確率分布に依存するので，異なる情報源に対しては異なる符号を用いなければならない. これは大変に不便なことである. さらに，データ圧縮においては，確率分布が異なるだけでなく，確率分布あるいはそのパラメータが未知の場合の方が一般的である. こうしてデータ圧縮の研究においては，未知の情報源または未知のパラメータを含む情報源からのデータ系列を圧縮する問題が重要な課題となった. 情報理論では「ユニバーサルデータ圧縮」の問題として取り扱われている.

ここで先へ進む前に，統計学の背景のある読者にとって情報理論での概念の理解を助けるために，そのおよその対応関係をみてみよう.

情報理論		統計学
情報源	↔	母集団，確率変数，確率過程
情報源出力	↔	標本
冗長度	↔	Kullback-Leibler 距離
符号語長	↔	−(対数尤度)
符号化モデル，確率モデル	↔	確率分布，尤度関数

それぞれの概念は厳密に定義されて使われているが，概略はこのような対応関係の成り立つことが多い.

2.1 ユニバーサルデータ圧縮と確率分布の推定

いま圧縮しようとする長さ n のデータ系列 x^n がパラメータ表現された定常無記憶情報源からの出力であるとする．情報源を規定する確率分布のパラメータ θ を k 次元の実数値ベクトルで考える．すなわち $\theta \in \Theta^k$, $\Theta^k \subset \mathbb{R}^k$ とし，Θ^k は有界閉集合であるとする．θ によってパラメトリックに表現されるある確率分布の集合 $\mathcal{M}_k = \{p_\theta^n(x^n) \mid \theta \in \Theta^k\}$ はパラメトリックな確率分布のクラスである．真の情報源 p_θ^n は未知とし，x^n に対する符号語長が $l(x^n)$ で表わされる任意の語頭符号 C を考える．簡単のために C は Kraft の不等式を等号で満たすとしよう．また

$$q^n(x^n) = 2^{-l(x^n)}$$

とおけば，

$$\sum_{x^n \in \mathcal{A}^n} q^n(x^n) = \sum_{x^n \in \mathcal{A}^n} 2^{-l(x^n)} = 1$$

となって $q^n(x^n)$ は $\mathcal{A}^n$ 上の確率分布となる．ここで $\mathcal{A}$ は情報源のアルファベットで，$\mathcal{A}^n$ は長さ n の情報源系列(データ系列)の集合である．この符号による平均符号語長 $L(\theta)$ は

$$L(\theta) = -\sum_{x^n \in \mathcal{A}^n} p_\theta^n(x^n) \log q^n(x^n) = H(p_\theta^n) + D(p_\theta^n \,\|\, q^n)$$

である．いま任意の $\theta \in \Theta^k$ に対して $n \to \infty$ のときにデータ系列の 1 記号あたりの冗長度 $r_n(\theta)$ が

$$r_n(\theta) = \frac{1}{n}(L(\theta) - H(p_\theta^n)) = \frac{1}{n} D(p_\theta^n \,\|\, q^n) \to 0 \qquad (19)$$

となるとき，この符号は(弱)ユニバーサルであるという．このように漸近的に冗長度が 0 に近づくユニバーサル符号があれば，その $q^n(x^n)$ は KL 距離の意味で未知の確率分布 $p_\theta^n(x^n)$ の良い近似となっている．良いユニバー

サル符号を求めることは，確率分布の良い推定を可能にすることである*8.

2.2 2段階符号化

前章に述べたユニバーサルデータ圧縮はそのような研究のうちの 1 つの取り組みであった．前章の符号では，情報源が未知であるにも関わらず十分に長いデータ系列であれば，圧縮の理論限界であるエントロピー・レートの圧縮性能を示していた．その符号語の構成は

系列のタイプを記述する符号語(1)	+	そのタイプを持つ系列中のどれかを記述する符号語(2)

の形をしている．n をデータ系列長とし，H_{x^n} をデータ系列の経験エントロピーとし，符号語長をデータ系列 1 記号当たりでみると，

$$O\left(\frac{\log n}{n}\right)+\frac{1}{n}H_{x^n}$$

と表わされる．$n\to\infty$ とともに第 1 項は 0 に近づき，第 2 項は情報源のエントロピー・レートに近づく量である．このように符号語長でみると，系列のタイプを記述するために必要とする情報量はデータ本体を記述するのに必要な情報量と比べれば微々たるものであることがわかる．明らかにこの符号はユニバーサル性を持つ．

さて，データ系列長が十分に大きいときには，大数の法則により系列のタイプは情報源記号の生起する確率を十分に良く近似しているので，未知の情報源の確率パラメータを推定し，その値を符号化していると解釈することもできる．そうであれば，いっそのこと圧縮しようとするデータ系列から情報源の確率パラメータを推定して，その推定量に基づいた情報源モデルで符号化してみてはどうであろうか．

---

*8 さらには，符号語長関数 $l(x^n)$ から x の確率分布 $\hat{p}(x;x^n)$ を作ることができて，

$$E_\theta[D(p_\theta(x)\parallel\hat{p}(x;x^n))]\le r_n(\theta)$$

とすることができる(L. Gyorfi, I. Pali and E. C. van der Meulen, 1994)．ここで E_θ は $p_\theta^n(x^n)$ に関する期待値である．

いま真の確率分布 $p_\theta(x^n)$ がクラス $\mathcal{M}_k$ に所属するとしよう．パラメータ θ はわからないので，何らかの方法によりデータからその推定値

$$\hat{\theta} = \hat{\theta}(x^n) \tag{20}$$

を得たとする．データがこの分布 $p^n_{\hat{\theta}}(x^n)$ から生起したと想定して符号化すると，用いるべき理想符号語長は

$$l_{\hat{\theta}}(x^n) = -\log p^n_{\hat{\theta}}(x^n) \tag{21}$$

となる．データ圧縮においてはなるべく短い符号語長で符号化することが求められるので，式(20)で選ばれるべきパラメータ $\hat{\theta}$ は式(21)を最小にするものでなければならない．$-l_\theta(x^n)$ は対数尤度関数であるので，データ系列を最も良く圧縮する，すなわち $l_\theta(x^n)$ を最小にするパラメータの推定量 $\hat{\theta}(x^n)$ は最大尤度推定量すなわち最尤推定量を選ぶことになる．

ところが最尤推定量 $\hat{\theta}(x^n)$ は x^n の関数であるから，一般に x^n の変化によってその値自身も動く．そのときには $p^n_{\hat{\theta}(x^n)}(x^n)$ は正当な確率分布とはいえないことになる．なぜならば，いまあるデータ系列 x^n_0 に対する最尤推定パラメータを $\hat{\theta}_0 = \hat{\theta}(x^n_0)$ と置けば $\hat{\theta}_0$ は x^n_0 以外の系列に対しては必ずしも最適であるとはいえない．すなわち

$$p^n_{\hat{\theta}(x^n)}(x^n) \geq p^n_{\theta_0}(x^n)$$

となる．少なくとも 1 つの x^n に対して θ_0 が最適でないとすれば，そのような x^n に対しては上の関係で等号が成り立たない．したがって

$$\sum_{x^n \in \mathcal{A}^n} p^n_{\hat{\theta}(x^n)}(x^n) > \sum_{x^n \in \mathcal{A}^n} p^n_{\hat{\theta}_0}(x^n) = 1$$

となり，$p^n_{\hat{\theta}(x^n)}(x^n)$ は x^n に関して和をとると 1 を越えてしまい，確率分布とは認められない．これを情報理論の立場からみると，符号語長 $l_{\hat{\theta}}(x^n)$ は Kraft の不等式を満たさない，すなわち，

$$\sum_{x^n \in \mathcal{A}^n} 2^{-l_{\hat{\theta}}(x^n)} = \sum_{x^n \in \mathcal{A}^n} p^n_{\hat{\theta}(x^n)}(x^n) > 1$$

となる．したがってこの符号語長関数*9では一意復号可能な符号を構成することができず，データ圧縮符号としては使えない．その理由は，データ

*9　符号語長は情報源記号の関数であるから符号語長関数と呼ぶことがある．ここでは長さ n の記号列 x^n を単位として符号化しているので，符号語長は x^n の関数である．

系列ごとに異なる情報源モデルが採用されるにも関わらず，復号側ではどのような情報源確率モデルで符号化されているかがわからないために復号できないからである．

この不具合に対して Rissanen(1989)は情報源モデルの記述も符号語の一部に含めて符号化する方法に気づいた．いま符号器と復号器の間で，考えているモデルのクラス $\mathcal{M}_k$ について合意ができているとすれば，情報源モデルの記述はパラメータを記述することによって実現できる．こうしておけば復号器はまず，どの情報源モデルで符号化されているかがわかり，次にそのモデルによって符号化されたデータそのものを復号することができる．

ではモデルの符号化(記述)を行うにはどうしたらよいであろうか．一般にパラメータはここで考えているように実数値を取ることが多く，有限の符号語長で符号化することができない．そこで何らかの量子化操作を行い，パラメータ空間 Θ^k を離散化することが必要となる．適当な量子化関数を $[\cdot]$ で表わして，θ を量子化した値を $[\theta]$ と書くことにする．$[\cdot]$ はパラメータ空間から量子化代表点集合への写像

$$[\Theta^k] = \{\theta_1, \theta_2, \cdots, \theta_K\}$$

である．情報源モデルとして Θ^k の中の任意のパラメータを許すのではなく，空間を離散化して，有限個の候補の中のどれかを指定することによってモデルの指定を行う．離散化されたパラメータは適当な語頭符号を用いて符号化することができる．その符号語長を $l_M(x^n) = l_M([\hat{\theta}(x^n)])$ で表わすとしよう．

次にデータ系列 x^n の符号化は $\hat{p}^n = p^n_{[\hat{\theta}]}(x^n)$ を確率モデルとして行う．すなわち x^n の符号語長を $l_D(x^n) = -\log p^n_{[\hat{\theta}]}(x^n)$ とする符号で符号化する．このようにしてデータ系列 x^n の符号語長は

$$l(x^n) = l_M(x^n) + l_D(x^n) \tag{22}$$

のように 2 つの部分の和として表わされる．すなわち符号化は，まず系列 x^n を全部みて，何らかの推定(たとえば最尤推定など)により情報源確率

分布のパラメータを推定し，離散化して*10情報源モデル(すなわち符号語長関数)を決める．さらにもう1度データを読み直し，いま求めた符号語長関数を用いてデータの符号化を行う．このように符号化が(1)モデルの推定(2)データの符号化という2段階の処理となっているのでこのような符号化を**2段階符号化**(2 stage encoding)という．2段階符号化では系列を一意に復号することができるので，この符号はKraftの不等式を満足する符号である．2段階符号語長を理想符号語長とする確率関数 $q(x^n)$(符号化モデル)は $l(x^n) = -\log q(x^n)$ より，

$$q(x^n) = 2^{-l(x^n)} = 2^{-l_M(x^n)} p^n_{[\hat{\theta}]}(x^n) \tag{23}$$

と表わされる．ここで，あらゆる可能なデータ系列の集合 $\mathcal{A}^n$ を量子化関数 $[\cdot]$ を用いて次のように分割する．

$$\mathcal{A}^n = \{A_1, A_2, \cdots, A_K\}$$

$$A_i = \{x^n \mid [\hat{\theta}(x^n)] = \theta_i\}, \quad i = 1, 2, \cdots, K$$

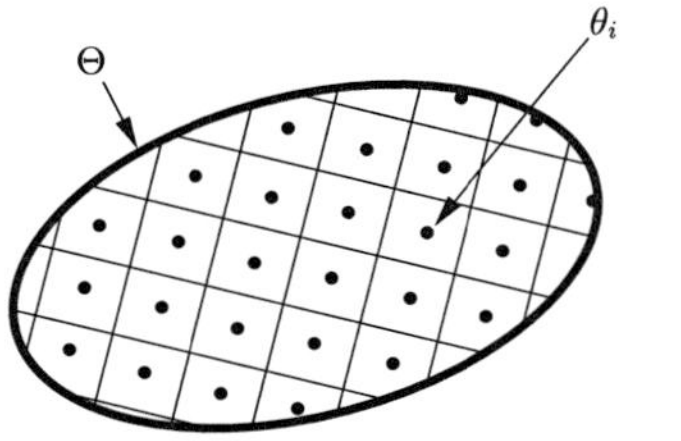

図 6　パラメータ空間の量子化

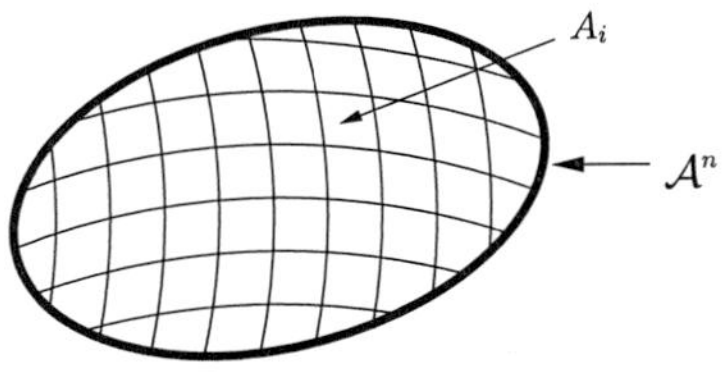

図 7　パラメータによって量子化されたデータ空間

すなわち A_i は，最尤推定パラメータ $\hat{\theta}(x^n)$ を量子化したときにその値が θ_i となるようなデータ系列 x^n の集合である．このとき，

*10 どのような離散化をするかはあらかじめ符号器と復号器の間で合意が取れているとする．そうでない場合には，離散化の方法も符号化しなければならない．

$$\begin{aligned}\sum_{x^n \in \mathcal{A}^n} q(x^n) &= \sum_{x^n \in \mathcal{A}^n} 2^{-l(x^n)} = \sum_{i=1}^{K} \sum_{x^n \in A_i} 2^{-l_M(x^n)} p^n_{[\hat{\theta}]}(x^n) \\ &= \sum_{i=1}^{K} 2^{-l_M(\theta_i)} \sum_{x^n \in A_i} p^n_{\theta_i}(x^n) \\ &\leq \sum_{i=1}^{K} 2^{-l_M(\theta_i)} \sum_{x^n \in \mathcal{A}^n} p^n_{\theta_i}(x^n) \qquad (24) \\ &= \sum_{i=1}^{K} 2^{-l_M(\theta_i)} \\ &\leq 1 \qquad (25)\end{aligned}$$

ここで最初の不等式(24)は $p^n_{\theta_i}(x^n)$ が非負であることを使い，次の不等式(25)は符号語長関数 $l_M(\theta_i)$ が Kraft の不等式を満たすことを使っている．このように 2 段階符号の符号化モデルは確率の総和が 1 を越えることはない．先にみたように，確率分布のパラメータに最尤推定パラメータを代入した $p^n_{\hat{\theta}(x^n)}(x^n)$ は正当な確率分布とはいえなかったが，2 段階符号の符号語長は Kraft の不等式を満たし，また対応する符号化(確率)モデル $q(x^n)$ も正当な確率分布として考えることができる．なお Kraft の不等式が等号で成り立たない場合には冗長な符号になる．またこれを確率分布でみると，起こり得ない事象に正の確率を割り当てていることに相当し，その確率モデルでは起こり得る事象の確率を低めに見積もっていることになる．

2.3 MDL 原理

離散無記憶情報源からのデータ系列を圧縮するユニバーサルデータ圧縮の問題に対する解を端緒として，より一般的な確率分布のクラスに対して 2 段階符号化が適用できることがわかった．Rissanen はこの 2 段階符号化の考え方を出発点としてデータ圧縮問題だけではなく，多くの工学の分野で適用が可能な原理として MDL 原理を導いた．

与えられた有限長のデータ系列に基づいて，その情報源モデルを推定する際に，モデルの複雑度をどの程度に取るべきかというモデル選択の問題は長くシステム工学者を困らせてきた悩ましい問題であった．この問題に対して赤池情報量規準(AIC)は広く実世界における多くの問題に答を与えることができる統計学の上での画期的な知見である．情報理論でも同様の問題がデータ圧縮の研究を通して論じられた．データ系列があるパラメトリックな確率分布の族に所属する未知の情報源からの出力である場合に，どこまで圧縮することが可能であろうか．

先にみたように，データ圧縮の問題は情報源確率分布の近似の問題と等価である．データ圧縮の性能は冗長度で測ることができる．冗長度は式(19)のように真の情報源確率分布と符号化の確率モデルとの KL 距離で表わされる．逆に良いユニバーサルデータ圧縮符号があればその符号語長関数から確率モデルを作ることができて，真の確率分布との間の KL 距離を冗長度以下にすることができる．Rissanen はまず 2 段階符号化を用いてどこまでデータ圧縮が可能であるかを求めた．2 段階符号では

符号語長 = モデルの記述長 + そのモデルによるデータの記述長

という形で表わされる．この表現を最も短くするためにはパラメータの次元数 k も含めて，どのようなモデルを選ぶのがよいか，をモデル選択の規準とした．データ系列の記述長を最も小さくするモデルを選ぶという意味で**最小記述長**(Minimum Description Length, MDL)**原理**といわれている．

最も効率良く圧縮するためにはデータの記述長が短くなるだけではなく，モデルの記述長も短くなければならない．しかしシンプルなモデルを採用してその記述長を短くし過ぎると，標本の頻度とモデルの分布との距離が広がって圧縮の能率が悪くなり，データの記述長が大きくなる．逆にデータに良く合わせすぎたモデルを採ると，モデルの記述長は大きいが，データの分布とモデルの分布とが近づいてデータの記述長が小さくなる．このように両者の記述長はお互いに相反する性質を持っている．この両方の要求を調停して，合計の記述長が最小になるモデルを選択するというのが MDL 原理のポイントである．

MDL 原理に従えば，圧縮しようとするデータ系列の長さが短い場合には真の情報源確率分布よりも簡単なモデルを選んだ方がよい場合が多い．しかし系列長が長い場合には多少モデルを複雑にしてもデータに合ったモデルで符号化した方がデータの圧縮効果の方が効いてきて全体として短い記述となることがある．

では具体的に 2 段階符号化の平均符号語長を計算してみる．

2.4 2段階符号化による最小記述長

圧縮したい系列 x^n はパラメトリックなモデルクラス $\mathcal{M}_k$ に所属する確率分布 $p(x^n)=p_\theta^n(x^n)$ を持つ情報源からの独立な出力系列であるとする．k 次元パラメータ θ の量子化操作 $[\theta]$ にあわせ，パラメータ空間やモデルのクラスも量子化する．

$$[\Theta^k] = \{\theta_i,\ i=1,2,\cdots,K\}, \qquad [\mathcal{M}_k] = \{p_\theta^n(x^n) \mid \theta \in [\Theta^k]\}$$

2 段階符号化の符号語長 $l(x^n)$ を用いて $q^n(x^n)=2^{-l(x^n)}$ と置けば，入力 1 記号当たりの平均の符号語長 $\dfrac{1}{n}L(\theta)$ は

$$\frac{1}{n}L(\theta) = -\frac{1}{n}\sum_{x^n\in\mathcal{A}^n} p(x^n)\log p_{[\hat{\theta}]}^n(x^n) + \frac{1}{n}\log|[\mathcal{M}_k]|,$$

冗長度は

$$r_n(\theta) = \frac{1}{n}(L(\theta) - H(p_\theta^n)) = \frac{1}{n}D(p_\theta^n \| p_{[\hat{\theta}]}^n) + \frac{1}{n}\log|[\mathcal{M}_k]|$$

となる．$n\to\infty$ のときに $r_n(\theta)\to 0$ となるためには，

$$\frac{1}{n}D(p_\theta^n \| p_{[\hat{\theta}]}^n) \to 0 \tag{26}$$

$$\frac{1}{n}\log|[\mathcal{M}_k]| \to 0 \tag{27}$$

となることが要請される．式(26)は n の増大に伴い最尤推定量が真のパラメータ値に近づくだけではなく，量子化誤差を十分に小さくして，真の分布をいくらでも正確に近似できるようになることが必要である．他方で式(27)は量子化の細胞数の増大が n の増大に比べて十分に遅いことを求めている．MDL 原理はこの 2 つの相容れない要求のトレードオフを実現し，最も小さな冗長度の解を得ている．次にこれらの要請を実現するための量子化をどのように行えばよいかをみる．

いま $\theta_i\in[\Theta^k]$ を量子化代表点とよび，おなじ θ_i に量子化される θ の集合 $\{\theta \mid [\theta]=\theta_i\}$ を量子化細胞(量子化 bin)とよぼう．簡単のためにすべての量子化細胞は同じ大きさの k 次元直方体とし，各辺の長さを $\Delta_i,\ i=1,2,\cdots,k$

とすると，1 つの細胞の体積 $|\Delta|$ は

$$|\Delta| = \Delta_1 \Delta_2 \cdots \Delta_k$$

となる．次にパラメータ空間 Θ^k の体積を V_k とすれば量子化細胞の個数は

$$|[\mathcal{M}_k]| = V_k / |\Delta|$$

と表わされるので，2 段階符号語長は

$$l(x^n) = -\log p^n_{[\hat{\theta}]}(x^n) + \log \frac{V_k}{|\Delta|} \qquad (28)$$

である．パラメータは量子化によって最適な $\hat{\theta}$ からはずれているが，その誤差は高々細胞の辺の長さ程度であるので，簡単のために

$$[\hat{\theta}] = \hat{\theta} + \delta$$

ここで $\delta = \{\delta_1, \delta_2, \cdots, \delta_k\}^T$ はパラメータの量子化誤差ベクトルで，その大きさは高々細胞の大きさである．いま確率分布 $p^n_\theta(x^n)$ が θ に関して 2 回連続微分可能であれば $-\log p^n_{[\hat{\theta}]}(x^n)$ を最尤推定量 $\hat{\theta}$ の回りに Taylor 展開して，

$$\begin{aligned} &-\log p^n_{[\hat{\theta}]}(x^n) \\ &\quad = -\log p^n_{\hat{\theta}}(x^n) - \{\nabla^T_\theta \log p^n_{\hat{\theta}}(x^n)\}\delta + \frac{n}{2}\log e \cdot \delta^T F_n(\hat{\theta})\delta + n\, o(\delta^2) \end{aligned} \qquad (29)$$

を得る．ここで θ に関する勾配ベクトル $\nabla_\theta \log p^n_\theta(x^n)$ は $\partial \log p^n_{\hat{\theta}}(x^n)/\partial\theta_i$ を第 i 成分とする縦ベクトルを表わし，∇^T_θ はその転置である．また

$$F_n(\theta) = -\frac{1}{n}\nabla^2_\theta \ln p^n_\theta(x^n) \qquad (30)$$

である．ただし，∇^2_θ は第 i, j 要素を $\partial^2/\partial\theta_i\partial\theta_j$ とする $k \times k$ 行列である．$\hat{\theta}$ が Θ^k の内点であるとすると，最尤推定量の定義から式(29)の右辺第 2 項は 0 となる．

$$-\log p^n_{[\hat{\theta}]}(x^n) = -\log p^n_{\hat{\theta}}(x^n) + \frac{n}{2}\log e \cdot \delta^T F_n(\hat{\theta})\delta + n\, o(\delta^2) \qquad (31)$$

ところで Fisher 情報行列 $I(\theta)$ は

$$I(\theta) = E_\theta[\{\nabla_\theta \ln p_\theta(x)\}\{\nabla_\theta \ln p_\theta(x)\}^T] = -E_\theta[\nabla^2_\theta \ln p_\theta(x)]$$

で定義され，$F_n(\hat{\theta})$ は十分に大きな n では

$$F_n(\hat{\theta}) = -\frac{1}{n}\sum_{i=1}^{n}\left(\nabla_{\hat{\theta}}^2 \ln p_{\hat{\theta}}(x_i)\right) \to -E_\theta[\nabla_\theta^2 \ln p_\theta(x)] = I(\theta)$$

すなわち

$$\lim_{n\to\infty} E_\theta\left[F_n(\hat{\theta})\right] = I(\theta)$$

で近似することができる．さらに δ の微小項を無視すると，符号語長は

$$l(x^n) = -\log p_{\hat{\theta}}^n(x^n) + \frac{n}{2}\log e \cdot \delta^T I(\hat{\theta})\delta + \log\frac{V_k}{|\Delta|} \tag{32}$$

と表わされる．右辺の第 1 項は最尤パラメータの確率分布で x^n を符号化した符号語長である．第 2 項はパラメータの量子化誤差により生じたモデルのミスマッチによる冗長項で，量子化細胞が大きいほど大きくなる．第 3 項はパラメータがどの量子化細胞に所属するかを記述する符号語長で，量子化細胞が小さいほど大きくなる項である．いま $\theta=\hat{\theta}$ の近傍で量子化細胞の直方体の辺を $I(\hat{\theta})$ の固有ベクトルの方向にとると $I(\hat{\theta})$ は対角化されて，その固有値を $\lambda_1, \lambda_2, \cdots, \lambda_k$ と置けば，式(32)の右辺第 2 項は

$$\frac{n}{2}\log e \cdot \delta^T I(\hat{\theta})\delta = \frac{n}{2}\log e \sum_{i=1}^{k}\lambda_i\delta_i^2 \tag{33}$$

となる．ベクトル $\hat{\theta}$ が量子化細胞の中で一様に分布すると仮定すれば δ_i は区間 $[-\Delta_i/2, \Delta_i/2]$ の中で一様分布となる．量子化雑音に関して期待値をとれば，$E_{\delta_i}[\delta_i^2] = (1/12)\Delta_i^2$ となり，符号語長は

$$l(x^n) = -\log p_{\hat{\theta}}^n(x^n) + \frac{n}{24}\log e \cdot \sum_{i=1}^{k}\lambda_i\Delta_i^2 + \log\frac{V_k}{|\Delta|} \tag{34}$$

と表わされる．ここで符号語長を最小にする Δ を求めると，

$$\frac{\partial l(x^n)}{\partial \Delta_i} = \frac{n}{12}\log e \cdot \lambda_i\Delta_i - \log e \cdot \frac{1}{\Delta_i} = 0$$

より，

$$\frac{1}{12}\Delta_i^2 = \frac{1}{n\lambda_i} \quad \text{すなわち} \quad \Delta_i = \sqrt{\frac{12}{n\lambda_i}}, \quad i = 1, 2, \cdots, k \tag{35}$$

のように最適な量子化細胞の形状が決まる．Cramèr-Rao の不等式から，δ_i 方向のパラメータ推定値の分散は最小値が $1/(n\lambda_i)$ であることが示されて

いる．また $(1/12)\Delta_i^2$ は量子化雑音の分散に等しい．このように 2 段階符号化ではパラメータの量子化において，量子化近似精度とパラメータの推定精度が等しくなるようにモデリングの複雑度が調整されていることになる．次に最適な Δ を式(32)に代入すると，

$$l(x^n) = -\log p_{\hat{\theta}}^n(x^n) + \frac{k}{2}\log e + \frac{k}{2}\log n + \frac{1}{2}\log|I(\hat{\theta})| + \log V_k(12)^{-k/2}$$

を得る．この右辺で第 2 項は最適な量子化誤差の設定をしたときの冗長度の増加分を表わす．第 3 項と第 4 項はパラメータの記述長である．第 3 項はパラメータ記述の相対精度が 1 次元あたりで $1/\sqrt{n}$ 程度にするのがよいことを示し，第 4 項はパラメータ推定の分散構造による寄与を表わす．$|I(\theta)|$ は Fisher 情報行列の行列式で，固有値の積に等しい．n が十分に大きい場合には第 4 項に比べて第 3 項が支配的で，パラメータの記述長はデータのサイズで決まってくることがわかる．第 5 項はパラメータ空間の大きさを表わし，次元 k が大きくなるとパラメータ空間の大きさもそれにほぼ比例して大きくなる．以上から十分に大きなデータ系列長 n のときの 2 段階符号語長は

$$l(x^n) = -\log p_{\hat{\theta}}^n(x^n) + \frac{k}{2}\log n + O(1) \qquad (36)$$

と表わすことができる．

なおこれまではパラメータの次数 k は固定としてきたが，それも未知として取り扱えば，式(36)において右辺を最小にする k を選ぶことになる．その場合には整数 k の記述長も符号語長に算入しなければならないが，高々 $O(\log k)$ 程度の符号語長の増大となり，右辺の式が変わるということではない．

2.5　符号化定理

式(36)に Rissanen の 2 段階符号化による符号語長を求めたが，この値はどのくらいよいのであろうか．真の情報源パラメータが θ である場合の平均の符号語長の振舞いを調べてみる．

定理 2（順定理） 確率分布 $p_\theta^n(x^n)$ が Θ^k 内で θ に関して 2 回連続微分可能であるとする．十分に大きい n に対して情報源 1 記号当たりの冗長度が

$$r_n(\theta) = \frac{1}{n}\{E_\theta[l(x^n)] - H_n(p_\theta^n(x^n))\} < \frac{k}{2}\frac{\log n}{n} + O\left(\frac{1}{n}\right) \quad (37)$$

を満たすユニバーサル符号が存在する． ▌

証明 Rissanen の 2 段階符号が定理の不等式を満たすことを示す．まず平均符号語長 $E_\theta[l(x^n)]$ を見積もるために $\delta\theta = \theta - \hat{\theta}$ と置いて $-\log p_\theta^n(x^n)$ を $\hat{\theta}$ の周りに展開すると，

$$\begin{aligned} &-\log p_\theta^n(x^n) \\ &\quad = -\log p_{\hat{\theta}}^n(x^n) - \{\nabla_\theta^T \log p_{\hat{\theta}}^n(x^n)\}\delta\theta + \frac{n}{2}\log e \cdot \delta\theta^T I(\hat{\theta})\,\delta\theta + O(n\delta\theta^3) \end{aligned} \quad (38)$$

右辺の第 2 項は 0 である．n が十分に大きいときには最尤推定量 $\hat{\theta}$ の真のパラメータからの誤差 $\delta\theta$ は中央極限定理により漸近的に正規分布

$$\sqrt{n}\delta\theta = \sqrt{n}(\theta - \hat{\theta}) \sim N(0, I^{-1}(\theta))$$

に従うことが知られている（竹内啓，1994）．このとき第 3 項の期待値 E_θ は

$$\begin{aligned} \frac{1}{2}\log e\, E_\theta[\mathrm{tr}\{n\delta\theta^T I(\theta)\,\delta\theta\}] &= \frac{1}{2}\log e\, E_\theta[\mathrm{tr}\{I(\theta)\,\delta\theta\,\delta\theta^T n\}] \\ = \frac{1}{2}\log e\,\mathrm{tr}\{I(\theta)I^{-1}(\theta)\} &= \frac{k}{2}\log e \end{aligned} \quad (39)$$

ただし tr は行列の対角和を表わす．式(38)の両辺の E_θ をとり，

$$H_n(\theta) = E_\theta[-\log p_{\hat{\theta}}^n(x^n)] + \frac{k}{2}\log e + o(1)$$

つぎに式(36)の期待値 E_θ をとると，

$$\begin{aligned} E_\theta[l(x^n)] - H_n(p_\theta^n) &= \frac{k}{2}\log n - \frac{k}{2}\log e + O(1) \\ &\le \frac{k}{2}\log n + O(1) \end{aligned}$$

これより Rissanen の 2 段階符号化による符号は式(37)の不等式を満たすことが示された．

なお以上ではパラメータの次元 k が既知の場合をみたが，k が未知の場合には最小記述長を与える次数を k' とおけば

$$\begin{aligned} l(x^n) &= -\log p^n_{\hat{\theta}'}(x^n) + \frac{k'}{2}\log n + O(1) \\ &\leq -\log p^n_{\hat{\theta}}(x^n) + \frac{k}{2}\log n + O(1) \end{aligned}$$

したがって同様に Rissanen の 2 段階符号化による符号は式(37)の不等式を満たす. ▮

なお異なる次数のモデルを選択する問題については，詳細な考察が韓太舜，小林欣吾(1999)にみられる.

定理 3（逆定理） 最尤推定量 $\hat{\theta}(x^n)$ が Θ^k の内点 θ に値を取り，中心極限定理を満たすものとする．すなわち n が大きいときに $\sqrt{n}(\hat{\theta}-\theta)$ が平均値 0，共分散行列 $V(\theta)$ の正規分布に漸近するものとする．$l(x^n)$ を任意の瞬時復号可能な符号語長関数とする．このときすべての $k, \varepsilon > 0$, $n > n_\varepsilon$ および任意の $\theta \in \Theta^k \setminus \Theta_\varepsilon$ に対して，どのように $l(x^n)$ を選んでもその 1 記号当たりの平均の冗長度は次の右辺よりも小さくすることができない.

$$r_n(\theta) = \frac{1}{n}\{E_\theta[l(x^n)] - H_n(p^n_\theta(x^n))\} \geq \frac{k-\varepsilon}{2n}\log n \qquad (40)$$

ただし，ここで部分集合 $\Theta_\varepsilon \subset \Theta^k$ の体積は $n \to \infty$ とともに 0 に近づく. ▮

この定理の証明は複雑で，本書の範囲を越えているので省略する（Rissanen, 1984，情報理論とその応用学会編，1998).

順定理では，真の情報源パラメータ θ がどのような値であったとしても，それを知らない符号器によって冗長度が

$$r_n(\theta) < \frac{k}{2}\frac{\log n}{n} + O\left(\frac{1}{n}\right)$$

の右辺で上界される性能を達成できることを示している．その証明には Rissanen の 2 段階符号がその性能を持つ符号の存在例として用いられた．符号語長関数 $l(x^n)$ は確率分布のモデル $q(x^n)$ と対応付けて考えることができる．冗長度は真の情報源確率分布 $p^n_\theta(x^n)$ と $q(x^n)$ との KL 距離であるから，真のパラメータを知らなくても Rissanen の 2 段階符号を用いれば真

の情報源確率分布に(KL 距離の意味で)近い確率モデルが得られることを表わしている.

逆定理から，どのような符号を用いても，ほとんどすべての θ において冗長度を

$$r_n(\theta) \geq \frac{k-\varepsilon}{2n}\log n$$

の右辺の式よりも小さくすることができないことがいえる．したがって Rissanen の 2 段階符号をしのぐ性能の符号が存在しないことがわかる．ただし逆定理では，ユニバーサル最適な符号の性能を例外的に上まわる符号の存在をわずかに認めている．しかしその特殊な符号は n が増大するとともにますます特殊となり，情報源集合 Θ^k の中のほんの限られたパラメータ集合の中でしかユニバーサル最適な符号の性能を越えることができない．しかもそのパラメータ集合の空間の体積は $n \to \infty$ とともに 0 に近づかざるを得ないものであることを述べている.

では一部であるとはいえ 2 段階符号よりも平均符号語長の短くなる符号とはどんなものであろうか．その典型的な例として符号器の確率モデルのパラメータ値 θ_0 がたまたま真の情報源パラメータ値に等しい値に設定された符号 $l_0(x^n)$ が考えられる．たとえば Huffman 符号は真の情報源パラメータ θ_0 を知っている符号である．したがって $\theta = \theta_0$ の特定の情報源からのデータだけを圧縮すればよい．あるいは確率分布の近似も特定の分布 $p^n_{\theta_0}(x^n)$ だけをうまく近似すればよかった．そのために近似誤差を表わす冗長度も $1/n$ にまで減らすことができた．しかしそのような符号では $\theta \neq \theta_0$ の情報源に対しては冗長度を一定以下にすることができないので，十分に大きな n では 2 段階符号の方が少ない冗長度になる.

ユニバーサル符号ではすべての θ について能率の良いデータの圧縮を行うことが要請される．特定のパラメータを持った情報源にだけ冗長度を小さくすると，その情報源にだけ高い確率を割り当てねばならなくなり，他のパラメータを持つ情報源へ割り当てることの可能な確率を小さくせざるを得ない．その結果，他の情報源に対する冗長度を小さくすることができない．あらゆる情報源に対して良い近似となるためには，情報源の確率分布

族の中のどの分布に対しても「ほどほど」の距離を保った情報源モデル(符号化関数)の符号でなければならない．この「ほどほどの距離」というのが $k \log n/(2n)$ に相当している．

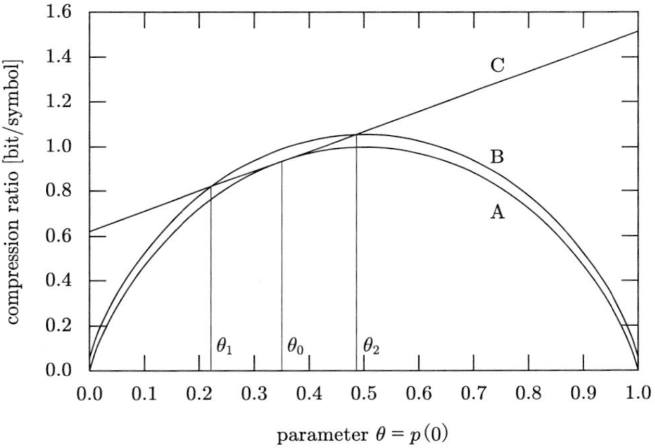

図 **8**　ベルヌーイ系列の符号化

簡単のために 2 元ベルヌーイ系列の場合についてみてみる．図 8 の横軸は情報源が '0' を生起する確率 θ を表わす．縦軸は 1 情報源記号あたりの符号語長である．下の曲線 A は θ が既知の理想符号器を用いた場合の平均符号語長を表わし，情報源のエントロピーである．上の曲線 B は 2 段階符号を用いたときの平均符号語長で，両者の隙間が $(1/2n)\log n$ に相当する．系列の長さ n が大きくなればこの差はどんどん小さくなる．これに対し直線 C で表わされる特性は，未知の θ をある特定の値 θ_0 に仮定し，その情報源に対して最適な符号を用いた場合を示している．真の情報源が運良く仮定した確率 θ_0 に一致すれば最適な曲線 A に等しい特性を示すが，思惑が外れて，他の θ の場合には，理想的な曲線 A からずれていくことがわかる．

図をみると，ほとんどの情報源に対して，2 段階符号の方が直線 C の符号よりも圧縮率が良い．ただし，$\theta_1 < \theta < \theta_2$ ではわずかに直線 C の方が平均符号語長が小さくなる．しかし，系列長 n が十分に大きくなると，曲線 B は曲線 A に限りなく近づいていき，直線 C が MDL 符号の特性をし

のいでいる区間 $[\theta_1, \theta_2]$ の幅はどんどん小さくなって，やがてその幅は 0 に近づいてしまう．すなわち直線 C で表わされる符号は '0' の生起確率 θ が θ_0 の情報源専用の符号となっていて，系列長が長くなると，それ以外の情報源に対する性能は MDL 符号の方がはるかに良いことになる．逆定理で述べている $\Theta_\varepsilon(n)$ はこの例の区間 $[\theta_1, \theta_2]$ のことを指している．

2.6 確率的複雑量

データ系列 x^n をみたときに，その複雑さはどのように測ったらよいだろうか．ここでは，その系列を表現するのに最低でもどのくらいの記述量が必要かで測ろうとしている．この「記述量」は「情報量」と言い換えることもできる．その背景にはデータ系列を生起させる情報源の確率構造という概念が入らざるを得ない．もし x^n 以外の系列がほとんど出てこないような情報源を想定しさえすれば，どんなに系列長が長くても，いくらでも短い記述で表わすことが可能である．すなわち，系列 x^n にほとんど 1 の確率があり，それ以外の系列の出る確率がいくらでも小さい状況を考えれば，x^n の理想符号語長は $-\log p(x^n) \to 0$ となるからである．

しかし，系列をみるつど，その系列しか出されないような情報源を考えることはできない．なぜならば確率は起こり得るすべての系列について足し合わせたときに 1 を越えることができないからである．符号化の考え方からいえば Kraft の不等式が満たされなくてはならないということに相当する．

したがってこの問題に対処するためには，2 つの考え方がある．1 つは，本当にそのような系列しか出てこない状況である．その場合には実際に観測されるデータ系列のバリエーションが貧弱で，出てくる系列自体の種類がほとんど限られてくる．みかけ上系列が複雑にみえても，可能な系列のうちのどれかを同定するには始めの(あるいは系列中の特定の部位の)数文字をみれば十分である．記述量が小さくなるのは世界が狭いから当然である．この例をみると，系列の複雑度というものは系列だけをみて決まるものではなく，その系列を「可能な系列のうちの 1 つ」としてみたときの「可能性の大きさ」に依ることがわかる．この見方からいえば，同じ系列であっても複雑量は大きくも小さくもなる．

もう1つの考え方では，系列をみるたびに，その系列しか生起しない情報源を想定してもよい．しかしそのような情報源は系列ごとに異なるものであるから，系列を記述(特定)するためにはまずどのような情報源なのかを記述しなければならない．いったん情報源が決まってしまえば確率 $\to 1$ でその系列が生起するので，系列の記述長は $-\log p(x^n) \to 0$ である．しかしこのことは情報源とそこから生起するデータ系列とを同一視することになり，データの記述を情報源の記述に転嫁しただけである．

ここでいうデータの複雑量とは，可能性の中から1つを特定するのがどのくらい困難かを指し示す量であると考えている．可能性を支配するのは系列を生み出す情報源の確率構造に依存するので，この複雑量は確率的複雑量といわれる．したがって確率的複雑量が定義できるためには，少なくとも情報源の確率分布のクラスを決めた上でないと先に進めない．すなわち真の情報源確率分布はわからないのだけれど，どの確率分布の集合に属しているかはわかっているとして話を進めている．

これまでみてきたように，データの符号化とは，考え得るあらゆる可能性の中から少しずつ可能性を排除し，やがてただ1つそのデータに行きつくまでの手順を記述したものに他ならない．そのような記述の方法は数多く存在し得るが，その中で最も短い表現があるとすれば，それはどのくらいの長さになるか．もうこれ以上圧縮できないという限界があるのならば，それが本質的にそのデータの持っている複雑量であるととらえている．情報理論におけるユニバーサルデータ圧縮問題はまさにここに述べた土俵の上で記述長が最小になる符号化の方法を求める問題である．Rissanen は2段階符号化を出発点として最小記述長原理を提案し，その符号によって系列の複雑量がどのように表わされるかを符号化定理(順定理／逆定理)で示した．逆定理からみると，付加項である $\frac{k}{2}\log n$ よりも少ない冗長度で符号化しようとすると，その符号の確率モデルはたまたま与えられたデータに接近しすぎることになる．符号語長が短すぎるということは，与えられたデータに高すぎる確率を割り当てていることになるので，データに依存しすぎる確率モデルが選択される．したがって情報理論の立場からみるとAIC によるモデル選択は過剰パラメータ数になりやすい．

3 MDL 原理の応用

前章ではデータ圧縮の仕組みとして考えられた MDL 原理が適切な情報源モデルの複雑度を選ぶための原理でもあることが示された．この章では具体的にいくつかの例で MDL 原理の適用をみる．

3.1 ベルヌーイ過程

記号 '0', '1' が独立に $p(1)=\theta$, $p(0)=1-\theta$ の確率で生起する無記憶情報源 S がある．θ は未知である．S からの長さ n の出力データ系列 x^n はベルヌーイ系列と呼ばれている．たとえば表の出る確率が θ の(偏った)コインを投げて，表が出たら '1'，裏が出たら '0' として独立な試行を繰り返し並べた結果であると考えてみる．x^n を観測して，これを Rissanen の 2 段階符号(MDL 符号)で符号化する符号器を求めてみる．系列 x^n 中の記号 '1' の生起回数を m で表わす．パラメータ θ の量子化サイズを Δ と書く．系列 x^n の生起する確率 $p_\theta^n(x^n)$ は

$$p_\theta^n(x^n)=\theta^m(1-\theta)^{n-m},$$

その理想符号語長は

$$l_D(\theta)=-\log p_\theta^n(x^n)=\log e\cdot[-m\ln\theta-(n-m)\ln(1-\theta)] \quad (41)$$

と表わされる．パラメータ θ は 1 次元である．最尤推定量 $\hat{\theta}$ は

$$\frac{\partial}{\partial\theta}(-\log p_\theta^n(x^n))=\log e\cdot\left[-\frac{m}{\theta}+\frac{n-m}{1-\theta}\right]=0$$

を解いて，$\hat{\theta}=m/n$ となり，その値は x^n の中の記号 '1' の相対頻度である．

$$F_n(\hat{\theta})=-\frac{1}{n}\frac{\partial^2}{\partial\theta^2}\ln p_\theta^n(x^n)\bigg|_{\theta=\hat{\theta}}=\frac{1}{\hat{\theta}(1-\hat{\theta})}=\lambda$$

したがって式(35)から，

$$\Delta = \sqrt{\frac{12}{n\lambda}} = \sqrt{\frac{12\hat{\theta}(1-\hat{\theta})}{n}}$$

の大きさで $\hat{\theta}$ を量子化する．いま $0 < \hat{\theta} < 1$ とする[*11]．このとき k を

$$2^{-k} \leq \Delta$$

を満たす最小の整数すなわち

$$k = \lceil -\log \Delta \rceil = \left\lceil \frac{1}{2} \log \frac{n}{12\hat{\theta}(1-\hat{\theta})} \right\rceil$$

と置けば，$[\hat{\theta}]$ は $\hat{\theta}$ の小数部を k 桁までの精度で丸めた数値である．実際には区間の中央値で代表するために k 桁で切り捨て $k+1$ 桁目に '1' をつけて，

$$[\hat{\theta}] = (\lfloor \hat{\theta} \times 2^k \rfloor + 0.5) \times 2^{-k} \tag{42}$$

とし，その記述は小数部を表わす k ビットの 2 進数で表わす．ただし桁数 k も復号器にとっては未知であるので，整数のユニバーサル表現，たとえば Elias の γ 符号を用いれば，モデルの符号語長 $l_M(\hat{\theta})$ は

$$l_M(\hat{\theta}) = k + 2\lfloor \log k \rfloor + 1 = \frac{1}{2} \log n + O(\log \log n)$$

となる．データの記述は $\hat{p}(1) = [\hat{\theta}]$,　$\hat{p}(0) = 1 - [\hat{\theta}]$ として x^n を算術符号化すれば，符号語長 $l_D(x^n)$ はおよそ

$$l_D(x^n) = -m \log[\hat{\theta}] - (n-m) \log(1 - [\hat{\theta}])$$

で表わされる．なおこれまでは x^n が $p(1) = \theta$ のベルヌーイ系列であるとしてきたが，パラメータの個数が 0 すなわち $p(1) = p(0) = 0.5$ のランダム系列であるとすれば，データの記述長は n ビットとなる．もし上で求めた $l_D(x^n) + l_M(\hat{\theta})$ が n よりも大きくなるようなことがあれば '0' と '1' が等確率で現れるランダムな系列であるとして記述した方が短い記述長となる．したがってこれを表現するには，モデルの記述において，最初の 1 ビットを使って短い記述を与えるモデルの次数が 0 か 1 かを表わし，次数が 0 の場合にはランダムな系列とみなした記述を，次数が 1 の場合には $p(1) = \theta$ のベルヌーイ系列を仮定した記述を，その後に続ければよい．

---

*11　ユニバーサルデータ圧縮では $m = 0$，および $m = n$ はいわゆる「ゼロ頻度問題」として取り扱われ，この問題を解決するための方法が研究されている．

MDL 原理を用いると，モデルの次数のみならず，パラメータの個数が 1 つであっても，その可能なモデルの中からどの値のパラメータを持ったモデルとするのがよいかについて決められる．パラメータの次元が 1 であっても，データのサイズに応じてどのくらいの個数の選択肢の中からデータの確率モデルを選ぶかの複雑度までがモデル選択の一部として決定される．

多くのモデル選択規準ではパラメータの次数を選ぶことによってモデルの複雑度を制御している．それに対し MDL 原理ではさらにきめ細かにモデルの複雑度を制御することが可能になっていることがわかる．

ではここで上に述べた方法でベルヌーイ系列を 2 段階符号化するシミュレーションを行ってみる．情報源の真のパラメータ値は $\theta=0.2$ とする．実験ではデータ系列の長さ n は 10 から 10^6 までの間に取った．$\log n$ の値が $\log 10$ から $\log 10^6$ の間をまんべんなくランダムに取り，合計で 1000 通りの長さのベルヌーイ系列を生成した．テスト系列 x^n に対して真の情報源を知っている符号器の符号語長 $l_\theta(x^n)$ は

$$l_\theta(x^n) = -m\log\theta - (n-m)\log(1-\theta)$$

である．2 段階符号の符号語長を $l_{\mathrm{MDL}}(x^n)$ とおく．図 9 に実験結果の一部を示す．横軸はデータ系列の長さを対数目盛で表示している．縦軸の単位は [bit] である．図に ∘ で表わしてある点は冗長度

$$r_n = l_{\mathrm{MDL}}(x^n) - l_\theta(x^n)$$

を示す．すなわち真の情報源を知っている符号器と比べたときに，2 段階符号器ではどの程度符号語長が長くなるかを求め，その値を縦軸にとっている．この情報源のエントロピーは 0.721928[bit] で，グラフの右端のところでは系列長が $n=10^6$ である．理想的に圧縮すれば符号語長は $nH(\theta)=721,928$[bit] である．このおよそ 72 万ビットに対して 2 段階符号は約 18 ビット程度しか劣らないことがわかる．データの 1 記号当たりに換算すれば 2.4×10^{-5}[bit/入力記号] ということになる．

同じグラフには k の値も記した．‘1’ の生起する確率を表わすパラメータ $[\hat{\theta}]$ を，その小数部の最初の k 桁で記述している．したがって 0 から 1 までの実数を 2^k 分割してそのうちのどれであるかを記述していることに相当する．シミュレーションの結果をみると $n=10^6$ ではおよそ $k=10$ で，

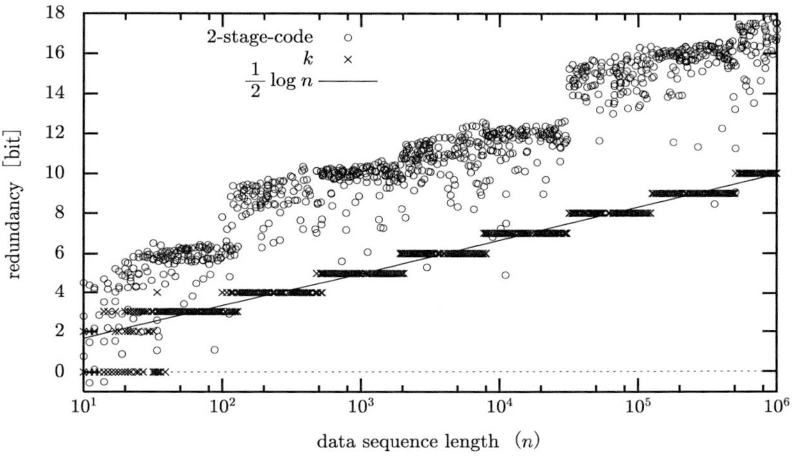

図 **9** ベルヌーイ系列の 2 段階符号語長

$2^{10} \simeq 1000$ である．すなわち，ここでは 0 から 1 までのパラメータ空間を約 1000 個に区切り，そのうちのどれであるかを指定している．これがデータの持つモデルの分解能に相当する．この例では標本として与えられたデータによって，可能な確率分布の中の 1 つをモデルとして選ぶのに，いくつにわけたうちの 1 つとして区別ができるかを問うと，それが約 1000 個のモデルの中からの 1 つであることをいっている．データによるモデルの識別能力が 1000 あるいは k ビットであるということができる．グラフには k の値に重ねて $\dfrac{1}{2}\log n$ の直線が記してある．これをみると，およそ

$$k \simeq \frac{1}{2}\log n$$

である．2 段階符号の $n=10^6$ のときの冗長度が 18 ビット程度で，このうちの 10 ビットが k の部分であるが，残りの 8 ビットは何であろうか．その大部分は正整数 k 自身を符号化するためのもので，その分が $2\lfloor \log 10 \rfloor + 1 = 7$ ビットである．この他にパラメータの丸め誤差による冗長度などがあるので，合計では 8 ビットくらいとなる．

次にグラフの左の方に $k=0$ の値が採用されている場合がある．これは 2 段階符号化の結果，パラメータの次元が 0 すなわちパラメータを持たない

分布 $p(1)=p(0)=0.5$ であるとして符号化した方が，何らかの偏った確率 θ で記号が生起しているとして符号化するよりも符号語長が短くなる場合である．2段階符号での符号語長が $l_D+l_M>n$ となる場合に相当する．系列長 n が数十程度の試行では正しいコインを投げているのか $(0.8, 0.2)$ の偏ったコインを投げているのか，有意な差がないということである．そのために，わざわざ生起確率を推定してその値までを記述に含めるよりも，元の系列そのものを記述とする方がかえって短い表現になっている．

3.2 一般の離散無記憶情報源からの系列

ベルヌーイ系列の場合には情報源アルファベットが $\mathcal{A}=\{0,1\}$ の2元であったが，ここではさらに一般的に $\mathcal{A}=\{0,1,\cdots,m\}$ の $m+1$ 元アルファベットからなる無記憶情報源 S_{m+1} を考える．記号 $i, i=0,1,\cdots,m$ の生起する確率 p_i は未知である．この情報源から独立に生起した長さ n のデータ系列 x^n を2段階符号化する．ここで $\sum_{i=0}^{m} p_i=1$ の制約を考慮して，

$$p_i=\begin{cases}\theta_i & i=1,2,\cdots,m\\ 1-\sum_{i=1}^{m}\theta_i & i=0\end{cases}$$

とおけば，$\theta=\{\theta_1,\theta_2,\cdots,\theta_m\}$ をパラメータとする確率分布による系列 x^n の確率は x^n 中に記号 i の生起している回数を n_i，ただし $\sum_{i=0}^{m} n_i=n$ とし，

$$p_\theta^n(x^n)=\prod_{i=0}^{m} p_i^{n_i}$$

よって理想符号語長 $l_D(\theta)$ とそのパラメータによる微分は

$$l_D(\theta)=-\log p_\theta^n(x^n)=\sum_{i=1}^{m}-n_i\log\theta_i-n_0\log p_0$$

$$\frac{\partial}{\partial\theta_i}l_D(\theta)=\left(-\frac{n_i}{\theta_i}+\frac{n_0}{p_0}\right)\log e$$

$$\frac{\partial^2}{\partial\theta_i\partial\theta_j}l_D(\theta)=\begin{cases}\dfrac{n_0}{p_0^2}\log e & j\neq i\\ \left(\dfrac{n_i}{\theta_i^2}+\dfrac{n_0}{p_0^2}\right)\log e & j=i\end{cases}\tag{43}$$

と表わされる．最尤推定量 $\hat{\theta}=(\hat{\theta}_1,\hat{\theta}_2,\cdots,\hat{\theta}_m)^T$ は $\dfrac{\partial}{\partial\theta_i}l_D(\theta)=0, i=1,\cdots,m$ を解いて，$\hat{\theta}_i=\hat{p}_i=(n_i/n)$ である．ベルヌーイ系列の場合には Fisher 情報量行列は 1 次元であったために行列の対角化の問題は生じなかったが，ここでは $\nabla_\theta^2 l_D(\theta)$ が m 次元行列になるために対角化が問題となる．行列の対角化は計算量の点で負担が大きいので，近似を用いる．式(32)の右辺第 2 項は

$$\frac{n}{2}\log e\cdot\mathrm{tr}\{\delta^T I(\hat{\theta})\delta\}=\frac{n}{2}\log e\cdot\mathrm{tr}\{I(\hat{\theta})\delta\delta^T\}$$

ここで量子化雑音 δ に関する平均を取ると，期待値 $E_\delta[\delta\delta^T]$ は δ の共分散行列 R となる．量子化代表点 $[\hat{\theta}]$ が最尤推定点 $\hat{\theta}$ に対してどのような量子化歪みになるかよくわからないので，δ が量子化細胞の中で一様に分布すると仮定すれば，δ_i が区間 $[-\Delta_i/2,\Delta_i/2]$ で一様分布となる．このとき R の i,j 成分は

$$R_{ij}=\begin{cases}\dfrac{1}{12}\Delta_i^2 & i=j\text{ のとき}\\[2ex] 0 & \text{その他の場合}\end{cases}$$

となり，式(34)の右辺第 2 項の λ_i は式(43)の対角成分 $\dfrac{1}{n}\dfrac{\partial^2}{\partial\theta_i^2}l_D(\theta)_{\theta=\hat{\theta}}$ で置き換えることができる．よって最適量子化細胞の辺の長さは式(35)から

$$\Delta_i=\sqrt{\frac{12}{n}}\left(\frac{1}{\hat{p}_i}+\frac{1}{\hat{p}_0}\right)^{-1/2}$$

を得る．パラメータ θ_i は第 i 番目の記号の生起確率 p_i であるので，Δ_i を 2^{-k_i} にとれば，確率を小数 k_i 桁で丸めたものが量子化区画の区切りになる．k_i は，

$$k_i=\lceil-\log\Delta_i\rceil=\left\lceil\frac{1}{2}\log\left\{\frac{n}{12}\left(\frac{1}{\hat{p}_i}+\frac{1}{\hat{p}_0}\right)\right\}\right\rceil \qquad (44)$$

と表わされる．量子化区画の大きさも符号化する必要があり，たとえば Elias の γ 符号を用いて k_i を表わすと，その記述長は $2\lfloor\log k_i\rfloor+1$ となる．以上のことから 2 段階符号化は次の手順になる．

1. データ系列 x^n を読み込み，各記号の生起回数 $(n_0,n_1,\cdots,n_m)$ を求める．

2. $\hat{\theta}_i = \hat{p}_i = n_i/n$ を式 (42) のように小数第 k_i 桁で表わし，k_i を Elias の γ 符号で表わす．$(i=1,2,\cdots,m)$
3. x^n を再度読み直し，記号 i を $l_i = -\log[\hat{\theta}_i]$ の符号語長で算術符号化する．ただし便宜的に $[\hat{\theta}_0] = 1 - \sum_{i=1}^{m}[\hat{\theta}_i]$ と置く．

次にシミュレーションの結果をみる．情報源は $\mathcal{A} = \{0,1,2,3,4\}$ の 5 元アルファベットとし，それぞれの生起確率を $p = \{0.05,\ 0.4,\ 0.3,\ 0.15,\ 0.10\}$ とする．$m=4$ である．この情報源から長さ n の系列を生成し，2 段階符号化で選ばれたモデルの記述長を図 10 にグラフで示す．n の値には 10 から 10^6 までの間を対数スケールでランダムに 200 通りを選んで実験した．図中で $k = \sum_{i=1}^{m} k_i$ は推定したパラメータ(生起確率)の記述長である．この他に量子化方法を表わすために $k_i,\ i=1,2,3,4$ の値自身も符号化しなければならない．したがって図には

$$\text{モデル記述長} \quad l_M = k + \sum_{i=1}^{m}(2\lfloor\log k_i\rfloor + 1) \qquad (45)$$

が併せて表示されている．

図をみると，パラメータの記述長 k は $\frac{m}{2}\log n$ の割合で増加している．パラメータの量子化方法を記述する部分は $O(\log\log n)$ のオーダーなの

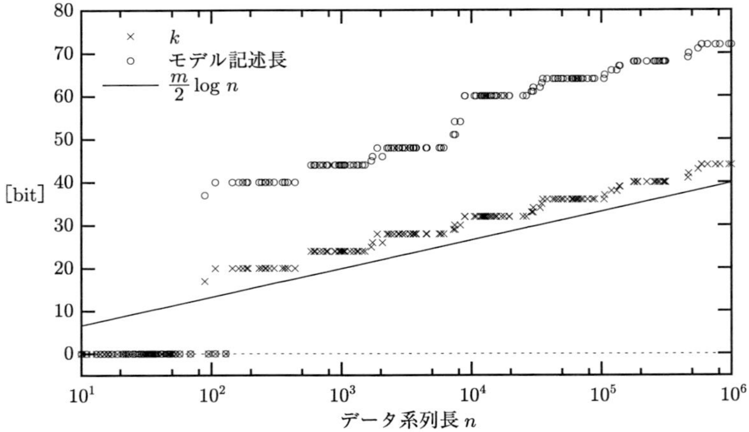

図 10　離散無記憶情報源の 2 段階符号化によるモデル複雑量

で，n とともにゆっくりと増加していることがわかる．$n=10^6$ のときには $l_M=72$[bit] である．自由に取れる 4 つの確率の組が $2^{72} \simeq 4.7\times 10^{21}$ 通りの可能性の中の 1 つのモデルとして選択されたことになる．

これまでに紹介した 2 つの例では，情報源のモデルのパラメータ個数 m は既知であった．したがってここでのモデル選択はモデル次数の選択ではなく，m 個のパラメータの組がどのような可能性の中から選ばれるかという選択になっている．たとえば長さ 10000 のベルヌーイ・データ系列が与えられ，そのほとんどの記号が '1' であったとすれば，そのデータはおそらく '0' と '1' とが半分ずつの割合で出力されるような情報源からの出力とは考えにくい．

言い換えると，長さ n のデータ系列には，その発生源を識別する能力がある．どの程度の精度でそのデータを出力した情報源を識別する分解能があるかということはデータ系列の長さと情報源の確率分布のクラスの持つ性質に依存する．独立なデータ系列からパラメータを推定したときに，その推定精度はおよそ $n^{-1/2}$ に比例する．あるいは $O(n^{1/2})$ 通りの値のうちのどれであるかを推定できる．パラメータの個数が m 個である場合には $n^{m/2}$ 通りの組合せの中のどれかの 1 つであることが決められる．それを特定するための情報量は $\log n^{m/2}=\dfrac{m}{2}\log n$ となる．Fisher 情報量行列はパラメータの推定能力を表わしているので，モデル選択において本質的な役割を果たしている．

ここの例では，式(45)の第 2 項がパラメータ空間の分割方法の選択複雑量を表わし，この情報によって図 6 のような分割が 1 つ決まる．次に第 1 項の k は第 2 項で選ばれたパラメータ空間の分割の中で何番目のパラメータの組合せであるかを述べる情報量である．合わせてみると l_M は 2^{l_M} 通りのモデル選択肢の中からの 1 つを選ぶための情報量となる．

次にパラメータの次数も含めてモデルの選択を行う例をみる．

3.3 大きなアルファベットを持つ情報源のモデル選択

前の例では情報源アルファベットの大きさが 5 で，パラメータの個数は 4

であった．しかし，たとえばアルファベットの大きさが $2^{16} \simeq 65000$ ともなるとパラメータの個数が非常に多くなり，よほど長いデータ系列が与えられないと信頼度の高いパラメータ推定ができない．工学的な応用の中にはこのような場合も少なくない．音楽用の CD では音声信号を 16[bit] で AD 変換(アナログ-デジタル変換)してから記録している．可能な信号の電圧範囲を 2^{16} 個に分割して，離散化している．データ系列の長さが数万程度であれば，離散化されたそれぞれの記号が生起する回数は 0 回または多くてもたかだか数回であろう．最尤推定量 $\hat{\theta}_i = n_i/n$ の相対誤差 $\delta r = (\hat{\theta} - \theta)/\theta$ は平均と分散が

$$E[\delta r] = 0, \qquad \mathrm{Var}[\delta r] = \frac{1-\theta_i}{n_i}$$

となるので，記号 i の生起回数 n_i が少ないと極端にパラメータの推定精度が悪くなる．

情報源アルファベットがあまり大きくなくても，データ系列の長さが十分でない場合には同様の過剰パラメータ数の問題が生じる．いま 30 名程度の学生数の教室で筆記試験を行い，100 点満点で 1 点を単位として採点したとする．採点結果をヒストグラム(頻度分布図)に表わすときに，1 点刻みでグラフを作っても得点傾向をみることができない．たとえば図 11 の生起確率の母集団から長さ 30 の系列を取り出したところ，図 12 の生起回数があった．この分布をそのまま情報源の確率分布の近似であるとみるのは適当でない．

それではどのようなヒストグラムを作ればよいだろうか？ 通常用いられる方法はヒストグラムの柱の幅を 1 点ではなくて，たとえば 20 点にとると，全体が 100 個の柱に分類されるのではなく，5 個の柱に分けられることになる．20 点刻みのヒストグラムであると分布の近似精度が悪くなり，もともとの滑らかな分布を粗い方形の階段で近似することになる．しかし他方で 1 つの柱に入るデータ数が増加するためにその相対頻度の推定精度が良くなる．これはモデルのパラメータ数を 99 から 4 に減らすことによって，モデルの複雑量を抑えたことになる．それでは次にヒストグラムの柱の幅をどのくらいに設定するのがよいかを考えてみよう．ここでの問題は

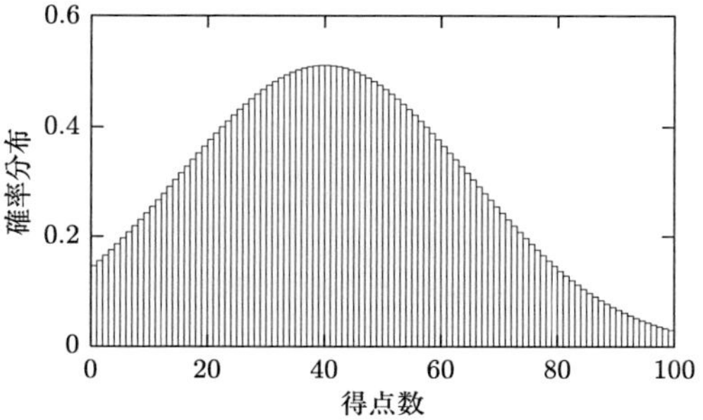

図 **11**　情報源確率分布

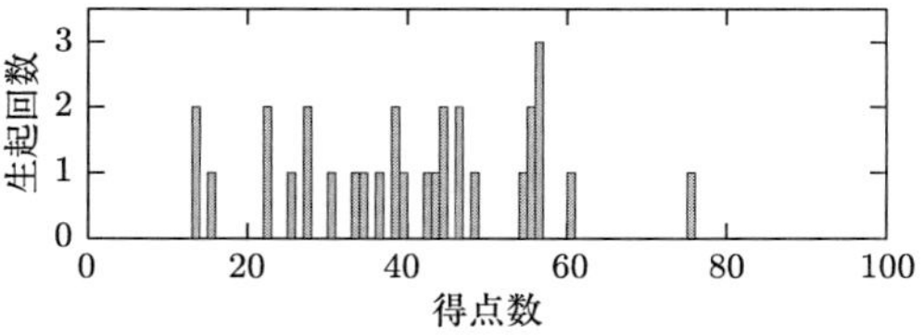

図 **12**　生起回数の分布(系列長＝30)

まさに従来から研究が重ねられてきたモデル選択の問題である．では再び情報理論からのアプローチに戻り，この問題を例に考えてみよう．

問題の設定　いま滑らかな確率密度関数 $f(v)$ をもつ確率変数 V が与えられたとする．V は音声信号や画像信号などのように実数値をとる信号を考えてみればよい．連続量のままではアルファベットの大きさが無限大となり，歪みのないデータ圧縮をすることはできないので，これを AD 変換して離散化する．簡単のために信号 V は区間 $[0,1)$ の値をとるものとする．その標本値を 2 進小数で表わし，小数点以下の K 桁部分を 2 進数 X として取り出せば，X は元の信号を K ビットの AD 変換したものに相当する．こうして作られた情報源のアルファベットを $\mathcal{A}=\{0,1\}^K=\{a_0,a_1,\cdots,a_{2^K-1}\}$ で表わす．情報源記号 a_i は整数 i を K 桁の 2 進数であらわしたものに等しい．情報源記号数は $|\mathcal{A}|=2^K$ である．音楽 CD の場合には $K=16$ で，$|\mathcal{A}|=65536$ である．K の値が小さいと AD 変換に伴う量子化歪みが生じるが，歪みを許容できる範囲にするためには K の値をいくらでも大きくとることができるものとする．

2 段階符号化 上のようにして離散化された情報源のアルファベットの大きさを M とすれば，$M-1$ 個の未知の確率をパラメータとして扱い，その値を決めると情報源確率分布が確定する．3.2 節において $m=M-1$ とすればこの問題を解くことができる．しかし m が大きいときには，データの個数がよほど多くないとそれだけ多くのパラメータを精度良く推定することができない．そこでパラメータの数を減らして，もっと複雑度を低くしたモデルを考えてみる．

まずパラメータ数 m を適当な整数に値を定める．情報源記号を大きさの順に並べて，記号全体を $m+1$ 個に等分割をする．分割されたそれぞれを部分アルファベット $\mathcal{A}_i$, $i=0,\cdots,m$ とする．たとえば $\mathcal{A}=\{a_0,a_1,\cdots,a_{11}\}$ を 3 分割($m=2$ に相当する)すれば，

$$\mathcal{A}_0=\{a_0,a_1,a_2,a_3\},\quad \mathcal{A}_1=\{a_4,a_5,a_6,a_7\},\quad \mathcal{A}_2=\{a_8,a_9,a_{10},a_{11}\}$$

となる[*12]．部分アルファベット全体の集合を表わすのにも同じ記号 $\mathcal{A}$ を乱用すれば，

$$\mathcal{A}=\{\mathcal{A}_0,\mathcal{A}_1,\cdots,\mathcal{A}_m\} \tag{46}$$

のように，$\mathcal{A}_i$ を新しく情報源記号と考えて，もとの情報源よりも記号数(パラメータ数)の少ない離散無記憶情報源のモデルができる．このモデルでは記号 $\mathcal{A}_i$ は未知の生起確率 $p_i=\mathrm{Prob}(\mathcal{A}_i)$ を持つ．また部分アルファベット内の記号の生起確率はお互いに等しいものと考えてみる．離散化する前の確率密度関数 $f(v)$ が滑らかな関数であれば，離散化されたときに近くの記号はお互いに近い生起確率を持つ．そこでこのモデルでは部分アルファベット内の記号の生起確率を等確率分布で近似している．したがって情報源から記号 x が生起したときに，まず x がどの部分アルファベットに所属するかを符号化し，次にその部分アルファベットの中の何番目の記号が生起したかを符号化する．x が部分アルファベット $\mathcal{A}_i$ に所属するならば，その事象を $-\log p_i$[bit] で符号化し，次に $\mathcal{A}_i$ 内の順序は $\log|\mathcal{A}_i|$ [bit] で符号化することになる．

この確率モデルは，$m+1$ 個の柱からなるヒストグラムに対応している．

---

*12 M がちょうど $m+1$ で割り切れなければ，部分アルファベットの大きさに多少の不揃いができるが，それでも構わない．

パラメータ数 m が元の情報源記号数 M に比べて十分に小さければ，それぞれの柱の生起確率はその相対頻度(最尤推定量)によって精度良く推定できる．しかし他方で，滑らかな分布を持つ確率分布を階段状のヒストグラムで近似をするのであるから，ヒストグラムの柱の数が少なければ少ないほど近似の精度が悪くなる．したがってパラメータ数 m は大きすぎても小さすぎてもよくない．ちょうどよい複雑度のモデルを選択するにはどうすればよいかを決める規準として MDL 原理を用いてみる．すなわち 2 段階符号化による符号語長を最小にするという意味で最適なパラメータ数 m を求めてみる．ここで m 個の未知パラメータを持つ情報源からのデータの 2 段階符号化は 3.2 節の方法をそのまま適用する．図 13 にシミュレーションの結果を示す．もとのアナログ情報源の確率密度関数は平均値が 0.77，標準偏差が 0.22 のガウス分布を区間 $[0,1)$ で切り取った分布を用いた．その出力を 16 ビットの AD 変換を行い離散情報源の出力とした．$M=2^{16}$ である．データ系列長 n を $n=10^1$, 10^2, 10^3, 10^4, 10^5, 10^6 の 6 通りに取り，2 段階符号語長を最小にするパラメータ数とそのヒストグラムを描いたのが図 13 である．データ数が少ないときには簡単なモデルが選ばれ，データ数が増大すると共にモデルの複雑度も上がってゆくことがわかる．なおこの情報源のエントロピーは 15.42 [bit] である．$n=10^6$ のときの入力 1 記号

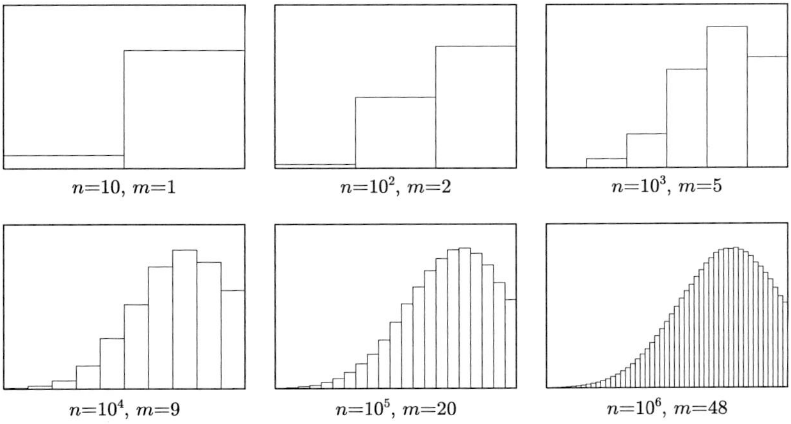

図 13 MDL 原理によって選択されたモデル

当たりの冗長度は 0.00081 [bit] となり，情報源を知らない符号器であるにもかかわらずエントロピーに非常に近い圧縮率を達成している．

次に同じデータに対して AIC によるモデル選択の結果を図 14 に示す．この例でみると AIC ではわずかに過剰パラメータ数気味のモデルが選択される傾向にあることがわかる．

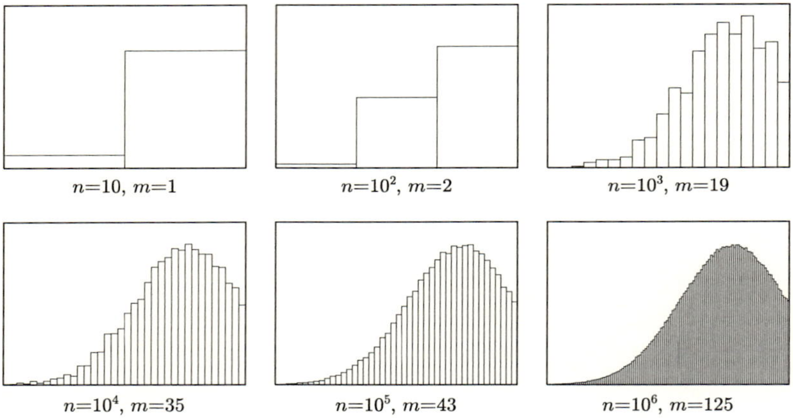

図 **14** AIC によって選択されたモデル

適応的に区間を選ぶ 上の例ではもとのアルファベットをほぼ等間隔に $m+1$ 分割した．もしデータの量が多い場合には，さらに複雑なモデルの選択が可能となる．$[0,1)$ に値を取る標本が何らかの滑らかな確率密度に基づくものであれば，その小数表現を長く観測していると何らかの分布がみえてくる．たとえば 0.2 から 0.5 までの数よりも 0.75 から 0.82 の間の数の方が頻繁に現れるというように，生起の偏りがわかる．その場合に有意な偏りがどの範囲であるかは小数表現の上位桁部分に現れる．それに対し下位の桁の部分はほとんどランダムなパターンとなっている．このような場合には分布を表わすヒストグラムも等間隔な柱ではなく，生起パターンに合わせて分割を行った方がデータ圧縮の能率が上がる可能性がある．

簡単のために 2 進小数表現を考えて，上位桁が特定のパターンである記号をすべて同じ部分アルファベットにするならば，ヒストグラムの選択問題は上位桁パターンをどのように選ぶのがよいかの問題になる．上位桁のパターンを完全な語頭符号の符号語で表現すると，MDL 原理によるモデル選択は 2 段階符号語長を最も短くする語頭符号を求める問題である．符号語長を 2 分木のコストと対応付けて定式化をすると，この問題は最小コストの木を求める枝刈り問題に帰着させることができて，アルゴリズムの研究分野では動的計画法に基づく能率の良い算法がわかっている．この符号化アルゴリズムを用いるとデータに合わせて動的に分割区間が設定されたヒストグラムを導くことができる(伊藤秀一，1987)．図 13 のシミュレーションで用いられたものと同じデータ系列で実験を行った結果を図 15 に示す．

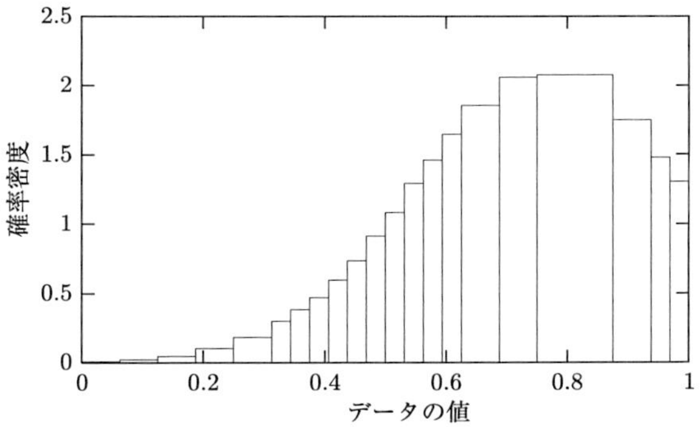

図 15 可変幅のヒストグラムによるモデル

3.4 MDL 原理の工学への応用

データに基づくモデリングの問題は，経験的に与えられたデータからそのデータを出力している発生源に関する知識を得ようとする工学上の多くの興味ある問題に共通する課題である．たとえば

1. パターン認識システムや診断システムの自動生成
2. 石油探査や X 線 CT などのいわゆる逆問題
3. 回帰分析
4. 画像や図形の処理(伊藤秀一，土屋英亮，1999)

などの中に多くの応用問題を見ることができる．MDL 原理はデータ圧縮を利用してモデリングを行えることを示しているので，ふさわしい確率分布のクラスを設定して能率の良いデータ圧縮アルゴリズムを構成することさえできれば多くの問題解決に応用することができる．

パターン認識は，データ x^n をみてそのデータ発生源がどの確率モデルに所属するかを決める問題であると解釈することができる．仮説 H に基づく確率分布を $p^n_H(x^n)$, 対立仮説 $\bar{H}$ に基づく確率分布を $p^n_{\bar{H}}(x^n)$ とすれば，それぞれの確率分布をモデルとする符号器を用いて観測データ x^n を圧縮したときの符号語長は $-\log p^n_H(x^n)$, $-\log p^n_{\bar{H}}(x^n)$ である．ところがその符号語長の差

$$-\log p^n_{\bar{H}}(x^n) + \log p^n_H(x^n) = \log \frac{p^n_H(x^n)}{p^n_{\bar{H}}(x^n)}$$

は対数尤度比である．したがって符号語長の差を閾値と比較することは，仮説検定における尤度比検定を行うことに相当する．ここで問題は 2 つの確率モデルをどのように設定するかである．いま H に所属することがわかっている大量のデータ(正例)と $\bar{H}$ に所属することのわかっている大量のデータ(反例)が与えられているとする．このとき，対象となる確率分布のクラスに対して有効なユニバーサルデータ圧縮符号器が 1 つあれば，それを用いてトレーニングデータを符号化することができる．H からのデータで鍛えられた結果のユニバーサル符号器 A は H の確率分布をモデルとした符号器に漸近する．$\bar{H}$ からのデータで鍛えられた結果のユニバーサル符号器 B は $\bar{H}$ の確率分布のモデル符号器となる．2 つの符号器 A と B を用いて所属クラスが未知のデータ x^n を圧縮してみて，その符号語長の差をみることによって近似的に尤度比検定を行うことができる(志記潤二，伊藤秀一，橋本猛，1993)．

データの発生源を直接みることができないために，間接的に観測された不完全なデータから何らかのシステムを推定する必要がある場合には，いわゆる不良設定問題として知られている困難に遭遇する．このような問題に対しても，適切な複雑量で表わされるモデルの選択がなされることで有効な問題解決が可能となる．

回帰分析における線形回帰については統計学では古くから研究が進んでいる．これを情報理論の立場からみると次のように考えることができる．図 16 の(a)の点列はランダムに区画全体に散らばっていて，その符号化をしようとすれば，1 つ 1 つの座標 (x, y) を符号化する以外には効果的な方法はない．しかし(b)の点列はおよそ 1 列に並んでいて，情報構造を持っているといえる．したがって，まず点列の中心となる線を符号化し，次にその線の周りに点がどのように散らばっているかを符号化した方がより短い符号語長で符号化できる可能性がある．そのようなモデルのうちで最も短く符号化できる直線が(b)の点列の線形回帰となる．さらに(b)の点列はおそらく 1 つの線分だけでモデル化すれば十分であるが，もっと複雑な図(c)の場合には何本の折れ線でモデル化したらよいかは一見明らかではない．しかし 2 段階符号語長を最も短くする折れ線モデルの次数を求めてみると(d)のようにするのがよいと符号器が答えてきた．さらに一部を拡大してみると(e)のように点集合の間を巧みに経路を見つけて折れ線モデルを与えていることがわかる．このように符号化という操作的な手続きによってモデリングを行うと，単なる線形回帰だけではなく，どれほどの複雑度

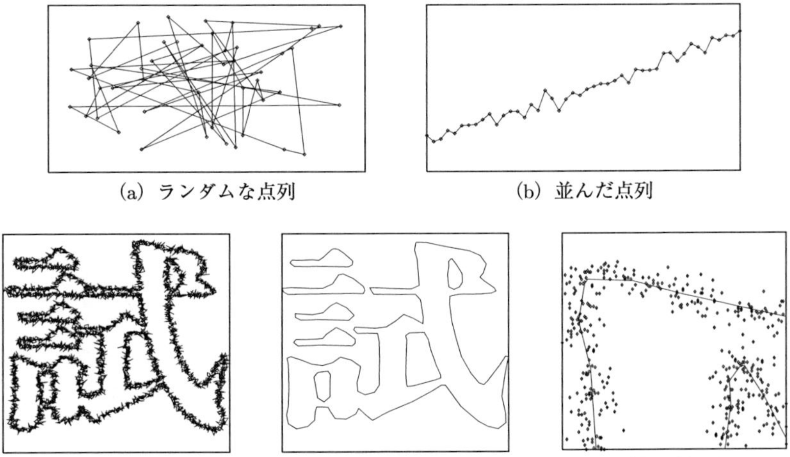

(a) ランダムな点列　(b) 並んだ点列

(c) 複雑な点列　(d) 折れ線モデル　(e) 詳細図

図 16　点列の符号化

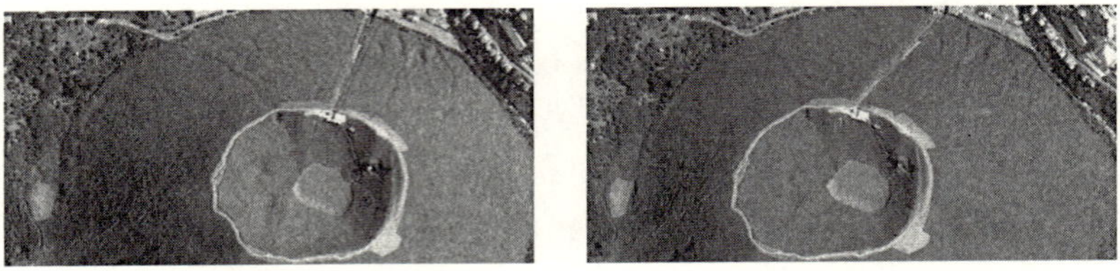

左画像　　右画像

図 **17** ステレオ航空写真
（画像データは国土地理院より提供を受けた.）

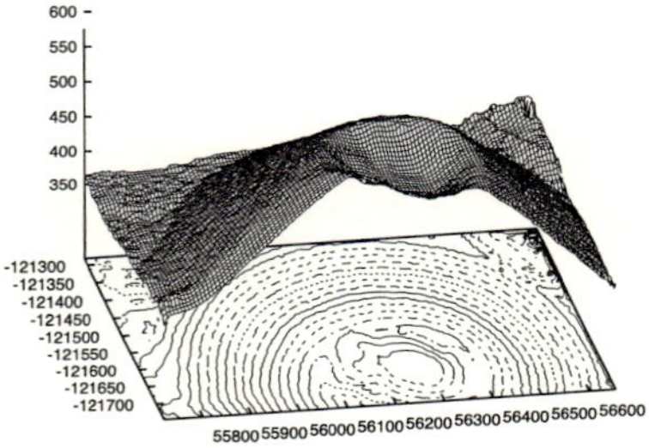

図 **18** 抽出した 3 次元情報

の線分でモデル化するのがよいのかという質問にも答えを見出すことが可能となる(長野知明，伊藤秀一，橋本猛，1991).

図 17 は同一地点を異なる 2 つの視点から撮影した航空写真である．いわゆるステレオ写真といわれているもので，標高差を求め地図を作るのに利用されている．2 つの写真の間には視差が存在し，光線の当たり具合が異なったり視認のむつかしいランダムな雑音の重畳もあるが，お互いの間には強い相関が存在する．したがってこの画像をデータ圧縮する場合には，単独で圧縮するよりも相互の依存関係を利用して圧縮する方がはるかに効果的に行える．そこでこのような依存関係を持つ情報源のクラスであることを埋め込んだユニバーサルデータ圧縮器を作ってみた．その符号器で図のステレオ画像を圧縮したところ，符号器の内部にステレオ画像の情報構造がモデル化されて，能率の良い圧縮をすることができた．さらに副産物としてその情報構造を抽出すると，図 18 のような 3 次元情報が得られた．この情報にテクスチャとして元画像を張り付ければ，任意の視点からの画

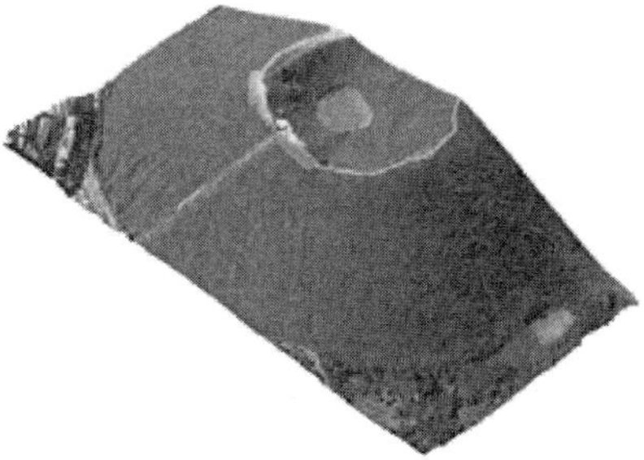

図 **19** 135° 回転像

像を再構成することができる．図 19 は 135° 回転した方向から見た画像の構成例である．ユニバーサルデータ圧縮の仕組みを使うことによって，このようにたった 2 枚の写真から様々な情報の得られることがわかった（Qun Gong，宮島まどか，志記潤二，伊藤秀一，1997）．

3.5 まとめ

情報理論におけるユニバーサルデータ圧縮の理論とその応用研究はこの 30 年ほどの間に目覚しい発展を遂げてきた．その過程で Shannon 理論だけでなく統計学での重要な知見の影響も受けて MDL 原理が導き出された．本書では情報理論の初歩からスタートし，MDL 原理の概説を述べた．情報理論の立場からみるとモデル選択の問題が情報圧縮の問題と表裏一体をなしていることがわかり，一部の具体例の中でその有用性を示した．

ユニバーサル符号化の理論はさらに精密化され，複雑量の大きさは $\log n$ のオーダーから定数のオーダーにまで詳しく評価されてきている．その中で MDL 原理は 2 段階符号化から正規化最尤分布に発展し，混合モデルによるベイズ流のアプローチとともに確率的複雑さのより厳密な表現を与えるようになってきている（Rissanen, 1996）．こうした理論の成果を受けて，今後は様々な工学の分野での応用が期待される．

参考文献

Cover, T. M., Thomas, J. A.(1991): Elements of Information Theory, John Wiley.

Csiszár, I., Körner, J.(1981): Information Theory: Coding Theorems for Discrete Memoryless Systems, Academic Press, New York.

Gyorfi, L., Pali, I. and van der Meulen, E.C.(1994): "There is no universal code for infinite source alphabet", *IEEE Trans. on Infor. Theory*, vol.IT-40, **no.1**, pp. 267-271.

Rissanen, J.(1984): "Universal coding, information, prediction and estimation", *IEEE Trans. on Infor. Theory*, vol.IT-30, **no.4**, pp. 629-636.

Rissanen, J.(1989): "A universal data compression system", *IEEE Trans. on Infor. Theory*, vol.IT-35, **no.5**, pp. 1014-1019.

Rissanen, J.(1996): "Fisher information and stochastic complexity", *IEEE Trans. on Infor. Theory*, vol.IT-42, **no.1**, pp.40-47.

伊藤秀一(1987): "ユニバーサル量子化の情報源モデルと符号化", 情報理論とその応用シンポジウム, pp. 611-616.

伊藤秀一, 土屋英亮(1999): "MDL 規準の画像処理への応用", 計測と制御, 第 38 巻, 第 7 号, pp. 450-455.

韓太舜, 小林欣吾(1999): 情報と符号化の数理, 培風館.

志記潤二, 伊藤秀一, 橋本猛(1993): "ユニバーサルデータ圧縮を利用した署名照合", 情報理論とその応用シンポジウム, pp. 629-632.

情報理論とその応用学会編(1998): 情報源符号化——無歪みデータ圧縮, 情報理論とその応用シリーズ 1-1, 第 6 章, 培風館.

竹内啓(1994): 統計的方法, 岩波講座 応用数学, 岩波書店.

長野知明, 伊藤秀一, 橋本猛(1991): "情報源モデリングを用いた線図形の折れ線近似", 情報理論とその応用シンポジウム, pp. 697-700.

Qun Gong, 宮島まどか, 志記潤二, 伊藤秀一(1997): "ステレオ航空写真からの 3 次元情報の抽出とデータ圧縮", 情報理論とその応用シンポジウム, pp. 625-628.

III

スタインのパラドクスと
縮小推定の世界

久保川達也

目　次

◇◇◇

大学院修士課程に入学し本格的に統計的推測理論を勉強し始めた当時，奇妙な現象であるが数学的には正しい 1 つの理論に出会った．それは，スタンフォード大学の Charles Stein 教授が 1955 年に発見した統計的推定理論におけるパラドクスである．

例えば，プロ野球選手の打撃能力に関する推定を例にとって説明してみよう．ある選手が最初の 20 打数で 7 本のヒットを打ったとき，打率は $7/20=0.35$(3 割 5 分)と計算される．これを標本打率と呼ぶことにすると，利用できるデータがこれだけの場合には，この選手が本来もっている打撃能力としての打率は標本打率 3 割 5 分で推定されるであろう．いま 3 人以上の選手について 20 打数における標本打率が与えられているとしよう．このとき，各選手の打撃能力としての打率は，常識的には，それぞれの選手の 20 打数での標本打率で推定されるのが自然である．しかし，実はこの基本的な推定の仕方よりも理論上優れた推定方法が存在することが Stein によって発見されたのである．これをスタインのパラドクスといい，そのより優れた推定方法は縮小推定法と呼ばれる．縮小推定法が基本的な推定法よりも理論上優れているとは，縮小推定法の推定精度が基本的な推定法よりも常に大きいことが解析的に示されることを意味している．

1 つの興味深い事実は，3 個以上のパラメータ(例えば 3 人以上の選手の打撃能力)を推定する際にスタインのパラドクスが存在することであり，2 個以下のパラメータ(例えば 2 人以下の選手の打撃能力)の推定においてはパラドクスは現れない．なぜ 3 次元以上でなければパラドクスが現れないのか．これは，母数空間の広がり方と関係しているようである．これと似た現象に，ユークリッド空間上のランダム・ウォークの再帰性という有名な話がある．2 次元以下のランダム・ウォークが再帰的(出発点に確率 1 で戻ること)である一方，3 次元以上のランダム・ウォークは再帰的ではない(出発点に戻る確率が 1 より小さい)．実はおもしろいことに，スタインのパラドクスはランダム・ウォークの再帰性と理論上つながっていることが示される．一般にポテンシャル理論での優調和条件が成り立つ空間においてはスタインのパラドクスが現れ，特にユークリッド空間においては 3 次元以上のときに限り優調和条件が成り立っている．

本書では，スタインのパラドクスと優れた縮小推定法の構成について，様々なモデルにおいてこれまで得られてきた理論的成果のうちで代表的な内容をわかりやすく説明することを試みる．また，縮小推定法は経験ベイズ法や階層ベイズ法として解釈することができ，こうしたベイズ的側面からの応用例を取り上げて，縮小推定法の有用性についても紹介する．

1 はじめに

スタインのパラドクスは，3 個以上の平均を推定する際，通常用いられる基本的な推定量よりも優れた推定量が存在するというもので，その優れた推定量は縮小推定量と呼ばれる．縮小推定量の世界を紹介するのが本書の目的であるが，その縮小推定量とは一体どのような形をしているのだろうか．そこで，まず Efron and Morris(1975)によって取り上げられた野球選手の打撃能力の推定を例にとって説明してみよう．

大リーグの 18 人の選手について，1970 年のシーズン中の最初の 45 打数の打率 $Y_1,\cdots,Y_{18}$ が表 1 に与えられている．パラメータ $p_1,\cdots,p_{18}$ をそれら 18 選手が備えている打撃能力としての打率とし，これらのパラメータを推定する問題を考えてみよう．ここでは，各 p_i はシーズン終了時の打率に近いものと想定し，それぞれの選手のシーズン終了時の打率が p_i の値として表 1 に与えられている．

i 番目の選手について，Y_i を標本打率と呼ぶことにすると，p_i を標本打率 Y_i で推定するのが基本的である．しかし p_i を 45 打数だけの成績で推定することには疑問が残る．例えば，この時点で打率成績トップの選手は $Y_1 = 0.400$ という高打率を示しているが，この高打率がシーズン終了時まで維持されるとは考えにくく，少しは割り引いて推定した方がよいように

表 1　プロ野球選手のシーズン終了時の打率の推定
(p_i，Y_i のデータは Efron and Morris, 1975，より引用)

番号	p_i	Y_i	$\hat{p}_i^S$	$\hat{p}_i^{JS}$	$\hat{p}_i^{MS}$
1	.346	.400	.290	.284	.288
2	.298	.378	.286	.279	.284
3	.276	.356	.281	.274	.280
4	.222	.333	.277	.269	.275
5	.273	.311	.273	.264	.271
6	.270	.311	.273	.264	.271
7	.263	.289	.268	.259	.267
8	.210	.267	.264	.254	.262
9	.269	.244	.259	.249	.257
10	.230	.244	.259	.249	.257
11	.264	.222	.254	.243	.253
12	.256	.222	.254	.243	.253
13	.303	.222	.254	.243	.253
14	.264	.222	.254	.243	.253
15	.226	.222	.254	.243	.253
16	.285	.200	.249	.238	.247
17	.316	.178	.244	.232	.243
18	.200	.156	.239	.226	.237

思える．すなわち，最初の 45 打数の成績はたまたま調子がよかったのか，あるいは悪かったのかもしれないため，そうした標本誤差を考慮に入れた推定方法が望まれる．

そこで登場するのが，縮小推定法と呼ばれる手法である．そのためにデータを次のように変換して考える必要がある．各 i について $45 \times Y_i$ は 2 項分布 $\mathcal{B}in(45, p_i)$ に従うので，Y_i に 2 項分布の分散安定化変換

$$X_i = \sqrt{45}\ \arcsin(2Y_i - 1),\ \theta_i = \sqrt{45}\ \arcsin(2p_i - 1) \qquad (1)$$

を施すと，X_i の分布は平均 θ_i，分散 1 の正規分布 $\mathcal{N}(\theta_i, 1)$ で近似される．このとき X_i が θ_i の基本的な推定法であるのに対して，**縮小推定法**(shrinkage estimator)の 1 つは，

$$\hat{\theta}_i^S = \overline{X} + \left\{ 1 - \frac{m-3}{\sum_{i=1}^{m}(X_i - \overline{X})^2} \right\} (X_i - \overline{X}) \qquad (2)$$

なる形で与えられる．ここで $m=18$ であり，$\overline{X}$ は $X_1, \cdots, X_m$ の平均 $\overline{X} =$

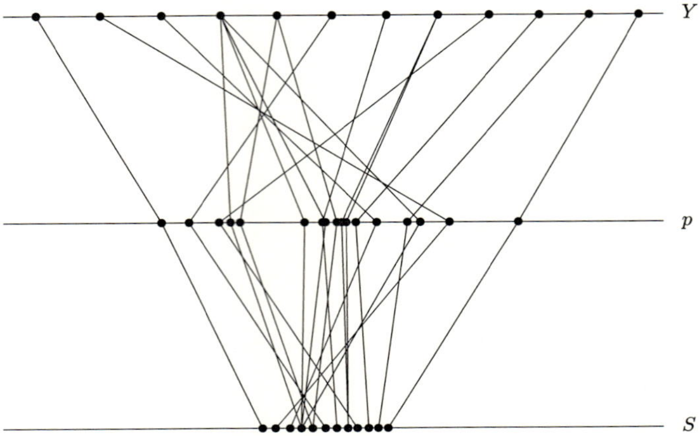

図 1 標本打率(Y)，シーズン終了時の打率(p)と縮小推定値(S)

$m^{-1}\sum_{i=1}^{m} X_i$ を表わしている．(2)で示される形からわかるように，$\hat{\theta}_i^S$ は各 X_i を全体の平均 $\overline{X}$ の方向へ縮小した形をしている．これを(1)の逆変換を行うことによって，p_i の縮小推定値 $\hat{p}_i^S$ が得られる．このデータについては，縮小関数 $(m-3)/\sum_{i=1}^{m}(X_i-\overline{X})^2$ の値は 0.7908 となり，80% 近く縮小されることになる．各選手の標本打率 Y_i，縮小推定値 $\hat{p}_i^S$ および真の打率(シーズン終了時の打率)p_i の値が表 1，図 1 に示されているが，$\hat{p}_i^S$ は全体の平均の方向へ縮小されている様子がみてとれる．18 人中 16 人については，標本平均より縮小推定値の方が p_i に近い値を与えている．

縮小推定法については，(2)以外にも様々な形のものが考えられる．例えば，1 年を通してレギュラーとして活躍する選手の平均的な年間打率が過去のデータから.250 とわかっているときは，これを変換した値 $\theta_0=-3.51241$ を用いて X_i を θ_0 の方向へ縮小する方法

$$\hat{\theta}_i^{JS}(\theta_0)=\theta_0+\left\{1-\frac{m-2}{\sum_{i=1}^{m}(X_i-\theta_0)^2}\right\}(X_i-\theta_0) \qquad (3)$$

が考えられる．これは，特に **James-Stein 推定法**(James-Stein estimator)と呼ばれる．この場合，縮小関数の値は 0.7632 であり，推定値 $\hat{\theta}_i^{JS}(\theta_0)$

に(1)の逆変換を施した値が表 1 において $\hat{p}_i^{JS}$ として与えられる．以上の議論において $\overline{X}$ と θ_0 の 2 つの方向へ縮小する方法が示されたが，これらの両方へ縮小する推定法

$$\hat{\theta}_i^{MS} = \rho(\boldsymbol{X})\hat{\theta}_i^{JS}(\theta_0) + (1-\rho(\boldsymbol{X}))\hat{\theta}_i^{S} \tag{4}$$

も考えられ，**多重縮小推定法**(multiple shrinkage estimator)と呼ばれる．ただし，$\boldsymbol{X} = (X_1, \cdots, X_m)^t$ であり，重み付け関数は

$$\rho(\boldsymbol{X}) = \frac{\left\{\sum_{j=1}^{m}(X_j - \overline{X})^2\right\}^{(m-3)/2}}{\left\{\sum_{j=1}^{m}(X_j - \overline{X})^2\right\}^{(m-3)/2} + \left\{\sum_{j=1}^{m}(X_j - \theta_0)^2\right\}^{(m-2)/2}}$$

で与えられる．この推定値を変換した値 $\hat{p}_i^{MS}$ が表 1 で与えられており，$\hat{p}_i^{S}$ と $\hat{p}_i^{JS}$ の中間の値を示していることがわかる．

いくつかの縮小推定法を紹介してきたが，その形をながめていると 1 つの疑問が思い浮かぶだろう．それは，ある選手の打率の推定値が他の選手の標本打率に影響されて求められている点である．しかし，むしろこの疑問によって縮小推定法の統計的な意味がより明確になってくる．実は，各選手の打撃能力 p_i もしくは θ_i を個々のパラメータとして扱うのではなく，選手に共通な分布に従う確率変数として扱い，こうした因子分析的・ベイズ的なモデルのもとで縮小推定量が自然な形で導かれる．具体的には，

$$X_i = \theta_i + \varepsilon_i, \quad \varepsilon_i \sim \mathcal{N}(0,1), \quad i = 1, \cdots, m$$

と書きかえ，因子分析モデルのように，各選手の打撃能力 θ_i が選手の平均的能力 μ を用いて

$$\theta_i = \mu + \alpha_i, \quad \alpha_i \sim \mathcal{N}(0, \tau)$$

なるモデルに従うと仮定する．すなわち，選手の潜在能力は共通な 1 つの分布に従っていると想定するのである．このとき，θ_i のベイズ推定量は，

$$\hat{\theta}_i^{BAY}(\tau, \mu) = \mu + \frac{\tau}{1+\tau}(X_i - \mu) = X_i - \frac{1}{1+\tau}(X_i - \mu)$$

となる．μ と τ は選手に共通なパラメータであるから，選手全体の標本打率に基づいて推定される．ここでは，周辺尤度から μ, $1/(1+\tau)$ の不偏推定量が $\overline{X}$, $(m-3)/\sum_{j=1}^{m}(X_j - \overline{X})^2$ で与えられるので，ベイズ推定量 $\hat{\theta}_i^{BAY}(\tau, \mu)$

に代入して，

$$\hat{\theta}_i^{EB} = X_i - \frac{m-3}{\sum_{j=1}^{m}(X_j - \overline{X})^2}(X_i - \overline{X})$$

なる形の推定量が得られる．これは，**経験ベイズ推定量**(empirical Bayes estimator)と呼ばれるが，(2)で与えられる縮小推定量に一致している．以上の議論から，個々のパラメータの背後に共通な分布が想定できるときに縮小推定法を用いるのが自然であることがわかる．

縮小推定法がベイズ的枠組みで解釈されることを説明してきたが，縮小推定法を用いた応用例のほとんどは経験ベイズや階層ベイズなどのベイズ的モデルの枠組みで扱われてきたようである．特に分散が不均一なモデルを取り上げてみると，経験ベイズによる縮小推定の考え方が安定した推定値を得る上で応用上有用であることがわかる．このことを，Efron and Morris(1975)による，トキソプラズマ症(血液病)の都市別発生率の推定の例を取り上げて説明しておこう．

エルサルバドルの36都市についてその発生率を調査し適当な変換を施すと，各都市の変換された発生率 X_i は $m=36$ に対して

$$X_i \sim \mathcal{N}(\theta_i, d_i), \quad i=1,\cdots,m$$

なる分布に従う．ただし，発生率の全国平均が0になるように，$X_1,\cdots,X_m$ の線形結合を0に調整している．d_i はサンプルサイズに応じて都市ごとに異なっており，表2，図2からわかるように，標準偏差 $\sqrt{d_i}$ の値が大きいとき X_i は中心から離れた値をとっている．いま $\theta_i \sim \mathcal{N}(\mu, \tau), i=1,\cdots,m$ なる事前分布を想定すると，θ_i のベイズ推定量は

$$\hat{\theta}_i^{BAY}(\tau,\mu) = X_i - \frac{d_i}{d_i+\tau}(X_i - \mu)$$

で与えられる．μ を重み付き平均 $\widehat{\mu} = \left(\sum_{j=1}^{m} d_j^{-1}X_j\right) / \left(\sum_{j=1}^{m} d_j^{-1}\right)$ で推定し，また周辺尤度に基づいて τ を推定すると，方程式

$$\sum_{i=1}^{m}(X_i - \widehat{\mu})^2/(d_i + \tau^*) = m-3$$

の解 τ^* を用いて $\hat{\tau} = \max\{\tau^*, 0\}$ となる．したがって θ_i の経験ベイズ推定量

表 2 トキソプラズマ症の発生率の推定
(データは Efron and Morris, 1975, より引用)

番号	$\sqrt{d_i}$	X_i	EB	番号	$\sqrt{d_i}$	X_i	EB
1	.304	.293	.050	19	.128	−.016	−.008
2	.039	.214	.198	20	.091	−.028	−.020
3	.047	.185	.166	21	.073	−.034	−.027
4	.115	.152	.090	22	.049	−.040	−.036
5	.081	.139	.103	23	.058	−.055	−.047
6	.061	.128	.107	24	.070	−.083	−.066
7	.061	.113	.095	25	.068	−.098	−.079
8	.087	.098	.070	26	.049	−.100	−.089
9	.049	.093	.083	27	.059	−.112	−.095
10	.041	.079	.073	28	.063	−.138	−.114
11	.071	.063	.050	29	.077	−.156	−.119
12	.048	.052	.046	30	.073	−.169	−.132
13	.056	.035	.030	31	.106	−.241	−.152
14	.040	.027	.025	32	.179	−.294	−.110
15	.049	.024	.021	33	.064	−.296	−.243
16	.039	.024	.022	34	.152	−.324	−.147
17	.043	.014	.013	35	.158	−.397	−.172
18	.085	.004	.003	36	.216	−.665	−.193

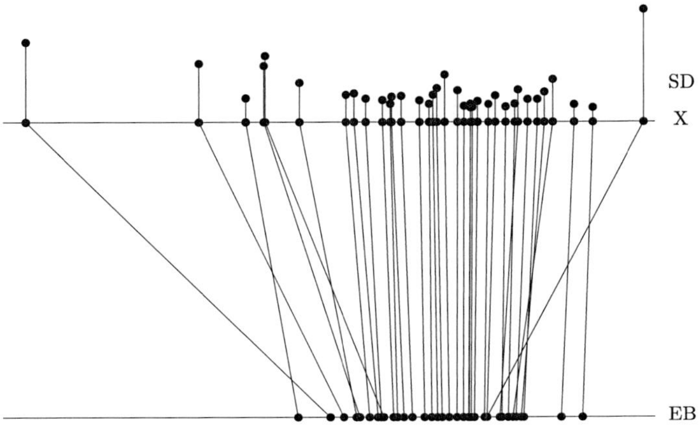

図 2 縮小操作を施した発生率
(SD, X, EB は $\sqrt{d_i}$, X_i, δ_i^{EB} を表わす)

$$\hat{\theta}_i^{EB} = X_i - \frac{d_i}{d_i + \hat{\tau}}(X_i - \widehat{\mu}) \tag{5}$$

が得られる．表2で与えられるデータに対して $\hat{\tau}$ を求めると $\hat{\tau}=0.019$ となる．この値を代入して計算した経験ベイズ推定値が表2で与えられている．

図2は，標準偏差(SD)$\sqrt{d_i}$ を高さにとり，X_i の値を上側の直線上に，経験ベイズ推定値(EB)を下側の直線上にとったものである．この図から，標準偏差が大きい程より大きく中心方向へ縮小され，標準偏差が小さいときにはあまり縮小されていないことがわかる．このことは，経験ベイズ推定量(5)の形をながめてみても明らかであり，分散 d_i が大きく基本的な推定量 X_i が不安定なときには，経験ベイズ推定量 $\hat{\theta}_i^{EB}$ は全データをプールした推定量 $\widehat{\mu}$ の方向へ縮小されて安定化が図られており，縮小率は X_i の分散もしくは不安定度 d_i に応じて調整されていることがわかる．

縮小推定という推定手法について説明してきたが，その推定方法の興味深い点は3個以上の平均を推定するときに基本的な推定量よりもつねに優れているという，いわゆるスタインのパラドクスが成り立つことである．その理論的な内容を以下の2章から4章で紹介する．まず2章では本書で用いる言葉を説明しスタインのパラドクスの内容を紹介する．3章では優れた推定量を求めて発展してきた理論の一部を紹介し，線形回帰モデルや指数型分布族への拡張を4章で述べる．5章では，線形回帰モデルにおける多重共線性の問題と縮小型予測量の導出，分散成分モデルを用いた小地域推定の問題を取り上げて，縮小推定法を用いることによってより精度の高い安定した推定がなされることを述べる．

2 スタインのパラドクスとは何か

この章ではスタインのパラドクスについての解析的な内容を紹介する．そのために，まず簡単な統計モデルを設定し，推定量の良さを評価する枠組みと許容性，ミニマックス性というキーワードを説明する．次に対称なランダム・ウォークの再帰性と推定量の許容性との関係について述べて，1 次元および 2 次元のときには基本的な推定量は決して他の推定量には劣らないことを示す．一方 3 次元以上のときには，基本的な推定量は縮小推定量によって改良されてしまうという，いわゆるスタインのパラドクスについて，簡単な証明を与える．最後に，縮小推定量の幾何学的解釈と経験ベイズ法による解釈を与える．

2.1 モデルと問題設定

次のような簡単なモデルを考えよう．m 個の確率変数 $X_1, \cdots, X_m$ が互いに独立に分布し，各 X_i が $\mathcal{N}(\theta_i, 1)$ に従うと仮定する．これは前の章の始めに登場した例で扱われたモデルであり，また平均が異なる m 個の正規母集団から同じサイズの標本が得られたときの標本平均の分布も適当に変換するとそのような簡単なモデルで表わすことができる．ここで，m 次元ベクトルを用いて

$$\boldsymbol{X} = (X_1, \cdots, X_m)^t,\ \boldsymbol{\theta} = (\theta_1, \cdots, \theta_m)^t$$

と表わしておくと，上のモデルは，$\boldsymbol{X}$ が平均ベクトル $\boldsymbol{\theta}$，共分散行列 $\boldsymbol{I}_m$ の多変量正規分布 $\mathcal{N}_m(\boldsymbol{\theta}, \boldsymbol{I}_m)$ に従う，すなわち

$$\boldsymbol{X} \sim \mathcal{N}_m(\boldsymbol{\theta}, \boldsymbol{I}_m) \tag{6}$$

なる形に書き直すことができる．ここで $\boldsymbol{X}^t$ は $\boldsymbol{X}$ の転置を表わし，$\boldsymbol{I}_m$ は $m \times m$ の単位行列を表わす．

モデル(6)のもとで平均ベクトル $\boldsymbol{\theta}$ を推定する問題を考えよう．この $\boldsymbol{\theta}$ は $\boldsymbol{X}$ に基づいて，すなわち $\boldsymbol{X}$ の関数によって推定される．これを $\widehat{\boldsymbol{\theta}} = \widehat{\boldsymbol{\theta}}(\boldsymbol{X})$ と書き $\boldsymbol{\theta}$ の推定量という．これに $\boldsymbol{X}$ の実現値 $\boldsymbol{x} = (x_1, \cdots, x_m)^t$ を代入すると，推定値 $\widehat{\boldsymbol{\theta}}(\boldsymbol{x})$ が得られる．$\boldsymbol{\theta}$ の基本的な推定量は $\boldsymbol{X}$ 自身であり，また代表的な縮小推定量である James-Stein 推定量は

$$\widehat{\boldsymbol{\theta}}^{JS} = \widehat{\boldsymbol{\theta}}^{JS}(\boldsymbol{X}) = (\hat{\theta}_1^{JS}, \cdots, \hat{\theta}_m^{JS})^t = \boldsymbol{X} - \frac{m-2}{\|\boldsymbol{X}\|^2}\boldsymbol{X} \tag{7}$$

で与えられる．ただし $\|\boldsymbol{X}\|^2 = \boldsymbol{X}^t\boldsymbol{X} = \sum_{j=1}^{m} X_j^2$ と定義する．$\widehat{\boldsymbol{\theta}}^{JS}$ を成分で表示すると

$$\hat{\theta}_i^{JS} = X_i - \frac{m-2}{\sum_{j=1}^{m} X_j^2} X_i$$

となる．

一般に $\boldsymbol{\theta}$ の推定量 $\widehat{\boldsymbol{\theta}}$ の良さは，$\widehat{\boldsymbol{\theta}}$ と $\boldsymbol{\theta}$ の間の距離のようなものを用いて測ることができる．これは**損失関数**(loss function)と呼ばれ，この問題に対しては

$$L(\widehat{\boldsymbol{\theta}}, \boldsymbol{\theta}) = \|\widehat{\boldsymbol{\theta}} - \boldsymbol{\theta}\|^2 = \sum_{i=1}^{m} (\hat{\theta}_i - \theta_i)^2 \qquad (8)$$

なる形の 2 乗損失関数を用いるのが自然である．これは確率変数 $\boldsymbol{X}$ に依存しているので $\boldsymbol{X}$ の従う分布に関して平均化したもの

$$\begin{aligned} R(\boldsymbol{\theta}, \widehat{\boldsymbol{\theta}}) &= E[\|\widehat{\boldsymbol{\theta}}(\boldsymbol{X}) - \boldsymbol{\theta}\|^2] \\ &= \int \|\widehat{\boldsymbol{\theta}}(\boldsymbol{x}) - \boldsymbol{\theta}\|^2 f(\boldsymbol{x} - \boldsymbol{\theta}) \mathrm{d}\boldsymbol{x} \end{aligned} \qquad (9)$$

を考え，この関数の大小によって推定量の良さを評価する．この関数 $R(\boldsymbol{\theta}, \widehat{\boldsymbol{\theta}})$ は**リスク(危険)関数**(risk function)と呼ばれる．ただし $\mathrm{d}\boldsymbol{x} = \prod_{i=1}^{m} \mathrm{d}x_i$ であり，$f(\boldsymbol{x} - \boldsymbol{\theta})$ は $\boldsymbol{X}$ の $\boldsymbol{x}$ における密度関数で，$\boldsymbol{X} \sim \mathcal{N}_m(\boldsymbol{\theta}, \boldsymbol{I}_m)$ より

$$\begin{aligned} f(\boldsymbol{x} - \boldsymbol{\theta}) &= (2\pi)^{-m/2} \exp\{-\|\boldsymbol{x} - \boldsymbol{\theta}\|^2/2\} \\ &= \prod_{i=1}^{m} \left[(2\pi)^{-1/2} \exp\{-(x_i - \theta_i)^2/2\}\right] \end{aligned} \qquad (10)$$

で与えられる．

リスク関数に基づいて推定方法の性質を調べる学問は統計的決定論と呼ばれる．その理論の中に 2 つのキーワードがある．それは，ミニマックス性と許容性であり，いずれもパラメータの空間に関してグローバルな推定量の性質である．ミニマックス性についてはリスクの最大値 $\sup_{\boldsymbol{\theta}} R(\boldsymbol{\theta}, \boldsymbol{\delta})$ を考え，その最悪な場合を最小にする推定量を**ミニマックス推定量**(minimax estimator)という．実は，$\boldsymbol{\theta}$ の基本的な推定量 $\boldsymbol{X}$ がミニマックスになることが容易に示される．そのリスクは $R(\boldsymbol{\theta}, \boldsymbol{X}) = m$ で定数になっており，$\boldsymbol{X}$ より優れている推定量はすべてミニマックスになることを意味している．ここで，ある推定量が他のものより‘優れている’とは，正式には次のように

定義される．

定義 2.1　$\boldsymbol{\theta}$ の 2 つの推定量 $\widehat{\boldsymbol{\theta}}_1, \widehat{\boldsymbol{\theta}}_2$ の間に

$$\text{すべての}\,\boldsymbol{\theta}\,\text{に対して}\qquad R(\boldsymbol{\theta}, \widehat{\boldsymbol{\theta}}_1) \leq R(\boldsymbol{\theta}, \widehat{\boldsymbol{\theta}}_2)\quad\text{かつ}$$

$$\text{ある}\,\boldsymbol{\theta}_0\,\text{に対して}\qquad R(\boldsymbol{\theta}_0, \widehat{\boldsymbol{\theta}}_1) < R(\boldsymbol{\theta}_0, \widehat{\boldsymbol{\theta}}_2)$$

が成り立つとき，$\widehat{\boldsymbol{\theta}}_1$ は $\widehat{\boldsymbol{\theta}}_2$ を改良(優越)する($\widehat{\boldsymbol{\theta}}_1$ dominates $\widehat{\boldsymbol{\theta}}_2$)，もしくは $\widehat{\boldsymbol{\theta}}_1$ は $\widehat{\boldsymbol{\theta}}_2$ よりも優れている(よい)という．∎

定義 2.2　ある推定量が許容的(admissible)であるとは，それよりも優れている推定量が存在しないことをいう．許容的でない推定量は非許容的(inadmissible)であるといい，それを改良する推定量が存在することを意味する．∎

平均ベクトル $\boldsymbol{\theta}$ の推定については，$\boldsymbol{X}$ はミニマックスおよび最尤推定量であるとともに，一様最小分散不偏推定量，最良共変推定量など様々な意味で最適な推定量である．常識的には，この推定量が許容的であることを誰も疑わないであろう．この常識を打ち破ったのが，Stein(1956)の論文であり，James and Stein(1961)は $m \geq 3$ のとき縮小推定量 $\widehat{\boldsymbol{\theta}}^{JS}$ が $\boldsymbol{X}$ を改良することを示した．

定理 2.1　$m = 1, 2$ に対しては，$\boldsymbol{X}$ は許容的である．∎

定理 2.2　$m \geq 3$ に対して，$\boldsymbol{X}$ は非許容的で，James-Stein 推定量 $\widehat{\boldsymbol{\theta}}^{JS}$ によって改良される．∎

定理 2.1，定理 2.2 の証明はそれぞれ 2.2 節，2.3 節で与えられる．これらの定理は，θ_i を個々に推定する問題においては X_i が許容的であるにもかかわらず，3 個以上の θ_i を同時に推定する枠組みにおいては X_i の組は非許容的になってしまうことを示している．この不可思議な事実はスタインのパラドクスとかスタイン現象と呼ばれ，その後多くの理論家の興味を引いたことはいうまでもない．実に膨大な研究論文が生み出されることになる．特に許容性と非許容性の境界が 3 次元になることは，深い理論的背景があるようである．次の節で，許容性とランダム・ウォークの関係について簡単に説明しよう．

2.2　ランダム・ウォークの再帰性との関係

対称なランダム・ウォークの再帰性と $\boldsymbol{X}$ の許容性が関係していることは，たいへん興味深い．Brown(1971)は，拡散過程の再帰性と推定量の許容性の同値性を論じたが，その証明は高度な一般論を展開していて読みにくい内容である．Eaton(2001)は，1 次元および 2 次元のときの $\boldsymbol{X}$ の許容性に関して，対称なランダム・ウォークの再帰性を用いた直接的な証明を与えているので，その証明の概略をここでは紹介することにしよう．

簡単のために $\mathcal{N}_m(\boldsymbol{\theta}, \boldsymbol{I}_m)$ の密度関数を $f(\boldsymbol{x}-\boldsymbol{\theta})$ で表わすと，$\boldsymbol{X}$ はルベーグ測度 $\mathrm{d}\boldsymbol{\theta}$ を事前分布にとったときの一般化ベイズ推定量になっている．すなわち，$\boldsymbol{X}=\int \boldsymbol{\theta} f(\boldsymbol{X}-\boldsymbol{\theta})\mathrm{d}\boldsymbol{\theta}$ である．もちろん，この事前分布は $\int \mathrm{d}\boldsymbol{\theta}=\infty$ であるから，$\boldsymbol{X}$ はベイズ推定量ではない．したがって，$\boldsymbol{X}$ の許容性に関しては $\boldsymbol{\theta}$ に関する積分が有限であることに注意しながら議論する必要がある．

そこで C を $\int_C \mathrm{d}\boldsymbol{\theta} < \infty$ となる任意の集合とし，$\mathbb{R}^m$ 上の実数値関数のクラス

$$U(C)=\left\{g \mid g \geq 0, g \text{ は有界}, C \text{ 上で } g(\boldsymbol{\theta}) \geq 1, \int g(\boldsymbol{\theta})\mathrm{d}\boldsymbol{\theta} < \infty\right\}$$

を考える．このとき $g(\boldsymbol{\theta})$ が可積分であることから，事前分布 $g(\boldsymbol{\theta})\mathrm{d}\boldsymbol{\theta}$ に対するベイズ推定量

$$\widehat{\boldsymbol{\theta}}_g=\int \boldsymbol{\theta} f(\boldsymbol{X}-\boldsymbol{\theta})g(\boldsymbol{\theta})\mathrm{d}\boldsymbol{\theta} \Big/ \int f(\boldsymbol{X}-\boldsymbol{\theta})g(\boldsymbol{\theta})\mathrm{d}\boldsymbol{\theta}$$

が存在する．$\boldsymbol{X}$ と $\widehat{\boldsymbol{\theta}}_g$ のリスクの差を $g(\boldsymbol{\theta})$ に関して積分したものを

$$IRD(g)=\int \{R(\boldsymbol{\theta}, \boldsymbol{X})-R(\boldsymbol{\theta}, \widehat{\boldsymbol{\theta}}_g)\}g(\boldsymbol{\theta})\mathrm{d}\boldsymbol{\theta}$$

とおくと，$\boldsymbol{X}$ が許容的であるためには

$$\inf_{g \in U(C)} IRD(g)=0 \tag{11}$$

なる十分条件を示せばよいことになる．

次に，$IRD(g)$ を評価してマルコフ連鎖に関する表現式を与えよう．まず

$$IRD(g) = \int\int \|\boldsymbol{x} - \widehat{\boldsymbol{\theta}}_g\|^2 f(\boldsymbol{x} - \boldsymbol{\theta}) g(\boldsymbol{\theta}) \mathrm{d}\boldsymbol{\theta} \mathrm{d}\boldsymbol{x},$$

$$\|\boldsymbol{x} - \widehat{\boldsymbol{\theta}}_g\|^2 = \{\hat{g}(\boldsymbol{x})\}^{-2} \left\| \int (\boldsymbol{\theta} - \boldsymbol{x})(g(\boldsymbol{\theta}) - \hat{g}(\boldsymbol{x})) f(\boldsymbol{x} - \boldsymbol{\theta}) \mathrm{d}\boldsymbol{\theta} \right\|^2$$

と変形できる．ここで $\hat{g}(\boldsymbol{x}) = \int g(\boldsymbol{\theta}) f(\boldsymbol{x} - \boldsymbol{\theta}) \mathrm{d}\boldsymbol{\theta}$ である．さらに

$$\begin{aligned}
&\int (\boldsymbol{\theta} - \boldsymbol{x})(g(\boldsymbol{\theta}) - \hat{g}(\boldsymbol{x})) f(\boldsymbol{x} - \boldsymbol{\theta}) \mathrm{d}\boldsymbol{\theta} \\
&\quad = \frac{1}{2} \int\int (\boldsymbol{\theta} - \boldsymbol{\eta})(g(\boldsymbol{\theta}) - \boldsymbol{g}(\boldsymbol{\eta})) f(\boldsymbol{x} - \boldsymbol{\theta}) f(\boldsymbol{x} - \boldsymbol{\eta}) \mathrm{d}\boldsymbol{\theta} \mathrm{d}\boldsymbol{\eta}
\end{aligned}$$

と表わされるので，Cauchy-Schwarz の不等式を用いると $\|\boldsymbol{x} - \widehat{\boldsymbol{\theta}}_g\|^2$ は

$$\begin{aligned}
&\|\boldsymbol{x} - \widehat{\boldsymbol{\theta}}_g\|^2 \\
&= \frac{1}{4\{\hat{g}(\boldsymbol{x})\}^2} \left\| \int\int (\boldsymbol{\theta} - \boldsymbol{\eta})(g(\boldsymbol{\theta}) - g(\boldsymbol{\eta})) f(\boldsymbol{x} - \boldsymbol{\theta}) f(\boldsymbol{x} - \boldsymbol{\eta}) \mathrm{d}\boldsymbol{\theta} \mathrm{d}\boldsymbol{\eta} \right\|^2 \\
&\leq \frac{1}{\hat{g}(\boldsymbol{x})} \int\int \|\boldsymbol{\theta} - \boldsymbol{\eta}\|^2 (\sqrt{g(\boldsymbol{\theta})} - \sqrt{g(\boldsymbol{\eta})})^2 f(\boldsymbol{x} - \boldsymbol{\theta}) f(\boldsymbol{x} - \boldsymbol{\eta}) \mathrm{d}\boldsymbol{\theta} \mathrm{d}\boldsymbol{\eta}
\end{aligned}$$

と評価することができる．したがって

$$\begin{aligned}
&IRD(g) \\
&\leq \int\int\int \|\boldsymbol{\theta} - \boldsymbol{\eta}\|^2 (\sqrt{g(\boldsymbol{\theta})} - \sqrt{g(\boldsymbol{\eta})})^2 f(\boldsymbol{x} - \boldsymbol{\theta}) f(\boldsymbol{x} - \boldsymbol{\eta}) \mathrm{d}\boldsymbol{\theta} \mathrm{d}\boldsymbol{\eta} \mathrm{d}\boldsymbol{x} \\
&= \int\int (\sqrt{g(\boldsymbol{\theta})} - \sqrt{g(\boldsymbol{\eta})})^2 T(\boldsymbol{\theta}|\boldsymbol{\eta}) \mathrm{d}\boldsymbol{\theta} \xi(\boldsymbol{\eta}) \mathrm{d}\boldsymbol{\eta} \qquad (12)
\end{aligned}$$

となる．ただし，$K(\boldsymbol{\theta}, \boldsymbol{\eta}) = \int f(\boldsymbol{x} - \boldsymbol{\theta}) f(\boldsymbol{x} - \boldsymbol{\eta}) \mathrm{d}\boldsymbol{x}$ に対して

$$T(\boldsymbol{\theta}|\boldsymbol{\eta}) = \|\boldsymbol{\theta} - \boldsymbol{\eta}\|^2 K(\boldsymbol{\theta}, \boldsymbol{\eta}) / \xi(\boldsymbol{\eta}),$$

$$\xi(\boldsymbol{\eta}) = \int \|\boldsymbol{\theta} - \boldsymbol{\eta}\|^2 K(\boldsymbol{\theta}, \boldsymbol{\eta}) \mathrm{d}\boldsymbol{\theta}$$

である．

最後のステップは，推移確率 $T(\boldsymbol{\theta}|\boldsymbol{\eta})$ に対応するマルコフ連鎖が再帰的であれば許容性の条件(11)が成り立つことを示すことである．この証明には補題等を準備する必要があり煩雑になるので割愛するが，興味のある方は Eaton(2001)を参照してほしい．ここでは，推移確率 $T(\boldsymbol{\theta}|\boldsymbol{\eta})$ に対応するマルコフ連鎖が再帰的であることを示しておこう．

まず $f(\cdot)$ が対称な密度関数であることから，

$$K(\boldsymbol{\theta},\boldsymbol{\eta})=\int f(\boldsymbol{\theta}-\boldsymbol{\eta}-\boldsymbol{z})f(\boldsymbol{z})\mathrm{d}\boldsymbol{z}\equiv k(\boldsymbol{\theta}-\boldsymbol{\eta})$$

と表わされ，また

$$\xi(\boldsymbol{\eta})=\int\|\boldsymbol{\theta}-\boldsymbol{\eta}\|^2k(\boldsymbol{\theta}-\boldsymbol{\eta})\mathrm{d}\boldsymbol{\theta}=\int\|\boldsymbol{u}\|^2k(\boldsymbol{u})\mathrm{d}\boldsymbol{u}\equiv 1/c$$

と書けるので，

$$T(\boldsymbol{\theta}|\boldsymbol{\eta})=c\|\boldsymbol{\theta}-\boldsymbol{\eta}\|^2k(\boldsymbol{\theta}-\boldsymbol{\eta})$$

となる．このことは，$\boldsymbol{\eta}$ が与えられたときに $\boldsymbol{\theta}$ は

$$\boldsymbol{\theta}=\boldsymbol{\eta}+\boldsymbol{u}$$

なるマルコフモデルに基づいて生成され，イノヴェーション $\boldsymbol{u}$ は $c\|\boldsymbol{u}\|^2k(\boldsymbol{u})$ なる密度の分布に従い，この密度は $\boldsymbol{u}=\boldsymbol{0}$ に関して対称である．したがって，推移確率 $T(\boldsymbol{\theta}|\boldsymbol{\eta})$ に対応するマルコフ連鎖は対称なランダム・ウォークであることがわかる．1 次元のときには，$\int|u|^3k(u)\mathrm{d}u<\infty$ のときにこのランダムウォークは再帰的であり，また 2 次元のときには，$\int\|\boldsymbol{u}\|^4k(\boldsymbol{u})\mathrm{d}\boldsymbol{u}<\infty$ のときに再帰的となることが知られている．

以上の議論は，正規分布に限らず一般の対称な分布 $f(\boldsymbol{x}-\boldsymbol{\theta})$ に対しても成り立っている．また，3 次元以上のときには対称なランダム・ウォークが推移的になるため許容性は証明できない．実際，そのときには $\boldsymbol{X}$ は非許容的であり，その証明が次の節で与えられる．

2.3 スタインのパラドクス

さて，ミニマックス推定量 $\boldsymbol{X}$ が $m\geq 3$ のときに非許容的となり，縮小推定量によって改良されることを示そう．ここでは，定数 $a>0$ に対して

$$\widehat{\boldsymbol{\theta}}^S(a)=\boldsymbol{X}-\frac{a}{\|\boldsymbol{X}\|^2}\boldsymbol{X} \tag{13}$$

なる形の縮小推定量を考える．非許容性の証明は当初，非心カイ 2 乗分布が中心カイ 2 乗分布のポアソン混合分布として表わされることを用いて示されたが，かなり複雑な計算を要した．これに対して Stein(1981)は簡単な

部分積分法を提案して格段に易しい証明方法を開発した．この部分積分法はスタインの等式(**Stein identity**)と呼ばれて，次の補題で与えられる．

補題 2.1(スタインの等式)　実数直線上の絶対連続な関数 $h(x)$ に対して，期待値 $E[h(X_i)]$ が存在すると仮定する．このとき，次の等式が成り立つ．

$$E[(X_i-\theta_i)h(X_i)] = E\left[\frac{\mathrm{d}}{\mathrm{d}X_i}h(X_i)\right] \tag{14}$$

∎

実際，部分積分を行うと

$$\begin{aligned}
&E[(X_i-\theta_i)h(X_i)]\\
&= -\frac{1}{\sqrt{2\pi}}\int_{-\infty}^{\infty} h(x)\frac{\mathrm{d}}{\mathrm{d}x}\left\{e^{-(x-\theta_i)^2/2}\right\}\mathrm{d}x\\
&= -\frac{1}{\sqrt{2\pi}}\left[h(x)e^{-(x-\theta_i)^2/2}\right]_{-\infty}^{\infty} + \int_{-\infty}^{\infty}\left\{\frac{\mathrm{d}}{\mathrm{d}x}h(x)\right\}\frac{1}{\sqrt{2\pi}}e^{-(x-\theta_i)^2/2}\mathrm{d}x
\end{aligned}$$

となり，2 番目の等式の右辺の第 1 項が消えるので，等式(14)が得られる．またスタインの等式は 1940 年代半ばに情報量不等式を示すために使われていた一般的な等式

$$\frac{\partial}{\partial\theta_i}E[h(\boldsymbol{X})] = \mathrm{Cov}\left(h(\boldsymbol{X}), \frac{\partial}{\partial\theta_i}\log f(\boldsymbol{X},\boldsymbol{\theta})\right)$$

から導くこともできる．実際 $f(\boldsymbol{x},\boldsymbol{\theta})$ は $\boldsymbol{X}$ の同時密度関数であるので，(14)は上の一般的な等式から導かれる．

さて，(13)で与えられる縮小推定量のリスクを計算してみると

$$\begin{aligned}
R(\boldsymbol{\theta},\widehat{\boldsymbol{\theta}}^S(a)) &= E\left[\left\|\boldsymbol{X}-\boldsymbol{\theta}-a\|\boldsymbol{X}\|^{-2}\boldsymbol{X}\right\|^2\right]\\
&= m - 2aE\left[(\boldsymbol{X}-\boldsymbol{\theta})^t\boldsymbol{X}\|\boldsymbol{X}\|^{-2}\right] + a^2E\left[\|\boldsymbol{X}\|^{-2}\right] \quad (15)
\end{aligned}$$

となる．ここで交差項

$$(\boldsymbol{X}-\boldsymbol{\theta})^t\boldsymbol{X}\|\boldsymbol{X}\|^{-2} = \sum_{i=1}^m (X_i-\theta_i)\frac{X_i}{\sum_{j=1}^m X_j^2}$$

に対して補題 2.1 のスタインの等式を適用すると，

$$E\left[(X_i-\theta_i)\frac{X_i}{\sum_{j=1}^m X_j^2}\right]=E\left[\frac{\partial}{\partial X_i}\frac{X_i}{\sum_{j=1}^m X_j^2}\right]$$
$$=E\left[\frac{1}{\sum_{j=1}^m X_j^2}-2\frac{X_i^2}{(\sum_{j=1}^m X_j^2)^2}\right]$$

となるので，

$$E\left[(\boldsymbol{X}-\boldsymbol{\theta})^t\boldsymbol{X}\|\boldsymbol{X}\|^{-2}\right]=E\left[(m-2)\|\boldsymbol{X}\|^{-2}\right]$$

と評価される．これを(15)に代入すると

$$R(\boldsymbol{\theta},\widehat{\boldsymbol{\theta}}^S(a))=E\left[m-a\{a-2(m-2)\}\|\boldsymbol{X}\|^{-2}\right] \qquad (16)$$

と表わせる．この期待値の中身を

$$\widehat{R}(\widehat{\boldsymbol{\theta}}^S(a))=m-a\{a-2(m-2)\}\|\boldsymbol{X}\|^{-2} \qquad (17)$$

とおくと，$\widehat{R}(\widehat{\boldsymbol{\theta}}^S(a))$ は母数 $\boldsymbol{\theta}$ に依存しないので $R(\boldsymbol{\theta},\widehat{\boldsymbol{\theta}}^S(a))$ の不偏推定量になっていることがわかる．

このようにスタインの等式を用いることにより，期待値の中身から未知母数を消去して縮小推定量のリスク関数の不偏推定量を得ることができる．したがって，縮小推定量が $\boldsymbol{X}$ を改良するためには，そのリスクの不偏推定量が m よりも小さくなる条件を求めればよいことになる．(17)については，$0<a\le 2(m-2)$ に対して $\widehat{R}(\widehat{\boldsymbol{\theta}}^S(a))\le m$ となる．ここでは最も単純なモデルにおいて簡単な推定量に対して計算しているが，このような方法は一般に極めて有用で，多変量回帰モデルでの回帰係数行列の推定など複雑な推定問題において威力を発揮する．

期待値 $E[\|\boldsymbol{X}\|^{-2}]$ を計算してリスク(16)を求めてみよう．$\|\boldsymbol{X}\|^2$ は自由度 m の非心カイ2乗分布に従い，その密度関数は中心カイ2乗分布のポアソン混合分布として

$$h_m(u;\lambda)=\sum_{j=0}^{\infty}P_j(\lambda/2)h_{m+2j}(u) \qquad (18)$$

で表現されることが知られている．ただし $P_j(\lambda/2)$ は平均 $\lambda/2$ のポアソン分布の確率関数 $P_j(\lambda/2)=\{(\lambda/2)^j/j!\}e^{-\lambda/2}$ であり，$h_n(u)$ は自由度 n の

カイ 2 乗分布の密度関数

$$h_n(u) = \frac{1}{\Gamma(n/2)}\left(\frac{1}{2}\right)^{n/2} u^{n/2-1}e^{-u/2}$$

である．$\int u^{-1}h_n(u)\mathrm{d}u = (n-2)^{-1}$ となることが容易に確かめられるので，

$$E[\|\boldsymbol{X}\|^{-2}] = \int u^{-1}h_m(u;\lambda)\mathrm{d}u = \sum_{j=0}^{\infty}\frac{1}{m-2+2j}P_j(\lambda/2)$$

となることがわかる．したがって

$$R(\boldsymbol{\theta}, \widehat{\boldsymbol{\theta}}^S(a)) = m - a\{a-2(m-2)\}\sum_{j=0}^{\infty}\frac{1}{m-2+2j}P_j(\lambda/2) \qquad (19)$$

と表わされる．この表現式において $\sup_{\boldsymbol{\theta}} R(\boldsymbol{\theta}, \widehat{\boldsymbol{\theta}}^S(a)) = m = R(\boldsymbol{\theta}, \boldsymbol{X})$ が成り立つ．すなわち，‘$\boldsymbol{X}$ を改良する’ ということは，‘ミニマックスである’ という表現と同値になっていることがわかる．

以上をまとめると，次のようになる．

定理 2.3 $m \geq 3$ を仮定する．このとき，$0 < a \leq 2(m-2)$ に対して $\widehat{\boldsymbol{\theta}}^S(a)$ はミニマックス推定量で，$a = m-2$ のときに，最小になる．また $\widehat{\boldsymbol{\theta}}^S(a)$ のリスクの不偏推定量は(17)で与えられ，そのリスクの表現式は(19)で与えられる． ∎

2.4 Stein 推定量の解釈

基本的な推定量 $\boldsymbol{X}$ が縮小推定量 $\widehat{\boldsymbol{\theta}}^{JS}$ によって改良されることを説明してきた．では，この縮小推定量はどのような意味をもつ推定方法なのであろうか．ここでは，縮小推定量の幾何的解釈と経験ベイズ法による解釈を紹介し，縮小推定量の意味を考えてみることにする．その他，予測問題からの解釈も 5 章で与えられるので参照されたい．

(a) 幾何的解釈

縮小推定量の幾何的解釈は C. Stein によって 1962 年の論文の中で与えられた．その本質的な点は，最尤推定量の長さの 2 乗の期待値 $E[\|\boldsymbol{X}\|^2]$ が平均ベクトルの長さの 2 乗 $\|\boldsymbol{\theta}\|^2$ よりも次元 m の分だけ長くなってしまう

ということにある．平均ベクトルの次元に対応して最尤推定量を縮小してやる必要があり，このことは，赤池情報量規準や Mallows の C_p 統計量にみられるような，最尤推定量による対数尤度の推定に次元のペナルティーを加えたモデル選択や変数選択と本質的に同じ意味合いをもっていると思われる．

$\boldsymbol{X}$ の 2 つの関数 $\boldsymbol{f}(\boldsymbol{X}) \in \mathbb{R}^m$, $\boldsymbol{g}(\boldsymbol{X}) \in \mathbb{R}^m$ の内積を $<\boldsymbol{f},\boldsymbol{g}>_E = E[\{\boldsymbol{f}(\boldsymbol{X})\}^t\boldsymbol{g}(\boldsymbol{X})]$ で定義し，$\boldsymbol{f}$ のノルムを $\|\boldsymbol{f}\|_E = \sqrt{<\boldsymbol{f},\boldsymbol{f}>}$ とする．ここでは混乱がない限り便宜上これらを $<\boldsymbol{f}(\boldsymbol{X}),\boldsymbol{g}(\boldsymbol{X})>_E$, $\|\boldsymbol{f}(\boldsymbol{X})\|_E$ と書くことにする．まず $<\boldsymbol{X}-\boldsymbol{\theta},\boldsymbol{\theta}>_E = E[(\boldsymbol{X}-\boldsymbol{\theta})^t\boldsymbol{\theta}] = 0$ より $\boldsymbol{X}-\boldsymbol{\theta}$ と $\boldsymbol{\theta}$ は直交する．したがって $\boldsymbol{\theta}$ と $\boldsymbol{X}$ の間には図 3 のような直角三角形の関係があり，$\boldsymbol{X}$ が $\boldsymbol{\theta}$ よりも長くなっている．実際 $\|\boldsymbol{X}\|_E^2 = E[\|\boldsymbol{X}\|^2] = m + \|\boldsymbol{\theta}\|_E^2$ となり，次元 m だけ長くなる．そこで $\boldsymbol{X}$ を $(1-a)\boldsymbol{X}$ と縮めることにする．$\boldsymbol{Y}$ を $\boldsymbol{X}$ と直交するように定めると，ピタゴラスの定理より次の 2 つの関係式

$$\begin{aligned}\|\boldsymbol{Y}\|_E^2 &= \|\boldsymbol{\theta}\|_E^2 - (1-a)^2\|\boldsymbol{X}\|_E^2 \\ &= \|\boldsymbol{X}\|_E^2 - m - (1-a)^2\|\boldsymbol{X}\|_E^2 \\ &= (2a-a^2)\|\boldsymbol{X}\|_E^2 - m,\end{aligned}$$

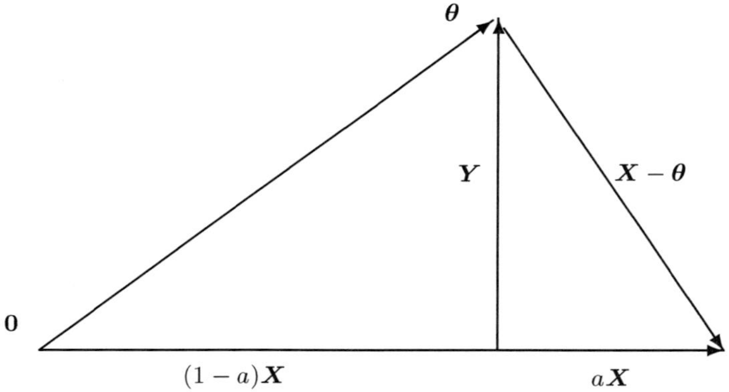

図 3　Stein 型縮小推定量の幾何的解釈

$$\|\boldsymbol{Y}\|_E^2 = \|\boldsymbol{X}-\boldsymbol{\theta}\|_E^2 - a^2\|\boldsymbol{X}\|_E^2$$
$$= m - a^2\|\boldsymbol{X}\|_E^2$$

が成り立つので，これらを等式で結ぶと $a\|\boldsymbol{X}\|_E^2 = m$，すなわち $aE[\|\boldsymbol{X}\|^2] = m$ なる関係式が導びかれる．したがって a は $\hat{a} = m/\|\boldsymbol{X}\|^2$ によって推定され，その結果

$$(1-\hat{a})\boldsymbol{X} = (1 - m\|\boldsymbol{X}\|^{-1})\boldsymbol{X}$$

なる形の縮小推定量が導出される．

以上の議論では，2 次元以上の空間において縮小推定量が得られることになり，3 次元以上という制約はこの議論からは出せないことに注意しておく．

(b)　経験ベイズによる解釈

縮小推定量(7)の別の解釈は，Efron and Morris(1972)によって与えられた経験ベイズ法によるアプローチである．経験ベイズ法の最初の主な仕事は H. Robbins によるものであるが，彼の仕事はノンパラメトリック経験ベイズと呼ばれるものである．これに対してパラメトリック経験ベイズ(ここでは単に経験ベイズと呼ぶ)なるものが考えられたのは，1970 年以降 Efron and Morris (1972)による．特に Efron and Morris(1975)の論文は，啓蒙的な 3 つの例を取り上げて，経験ベイズ推定がどのような状況でデータ解析に役立つのかを示した実にすばらしい内容であり，その後の縮小推定法の応用に大きな影響を与えた．ここでは，ベイズ推定の考え方も含めて説明する．

確率変数 $\boldsymbol{X}$ の密度関数を $f(\boldsymbol{x}\,|\,\boldsymbol{\theta})$ で表わす．いま母数 $\boldsymbol{\theta}$ が確率的に変動していて密度関数 $\pi(\boldsymbol{\theta})$ の事前分布に従うと仮定する．$\mathrm{d}\boldsymbol{\theta} = \prod_{i=1}^{m}\mathrm{d}\theta_i$ とし，$\int\pi(\boldsymbol{\theta})\mathrm{d}\boldsymbol{\theta} < \infty$ のとき事前分布は正則(**proper**)であるといい，$\int\pi(\boldsymbol{\theta})\mathrm{d}\boldsymbol{\theta} = \infty$ のとき非正則(**improper**)であるという．$(\boldsymbol{X},\boldsymbol{\theta})$ の同時密度関数は $f(\boldsymbol{x}\,|\,\boldsymbol{\theta})\pi(\boldsymbol{\theta})$ であり，$\boldsymbol{X}$ の周辺分布の密度関数は

$$f_\pi(\boldsymbol{x}) = \int f(\boldsymbol{x} \mid \boldsymbol{\theta})\pi(\boldsymbol{\theta})\mathrm{d}\boldsymbol{\theta} \tag{20}$$

となる．このとき $\boldsymbol{X}=\boldsymbol{x}$ を与えたときの $\boldsymbol{\theta}$ の条件付き分布の密度関数は

$$\pi(\boldsymbol{\theta} \mid \boldsymbol{x}) = f(\boldsymbol{x} \mid \boldsymbol{\theta})\pi(\boldsymbol{\theta})/f_\pi(\boldsymbol{x}) \tag{21}$$

と書けて，$\boldsymbol{X}=\boldsymbol{x}$ を与えたときの $\boldsymbol{\theta}$ の事後分布という．密度関数 $f_\pi(\boldsymbol{x})$, $\pi(\boldsymbol{\theta} \mid \boldsymbol{x})$ に関する期待値を $E^{\boldsymbol{X}}[\cdot]$, $E^{\boldsymbol{\theta}|\boldsymbol{X}}[\cdot]$ と書くことにする．$\boldsymbol{\theta}$ の推定量 $\widehat{\boldsymbol{\theta}}$ のリスク関数 $R(\boldsymbol{\theta}, \widehat{\boldsymbol{\theta}})$ を $\pi(\boldsymbol{\theta})$ に関して平均化したもの

$$r(\pi, \widehat{\boldsymbol{\theta}}) = E^{\boldsymbol{\theta}}[R(\boldsymbol{\theta}, \widehat{\boldsymbol{\theta}})] = \int\int L(\widehat{\boldsymbol{\theta}}, \boldsymbol{\theta}) f(\boldsymbol{x} \mid \boldsymbol{\theta})\mathrm{d}\boldsymbol{x}\pi(\boldsymbol{\theta})\mathrm{d}\boldsymbol{\theta} \tag{22}$$

を**ベイズリスク関数**（Bayes risk function）といい，このベイズリスクを最小にする推定量を $\boldsymbol{\theta}$ の**ベイズ推定量**（Bayes estimator）という．積分の順序を交換すると

$$\begin{aligned} r(\pi, \widehat{\boldsymbol{\theta}}) &= \int\int L(\widehat{\boldsymbol{\theta}}, \boldsymbol{\theta})\pi(\boldsymbol{\theta} \mid \boldsymbol{x})\mathrm{d}\boldsymbol{\theta} f_\pi(\boldsymbol{\theta})\mathrm{d}\boldsymbol{x} \\ &= E^{\boldsymbol{X}}\left[E^{\boldsymbol{\theta}|\boldsymbol{X}}[L(\widehat{\boldsymbol{\theta}}, \boldsymbol{\theta}) \mid \boldsymbol{X}]\right] \end{aligned} \tag{23}$$

と書ける．$E^{\boldsymbol{\theta}|\boldsymbol{X}}[L(\widehat{\boldsymbol{\theta}}, \boldsymbol{\theta}) \mid \boldsymbol{X}]$ は**事後リスク関数**（posterior risk function）と呼ばれ，結局 $\boldsymbol{\theta}$ のベイズ推定量はこの事後リスクを最小にする推定量として与えられることがわかる．事前分布が非正則のときには一般にはベイズリスクが存在するとは限らないが，多くの場合事後リスクは存在しそれを最小化する推定量が形式的に得られる．これを**一般化ベイズ推定量**（generalized Bayes estimator）という．

事前分布が階層構造をもつとき，すなわち $\boldsymbol{\theta}$ の事前分布が超母数 τ をもって $\pi(\boldsymbol{\theta} \mid \tau)$ と表わされ，さらに τ が確率的に変動して密度関数 $\pi_2(\tau)$ をもつとき，$\boldsymbol{\theta}$ の事前分布は $\pi(\boldsymbol{\theta}) = \int \pi(\boldsymbol{\theta} \mid \tau)\pi_2(\tau)\mathrm{d}\tau$ と書ける．このときのベイズ推定量は**階層ベイズ推定量**（hierarchical Bayes estimator）と呼ばれる．データ解析を行うためのベイズ的モデリングにおいてはこのような階層的事前分布を用いてベイズ推測を行うことがよくなされ，そのための計算アルゴリズムとして MCMC 法など近年活発な議論が展開されている．3 章で説明する縮小型一般化ベイズ推定量も階層ベイズ推定量として

導かれる．

$\boldsymbol{\theta}$ の事前分布が未知の超母数 τ をもって $\pi(\boldsymbol{\theta}\,|\,\tau)$ で与えられるとき，ベイズ推定量は τ, $\boldsymbol{X}$ の関数として表わされる．これを $\widehat{\boldsymbol{\theta}}^{BAY}(\tau)$ と書くと，これは未知母数 τ に依存するので τ を $\boldsymbol{X}$ の周辺分布

$$f_\pi(\boldsymbol{x}\,|\,\tau) = \int f(\boldsymbol{x}\,|\,\boldsymbol{\theta})\pi(\boldsymbol{\theta}\,|\,\tau)\mathrm{d}\boldsymbol{\theta}$$

から推定する必要がある．最尤推定や不偏推定などを通して τ の推定量 $\hat{\tau}$ が求まると，これをベイズ推定量に代入して $\widehat{\boldsymbol{\theta}}^{EB} = \widehat{\boldsymbol{\theta}}^{BAY}(\hat{\tau})$ なる形の推定量が導かれる．これを**経験ベイズ推定量**(empirical Bayes estimator)という．

モデル(6)に対しては，$\boldsymbol{\theta}$ の事前分布として $\mathcal{N}_m(\boldsymbol{\theta}_0, \tau\boldsymbol{I}_m)$ を仮定する．ただし τ は未知の超母数であり，$\boldsymbol{\theta}_0$ は既知のベクトルとする．このとき $\boldsymbol{X}$ を与えたときの $\boldsymbol{\theta}$ の事後分布は $\mathcal{N}_m(\widehat{\boldsymbol{\theta}}^{BAY}(\tau, \boldsymbol{\theta}_0), \tau(1+\tau)^{-1}\boldsymbol{I}_m)$ となる．ただし $\widehat{\boldsymbol{\theta}}^{BAY}(\tau, \boldsymbol{\theta}_0)$ は $\boldsymbol{\theta}$ のベイズ推定量で

$$\widehat{\boldsymbol{\theta}}^{BAY}(\tau, \boldsymbol{\theta}_0) = \boldsymbol{\theta}_0 + \frac{\tau}{1+\tau}(\boldsymbol{X} - \boldsymbol{\theta}_0) = \boldsymbol{X} - \frac{1}{1+\tau}(\boldsymbol{X} - \boldsymbol{\theta}_0) \quad (24)$$

で与えられる．$\boldsymbol{X}$ の周辺分布は $\mathcal{N}_m(\boldsymbol{\theta}_0, (1+\tau)\boldsymbol{I}_m)$ となるので，$\|\boldsymbol{X} - \boldsymbol{\theta}_0\|^2/(1+\tau)$ は自由度 m のカイ 2 乗分布 χ^2_m に従う．カイ 2 乗分布のモーメントの計算から

$$E^{\boldsymbol{X}}\left[\frac{m-2}{\|\boldsymbol{X} - \boldsymbol{\theta}_0\|^2}\right] = \frac{1}{1+\tau}$$

となるので，$(1+\tau)^{-1}$ の不偏推定量は $(m-2)/\|\boldsymbol{X} - \boldsymbol{\theta}_0\|^2$ となり，これを(24)に代入すると

$$\widehat{\boldsymbol{\theta}}^{EB}(\boldsymbol{\theta}_0) = \widehat{\boldsymbol{\theta}}^{BAY}(\hat{\tau}, \boldsymbol{\theta}_0) = \boldsymbol{X} - \frac{m-2}{\|\boldsymbol{X} - \boldsymbol{\theta}_0\|^2}(\boldsymbol{X} - \boldsymbol{\theta}_0) \quad (25)$$

が得られる．$\boldsymbol{\theta}_0 = \boldsymbol{0}$ のときには $\widehat{\boldsymbol{\theta}}^{EB}(\boldsymbol{0})$ は James-Stein 推定量(7)に一致しており，したがって James-Stein 推定量は経験ベイズ推定量として導出されることがわかる．

ベイズ推定の特徴は，母数の事前分布として主観確率が設定されることにある．これはベイズ推定の長所でもあり短所でもある．過去の経験・知

識・理論や統計家の確信を情報としてモデルに組み入れることができ，その情報がある程度正しければある意味で安定した推定が可能である．一方このことは，統計家の考え方が入り込んでくることを意味しており，恣意的に操作される可能性を含んでいる．これに対して，経験ベイズ推定は超母数を推定することで客観性を持たせており，その結果，(25)で与えられる経験ベイズ推定量 $\widehat{\boldsymbol{\theta}}^{EB}(\boldsymbol{\theta}_0)$ は $\boldsymbol{X}$ を改良することが保証される．$\widehat{\boldsymbol{\theta}}^{EB}(\boldsymbol{\theta}_0)$ は事前の予想に基づいた値 $\boldsymbol{\theta}_0$ へ縮小されていて，その予想が正しければ大きな改善が見込まれる．しかし，その予想が間違っていても通常の推定量 $\boldsymbol{X}$ より悪くはならないわけで，リスクの上での実害はない．このように経験ベイズ推定は，事前の情報を取り入れながらも頻度論者からのリスクの要求をみたしており，事前情報に対する頑健性を有している．

3　優れた縮小推定量を求めて

推定理論における 1 つの究極な推定量はミニマックスでしかも許容的な推定量である．この章では，そのような推定量の導出を行うとともにさらに 1 歩踏み込んで James-Stein 推定量を改良する許容的な推定量を求めてみる．またポテンシャル理論での優調和条件を用いたミニマックス推定量の特徴付けと多重に縮小する推定量の導出および混合事前分布に対する多重縮小推定について説明する．

3.1　許容的ミニマックス推定量

3 次元以上のときに $\boldsymbol{X}$ が非許容的となり，例えば(7)で与えられる James-Stein 推定量 $\widehat{\boldsymbol{\theta}}^{JS}$ によって改良されることを 2.3 節で説明した．しかし $\|\boldsymbol{X}\|^2 \le m-2$ のときには，$\widehat{\boldsymbol{\theta}}^{JS}$ は縮小し過ぎてしまい $\boldsymbol{X}$ 自身の符号を変えてしまうという欠点がある．そこで 0 で打ち切って

$$\widehat{\boldsymbol{\theta}}^{S+} = \max\left\{1 - \frac{m-2}{\|\boldsymbol{X}\|^2},\ 0\right\}\boldsymbol{X}$$

なる **Stein 型打ち切り推定量**(positive-part Stein estimator)が考えられる．$\widehat{\boldsymbol{\theta}}^{JS}$ は $\widehat{\boldsymbol{\theta}}^{S+}$ によって改良されることが容易に示されるが，$\widehat{\boldsymbol{\theta}}^{S+}$ 自身また非許容的になってしまう．このことは，許容性の必要条件についての次の一般論と，打ち切り推定量が一般化ベイズ推定量として表わせないことからわかる．

定理 3.1 (**Brown**(**1971**)) $\boldsymbol{\theta}$ の推定量 $\widehat{\boldsymbol{\theta}}(\boldsymbol{X})$ が許容的であれば，ある非負の測度 $\nu(\mathrm{d}\boldsymbol{\theta})$ が存在して，

$$f_\nu(\boldsymbol{x}) = \int (2\pi)^{-p/2} e^{-\|\boldsymbol{x}-\boldsymbol{\theta}\|^2/2}\nu(\mathrm{d}\boldsymbol{\theta})$$

とおくとき，すべての $\boldsymbol{x}$ に対して $f_\nu(\boldsymbol{x}) < \infty$ で，しかもルベーグ測度に関してほとんどいたるところで

$$\widehat{\boldsymbol{\theta}}(\boldsymbol{X}) = \boldsymbol{X} + \boldsymbol{\nabla} \log f_\nu(\boldsymbol{X})$$

と表わされる． ∎

打ち切り推定量 $\widehat{\boldsymbol{\theta}}^{S+}$ を改良する推定量の具体的な形は Shao and Strawderman(1994)によって求められ，

$$\widehat{\boldsymbol{\theta}}_g^{SS}(a) = \widehat{\boldsymbol{\theta}}^{S+} - \frac{a\ g(\|\boldsymbol{X}\|^2)}{\|\boldsymbol{X}\|^2}\boldsymbol{X} I_{[m-2 \le \|\boldsymbol{X}\|^2 \le m]}$$

なる形で与えられる．ただし，$g(t)$ は $t = m-1$ について対称で，$g(m-2) = g(m) = 0$,

$$g(t) = \begin{cases} t - m, & m^* \le t \le m \text{ のとき} \\ 2m^* - m - t, & m - 1 \le t < m^* \text{ のとき} \end{cases}$$

をみたす関数，m^*, a は適当な定数，I_A は A が正しいとき 1，それ以外は 0 をとる定義関数とする．しかし彼らの発見した推定量も滑らかでなく，その意味では非許容的なままである．それでは $\boldsymbol{X}$ を改良する許容的な推定量はどのような形をしているのだろうか．

許容的かつミニマックスな推定量の導出方法の 1 つは，ミニマックス推定量のクラスを構成し，その中から一般化ベイズ推定量で許容的なものを

見つけるという方法である．まず，縮小推定量のクラスとして

$$\widehat{\boldsymbol{\theta}}_\phi = \left\{1 - \frac{\phi(\|\boldsymbol{X}\|^2)}{\|\boldsymbol{X}\|^2}\right\}\boldsymbol{X} \tag{26}$$

なる形のものを考えよう．実は，直交変換に関する共変性，すなわち，すべての $m \times m$ 直交行列 $\boldsymbol{H}$ に対して $\widehat{\boldsymbol{\theta}}(\boldsymbol{HX}) = \boldsymbol{H}\widehat{\boldsymbol{\theta}}(\boldsymbol{X})$ が成り立つような推定量のクラスは(26)の形で表わされる．

さて，推定量 $\widehat{\boldsymbol{\theta}}_\phi$ のリスクを計算すると，2.3 節で使われた議論と同様にして

$$R(\boldsymbol{\theta}, \widehat{\boldsymbol{\theta}}_\phi) = E\left[m - \frac{\{2(m-2) - \phi(\|\boldsymbol{X}\|^2)\}\phi(\|\boldsymbol{X}\|^2)}{\|\boldsymbol{X}\|^2} - 4\phi'(\|\boldsymbol{X}\|^2)\right] \tag{27}$$

となることがわかる．ただし $\phi'(t) = \mathrm{d}\phi(t)/\mathrm{d}t$ である．したがって，推定量 $\widehat{\boldsymbol{\theta}}_\phi$ がミニマックスになるためには，関数 $\phi(t)$ が

$$\{2(m-2) - \phi(t)\}\phi(t) + 4t\phi'(t) \geq 0 \tag{28}$$

なる形の微分不等式をみたせばよい．これについてはいくつかの解が求められているが，1 つの単純な解は次のようになる．

命題 3.1　$m \geq 3$ に対して $\phi(t)$ が次の条件(a),(b)をみたすとき，推定量 $\widehat{\boldsymbol{\theta}}_\phi$ はミニマックスになる．

(a) $\phi(t)$ は t に関して非減少する絶対連続な関数である．

(b) $0 < \phi(t) \leq 2(m-2)$ をみたす．　∎

次に，命題で与えられたミニマックス推定量のクラスの中から許容的な推定量を求めよう．そのために $\boldsymbol{\theta}$ に対して階層的な事前分布を想定する．τ を与えたときの $\boldsymbol{\theta}$ の条件付き分布および τ の密度関数をそれぞれ

$$\boldsymbol{\theta} \mid \tau \sim \mathcal{N}_m(\mathbf{0}, \tau\boldsymbol{I}_m), \quad \tau \sim (1+\tau)^{-a/2} I_{[\tau>0]} \tag{29}$$

とする．ここで a は適当な定数で，$a > 2$ のとき事前分布は正則であり，$a \leq 2$ のとき非正則となる．このとき，$\boldsymbol{X}, \tau$ を与えたときの $\boldsymbol{\theta}$ の事後分布は

$$\boldsymbol{\theta} \mid \boldsymbol{X}, \tau \sim \mathcal{N}_m\left(\{1 - (1+\tau)^{-1}\}\boldsymbol{X}, \tau(1+\tau)^{-1}\boldsymbol{I}_m\right)$$

となり，τ を与えたときの $\boldsymbol{X}$ の周辺分布は

$$\boldsymbol{X} \mid \tau \sim \mathcal{N}_m\left(\mathbf{0}, (1+\tau)\boldsymbol{I}_m\right)$$

となることがわかる．したがって，$\boldsymbol{\theta}$ の一般化ベイズ推定量は

$$\widehat{\boldsymbol{\theta}}_a^{GB} = E^{\boldsymbol{\theta}|\boldsymbol{X}}[\boldsymbol{\theta} \mid \boldsymbol{X}] = \boldsymbol{X} - \frac{\displaystyle\int_0^\infty (1+\tau)^{-(a+m)/2-1} e^{-\|\boldsymbol{X}\|^2/\{2(1+\tau)\}} \mathrm{d}\tau}{\displaystyle\int_0^\infty (1+\tau)^{-(a+m)/2} e^{-\|\boldsymbol{X}\|^2/\{2(1+\tau)\}} \mathrm{d}\tau} \boldsymbol{X} \qquad (30)$$

となり，$z = \|\boldsymbol{X}\|^2/(1+\tau)$ と変数変換すると

$$\phi_a^{GB}(w) = \int_0^w z^{(a+m)/2-1} e^{-z/2} \mathrm{d}z \Big/ \int_0^w z^{(a+m)/2-2} e^{-z/2} \mathrm{d}z \qquad (31)$$

に対して

$$\widehat{\boldsymbol{\theta}}_a^{GB} = \left\{1 - \frac{\phi_a^{GB}(\|\boldsymbol{X}\|^2)}{\|\boldsymbol{X}\|^2}\right\} \boldsymbol{X} \qquad (32)$$

と表わされる．

一般化ベイズ推定量 $\widehat{\boldsymbol{\theta}}_a^{GB}$ は(26)の形をしているので，$\widehat{\boldsymbol{\theta}}_a^{GB}$ のミニマックス性は命題3.1の条件(a),(b)をみたすことで保証される．条件(a)については，$\phi_a^{GB}(w)$ を w に関して微分することによって容易に確かめられる．また $\phi_a^{GB}(w)$ の単調性より $\phi_a^{GB}(w) \le \lim_{w\to\infty} \phi_a^{GB}(w) = 2\Gamma\{(a+m)/2\}/\Gamma\{(a+m)/2-1\} = a+m-2$ となり，$a+m-2 \le 2(m-2)$ のとき条件(b)がみたされる．すなわち $-(m-2) < a \le m-2$ なる a に対して $\widehat{\boldsymbol{\theta}}_a^{GB}$ はミニマックスになる．

最後に $\widehat{\boldsymbol{\theta}}_a^{GB}$ の許容性について調べる．$a > 2$ に対しては，事前分布が正則であり，ベイズ推定量の許容性から $\widehat{\boldsymbol{\theta}}_a^{GB}$ が許容的であることがわかる．さらに次の定理を用いると許容性の範囲が拡げられることになる．

定理 3.2（**Brown(1971)**） $\boldsymbol{\theta}$ の事前分布 $\nu(\boldsymbol{\theta})$ が球面対称な密度関数 $\pi(\boldsymbol{\theta})$ を用いて $\nu(\mathrm{d}\boldsymbol{\theta}) = \pi(\boldsymbol{\theta})\mathrm{d}\boldsymbol{\theta}$ で与えられると仮定する．周辺分布 $f_\pi(\boldsymbol{x})$ は $\|\boldsymbol{x}\|$ の関数となるので $f_\pi^*(\|\boldsymbol{x}\|) = \int (2\pi)^{-m/2} e^{-\|\boldsymbol{x}-\boldsymbol{\theta}\|^2/2} \pi(\boldsymbol{\theta})\mathrm{d}\boldsymbol{\theta}$ と書くことにし，

$$F_\pi = \int_1^\infty \left\{r^{m-1} f_\pi^*(r)\right\}^{-1} \mathrm{d}r$$

とおく．

（1）$F_\pi < \infty$ ならば，一般化ベイズ推定量 $\widehat{\boldsymbol{\theta}}_\pi$ は非許容的である．

（2）$F_\pi = \infty$ で，しかも $|\nabla \log f_\pi(\boldsymbol{x})|$ が有界ならば，$\widehat{\boldsymbol{\theta}}_\pi$ は許容的である．

∎

事前分布(29)に対しては，$f_\pi^*(r) = r^{-a-m+2}\displaystyle\int_0^{r^2} z^{(a+m)/2-2}e^{-z/2}\mathrm{d}z \le Cr^{-a-m+2}$ と評価されるので，$F_\pi \ge C \displaystyle\lim_{t\to\infty}\int_1^t r^{a-1}\mathrm{d}r$ となり，$a \ge 0$ のとき右辺は発散することがわかる．したがって，そのとき $\widehat{\boldsymbol{\theta}}_a^{GB}$ は許容的となる．以上をまとめると，次の定理が得られる．

定理 3.3　$m \ge 3$ を仮定する．

（1）$-(m-2) < a \le m-2$ のとき $\widehat{\boldsymbol{\theta}}_a^{GB}$ はミニマックスになる．

（2）$a \ge 0$ のとき $\widehat{\boldsymbol{\theta}}_a^{GB}$ は許容的になる．

（3）$0 \le a \le m-2$ のとき $\widehat{\boldsymbol{\theta}}_a^{GB}$ は許容的かつミニマックスになる．

3.2　James-Stein 推定量の改良

代表的な縮小推定量である James-Stein 推定量 $\widehat{\boldsymbol{\theta}}^{JS}$ は，定理 2.3 で示されたように(13)のクラスにおいて最適であるが，前節の冒頭で述べたように非許容的である．前節では $\boldsymbol{X}$ を改良する許容的推定量を求めたが，さらに 1 歩進んで James-Stein 推定量を改良する許容的推定量を導出してみたい．

このためには，リスク関数の差を積分表現する方法が有用である．これは，Kubokawa(1993)で用いられたものを，竹内啓氏によって次のような自然な形に再構成された方法である．(26)の形の推定量 $\widehat{\boldsymbol{\theta}}_\phi$ と James-Stein 推定量とのリスクの差は，(27)より

$$\begin{aligned}\Delta &= R(\boldsymbol{\theta}, \widehat{\boldsymbol{\theta}}^{JS}) - R(\boldsymbol{\theta}, \widehat{\boldsymbol{\theta}}_\phi)\\ &= E\left[-\frac{(m-2)^2}{\|\boldsymbol{X}\|^2} + \frac{\{2(m-2)-\phi\}\phi}{\|\boldsymbol{X}\|^2}\right] + 4E\left[\phi'\right]\end{aligned}$$

と書ける．この右辺の第 1 項を I_1 で表わし，$\displaystyle\lim_{w\to\infty}\phi(w) = m-2$ となることを仮定すると，微積分の基本公式から

$$
\begin{aligned}
I_1 &= E\left[-\left.\frac{\{2(m-2)-\phi(t\|\boldsymbol{X}\|^2)\}\phi(t\|\boldsymbol{X}\|^2)}{\|\boldsymbol{X}\|^2}\right|_{t=1}^{\infty}\right] \\
&= E\left[-\int_1^{\infty}\frac{\mathrm{d}}{\mathrm{d}t}\left\{\frac{\{2(m-2)-\phi(t\|\boldsymbol{X}\|^2)\}\phi(t\|\boldsymbol{X}\|^2)}{\|\boldsymbol{X}\|^2}\right\}\mathrm{d}t\right]
\end{aligned}
$$

と変形することができる．この微分を実行すると

$$
\begin{aligned}
I_1 &= 2E\left[\int_1^{\infty}\{\phi(t\|\boldsymbol{X}\|^2)-(m-2)\}\phi'(t\|\boldsymbol{X}\|^2)\mathrm{d}t\right] \\
&= 2\int_0^{\infty}\int_1^{\infty}\{\phi(tu)-(m-2)\}\phi'(tu)\mathrm{d}t\, h_m(u;\lambda)\mathrm{d}u
\end{aligned}
$$

となる．ただし $h_m(u;\lambda)$ は(18)で与えられる，自由度 m，非心度 $\lambda=\|\boldsymbol{\theta}\|^2$ の非心カイ 2 乗分布の密度関数である．ここで $w=tu$, $\mathrm{d}w=t\mathrm{d}u$, と変数変換した後で $z=w/t$, $\mathrm{d}z=(w/t^2)\mathrm{d}t$ と変数変換すると

$$
\begin{aligned}
I_1 &= 2\int_0^{\infty}\int_1^{\infty}\{\phi(w)-(m-2)\}\phi'(w)t^{-1}h_m(w/t;\lambda)\mathrm{d}t\mathrm{d}w \\
&= 2\int_0^{\infty}\{\phi(w)-(m-2)\}\phi'(w)\left\{\int_0^{w}z^{-1}h_m(z;\lambda)\mathrm{d}z\right\}\mathrm{d}w
\end{aligned}
$$

なる形に変形できる．したがって 2 つの推定量のリスクの差 Δ は

$$
\Delta = 2\int_0^{\infty}\phi'(w)\left[\{\phi(w)-(m-2)\}\int_0^{w}\frac{1}{z}h_m(z;\lambda)\mathrm{d}z+2h_m(w;\lambda)\right]\mathrm{d}w \tag{33}
$$

と表わされる．

(33)から $\Delta\geq 0$ となるための十分条件として，$\phi'(w)\geq 0$ と

$$
\phi(w)\geq m-2-\frac{2h_m(w;\lambda)}{\displaystyle\int_0^{w}z^{-1}h_m(z;\lambda)\mathrm{d}z}\equiv\phi_\lambda(w) \tag{34}
$$

が得られる．ここで $h_m(u)=h_m(u;0)$ とおくと，$h_m(u;\lambda)/h_m(u)$ が u に関して単調増加する．この単調性から

$$
\int_0^{w}z^{-1}h_m(z;\lambda)\mathrm{d}z/h_m(w;\lambda)\leq\int_0^{w}z^{-1}h_m(z)\mathrm{d}z/h_m(w)
$$

なる不等式が成り立つことがわかる．この不等式を用いると，(34)で定義さ

れる $\phi_\lambda(w)$ において $\lambda=0$ を代入したものを $\phi_0(w)$ とおくとき，$\phi_\lambda(w) \geq \phi_0(w)$ なる不等式が成り立つ．部分積分を行うと，結局

$$\begin{aligned}\phi_0(w) &= m-2-\frac{2w^{m/2-1}e^{-w/2}}{\displaystyle\int_0^w z^{m/2-2}e^{-z/2}\mathrm{d}z}\\ &= \int_0^w z^{m/2-1}e^{-z/2}\mathrm{d}z \Big/ \int_0^w z^{m/2-2}e^{-z/2}\mathrm{d}z\end{aligned}$$

という形に整理することができる．以上をまとめると次の定理が得られる．

定理 3.4 $m \geq 3$ に対して $\phi(w)$ が次の 3 つの条件をみたすとき，(26)で与えられる推定量 $\widehat{\boldsymbol{\theta}}_\phi$ は James-Stein 推定量 $\widehat{\boldsymbol{\theta}}^{JS}$ を改良する．

(a) $\phi(w)$ は非減少な絶対連続関数である．

(b) $\lim_{w\to\infty} \phi(w) = m-2$

(c) $\phi(w) \geq \phi_0(w)$ ▎

$\phi_0(w)$ は(31)で与えられた $\phi_a^{GB}(w)$ において $a=0$ とおいたものに等しい．しかも $\lim_{w\to\infty} \phi_0(w) = m-2$ となるので，定理 3.3 より次の系が得られる．

系 3.1 一般化ベイズ推定量 $\widehat{\boldsymbol{\theta}}_0^{GB} = \{1-\phi_0(\|\boldsymbol{X}\|^2)/\|\boldsymbol{X}\|^2\}\boldsymbol{X}$ は $\widehat{\boldsymbol{\theta}}^{JS}$ を改良し，かつ許容的である． ▎

また $\phi_0(w) \leq w$ より，$\phi^{TR}(w) = \min\{w, m-2\}$ とおくと，これは定理 3.4 の 3 つの条件をみたすことがわかる．このとき生ずる推定量は $\widehat{\boldsymbol{\theta}}_{\phi^{TR}} = \widehat{\boldsymbol{\theta}}^{S+}$ となり，Stein 型打ち切り推定量が得られる．

系 3.2 Stein 型打ち切り推定量 $\widehat{\boldsymbol{\theta}}^{S+}$ は $\widehat{\boldsymbol{\theta}}^{JS}$ を改良する． ▎

3.3 優調和条件と多重縮小推定

Stein(1981)は，ポテンシャル理論に登場する調和関数，優調和関数とスタイン現象との興味深い関係を論じた．ここでは，この内容と，$\boldsymbol{\theta}$ の事前分布に混合分布をとるとき多重に縮小する一般化ベイズ推定量が導出されることを説明する．

絶対連続な関数 $\boldsymbol{g}: \mathbb{R}^m \to \mathbb{R}^m$ に対して $\widehat{\boldsymbol{\theta}}_g = \boldsymbol{X} + \boldsymbol{g}(\boldsymbol{X})$ なる推定量を考えると，スタインの等式(14)によりそのリスクは

$$E\left[\|\boldsymbol{X}+\boldsymbol{g}(\boldsymbol{X})-\boldsymbol{\theta}\|^2\right]=m+E\left[2\boldsymbol{\nabla}^t\boldsymbol{g}(\boldsymbol{X})+\|\boldsymbol{g}(\boldsymbol{X})\|^2\right] \tag{35}$$

と書ける．ここで $\boldsymbol{\nabla}=(\partial/\partial x_1,\cdots,\partial/\partial x_m)^t$ である．特に 2 回連続微分可能な関数 $f:\mathbb{R}^m\to\mathbb{R}_+$ に対して

$$\widehat{\boldsymbol{\theta}}_f^S=\boldsymbol{X}+\boldsymbol{\nabla}\log f(\boldsymbol{X}) \tag{36}$$

なる形の推定量を考えると，$\boldsymbol{g}_f(\boldsymbol{x})=\boldsymbol{\nabla}\log f(\boldsymbol{x})$ に対して

$$\boldsymbol{\nabla}^t\boldsymbol{g}_f(\boldsymbol{x})=\boldsymbol{\nabla}^t\left(\boldsymbol{\nabla}f(\boldsymbol{x})/f(\boldsymbol{x})\right)=\frac{\boldsymbol{\nabla}^t\boldsymbol{\nabla}f(\boldsymbol{x})}{f(\boldsymbol{x})}-\frac{\|\boldsymbol{\nabla}f(\boldsymbol{x})\|^2}{(f(\boldsymbol{x}))^2},$$

$$\boldsymbol{\nabla}^t\boldsymbol{\nabla}\sqrt{f(\boldsymbol{x})}=\frac{1}{2}\frac{\boldsymbol{\nabla}^t\boldsymbol{\nabla}f(\boldsymbol{x})}{f(\boldsymbol{x})}-\frac{1}{4}\frac{\|\boldsymbol{\nabla}f(\boldsymbol{x})\|^2}{(f(\boldsymbol{x}))^2}$$

と書けるので，

$$\begin{aligned}E\left[\|\widehat{\boldsymbol{\theta}}_f^S-\boldsymbol{\theta}\|^2\right]&=m+E\left[2\frac{\boldsymbol{\nabla}^t\boldsymbol{\nabla}f(\boldsymbol{X})}{f(\boldsymbol{X})}-\frac{\|\boldsymbol{\nabla}f(\boldsymbol{X})\|^2}{(f(\boldsymbol{X}))^2}\right]\\&=m+4E\left[\frac{\boldsymbol{\nabla}^t\boldsymbol{\nabla}\sqrt{f(\boldsymbol{X})}}{\sqrt{f(\boldsymbol{X})}}\right]\end{aligned} \tag{37}$$

となる．

ここで，ポテンシャル理論に登場する調和関数，優調和関数という概念を定義する．中心 $\boldsymbol{x}_0\in\mathbb{R}^m$，半径 r の超球面を $S_r(\boldsymbol{x}_0)=\{\boldsymbol{x}:\|\boldsymbol{x}-\boldsymbol{x}_0\|=r\}$ とする．

定義 3.1　2 回連続微分可能な $\mathbb{R}^m$ 上の実数値関数 f が $\boldsymbol{x}_0\in\mathbb{R}^m$ で調和(harmonic)であるとは，$\boldsymbol{\nabla}^t\boldsymbol{\nabla}f(\boldsymbol{x}_0)=0$ であることをいい，$\mathbb{R}^m$ の各点で調和条件をみたすとき，$\mathbb{R}^m$ で調和であるという．▌

定義 3.2　$\mathbb{R}^m$ 上の実数値関数 $f(\boldsymbol{x})$ が $\boldsymbol{x}_0\in\mathbb{R}^m$ で**優調和**(superharmonic)であるとは，あらゆる $r>0$ に対して f の $S_r(\boldsymbol{x}_0)$ 上の平均が $f(\boldsymbol{x}_0)$ 以下であることをいう．$\mathbb{R}^m$ の各点で f が優調和であるとき，f は $\mathbb{R}^m$ で優調和であるという．▌

関数 $f(\boldsymbol{x})$ が 2 回連続微分可能であるときには，すべての $\boldsymbol{x}\in\mathbb{R}^m$ に対して条件 $\boldsymbol{\nabla}^t\boldsymbol{\nabla}f(\boldsymbol{x})=\sum_{i=1}^m\partial^2 f(\boldsymbol{x})/\partial x_i^2\le 0$ をみたすことが，f が優調和である必要十分条件であることが知られている．したがって，優調和ということばを用いると，(37)から次の定理が得られる．

定理 3.5　2 回連続微分可能な関数 $f:\mathbb{R}^m\to\mathbb{R}_+$ に対して，$\sqrt{f(\boldsymbol{x})}$ が優

調和関数ならば，(36)で与えられる推定量 $\widehat{\boldsymbol{\theta}}_f^S$ はミニマックスになる．また $f(\boldsymbol{x})$ が優調和ならば $\sqrt{f(\boldsymbol{x})}$ も優調和になる． ▮

特に $f(\boldsymbol{X})=\|\boldsymbol{X}\|^{-(m-2)}$ とおくと $\log f(\boldsymbol{X})=-2^{-1}(m-2)\log\|\boldsymbol{X}\|^2$ だから $\boldsymbol{\nabla}\log f(\boldsymbol{X})=-(m-2)\|\boldsymbol{X}\|^{-2}\boldsymbol{X}$ となり，$\widehat{\boldsymbol{\theta}}_f^S$ は James-Stein 推定量になる．この $f(\boldsymbol{X})$ に対しては $\boldsymbol{\nabla}^t\boldsymbol{\nabla}f(\boldsymbol{X})=-(m-2)\boldsymbol{\nabla}^t\{(\|\boldsymbol{X}\|^2)^{-(m-2)/2-1}\boldsymbol{X}\}=0$ となり，James-Stein 推定量については $f(\boldsymbol{X})$ は調和関数になっていることがわかる．

ミニマックスな平滑化推定量もこの文脈で導くことができる．$\boldsymbol{A}$ を $(\mathrm{tr}\,\boldsymbol{A})\boldsymbol{I}>2\boldsymbol{A}$ をみたす $m\times m$ 対称行列とし，$\boldsymbol{B}=\{(\mathrm{tr}\,\boldsymbol{A})\boldsymbol{I}-2\boldsymbol{A}\}^{-1}\boldsymbol{A}^2$ に対して

$$\widehat{\boldsymbol{\theta}}^S(\boldsymbol{A})=\boldsymbol{X}-(\boldsymbol{X}^t\boldsymbol{B}\boldsymbol{X})^{-1}\boldsymbol{A}\boldsymbol{X}$$

なる形の推定量を考える．そのリスクは，(37)より

$$E\left[\|\widehat{\boldsymbol{\theta}}^S(\boldsymbol{A})-\boldsymbol{\theta}\|^2\right]=m-E\left[\boldsymbol{X}^t\boldsymbol{A}^2\boldsymbol{X}/(\boldsymbol{X}^t\boldsymbol{B}\boldsymbol{X})^2\right]$$

となるので，ミニマックスになることがわかる．特に，$\boldsymbol{A}=(a_{ij})$ の成分を

$$a_{ij}=\begin{cases}2^{-1} & i=j=1\ \text{または}\ i=j=m\ \text{のとき}\\ 1 & i=j\neq 1,m\ \text{のとき}\\ -2^{-1} & |i-j|=1\ \text{のとき}\\ 0 & |i-j|>1\ \text{のとき}\end{cases}$$

とおくと，$m\geq 5$ のとき $\mathrm{tr}\,\boldsymbol{A}=m-1$ が $\boldsymbol{A}$ の最大固有値よりも大きくなるので条件 $\boldsymbol{B}>0$ がみたされる．したがって，$\lambda(\boldsymbol{X})=1/\boldsymbol{X}^t\boldsymbol{B}\boldsymbol{X}$ に対して，3 項移動平均の重み付けを

$$\hat{\theta}_i^S(\boldsymbol{A})=\begin{cases}(1-\lambda(\boldsymbol{X})/2)X_1+\lambda(\boldsymbol{X})/2\cdot X_2 & i=1\ \text{のとき}\\ (1-\lambda(\boldsymbol{X}))X_i+\lambda(\boldsymbol{X})(X_{i-1}+X_{i+1})/2 & i\neq 1,m\ \text{のとき}\\ (1-\lambda(\boldsymbol{X})/2)X_m+\lambda(\boldsymbol{X})/2\cdot X_{m-1} & i=m\ \text{のとき}\end{cases}$$

のように調整した推定量 $\widehat{\boldsymbol{\theta}}^S(\boldsymbol{A})=(\hat{\theta}_1^S(\boldsymbol{A}),\cdots,\hat{\theta}_m^S(\boldsymbol{A}))^t$ がミニマックスになる．

一般化ベイズ推定量のミニマックス性に対する事前分布の特徴付けも優調和条件を用いて与えることができる．$\boldsymbol{\theta}$ の事前分布 $\pi(\boldsymbol{\theta})$ に対する一般化ベイズ推定量は，周辺分布 $f_\pi(\boldsymbol{x})=\int(2\pi)^{-m/2}e^{-\|\boldsymbol{x}-\boldsymbol{\theta}\|^2/2}\pi(\boldsymbol{\theta})\mathrm{d}\boldsymbol{\theta}$ を用

いて

$$\widehat{\boldsymbol{\theta}}_{\pi}^{GB} = \boldsymbol{X} + \boldsymbol{\nabla} \log f_{\pi}(\boldsymbol{X})$$

と表わされる．変数変換すると $f_{\pi}(\boldsymbol{x}) = \int (2\pi)^{-m/2} e^{-\|\boldsymbol{\xi}\|^2/2} \pi(\boldsymbol{x}-\boldsymbol{\xi}) \mathrm{d}\boldsymbol{\xi}$ と書けるので，適当な正則条件のもとで

$$\boldsymbol{\nabla}^t \boldsymbol{\nabla} f_{\pi}(\boldsymbol{x}) = \int (2\pi)^{-m/2} e^{-\|\boldsymbol{\xi}\|^2/2} \left\{ \boldsymbol{\nabla}^t \boldsymbol{\nabla} \pi(\boldsymbol{x}-\boldsymbol{\xi}) \right\} \mathrm{d}\boldsymbol{\xi}$$

となり，事前分布 $\pi(\boldsymbol{\theta})$ が優調和条件をみたせば $f_{\pi}(\boldsymbol{x})$ もその条件をみたすことがわかる．

命題 3.2 事前分布の密度関数 $\pi(\boldsymbol{\theta})$ が優調和条件をみたすならば $\widehat{\boldsymbol{\theta}}_{\pi}^{GB}$ はミニマックスになる． ▌

$\boldsymbol{\theta}$ についての事前情報に基づいて $\boldsymbol{\theta}$ が q 次元の線形部分空間 V に入っていることが推察されるときには，V への射影行列 $\boldsymbol{P}$ を用いて V の方向へ $\boldsymbol{X}$ を縮小する推定量

$$\widehat{\boldsymbol{\theta}}^{JS}(V) = \boldsymbol{X} - \frac{m-q-2}{\|(\boldsymbol{I}-\boldsymbol{P})\boldsymbol{X}\|^2} (\boldsymbol{I}-\boldsymbol{P}) \boldsymbol{X} \tag{38}$$

が考えられ，$m-q \geq 3$ のときミニマックスで，$\boldsymbol{\theta}$ が V に近いときには大きな改善を与える．しかしそのような事前情報はもっと漠然としたものであるかもしれない．George(1986) は $\boldsymbol{\theta}$ が存在すると推察される部分空間の候補が複数個考えられるときに，それぞれに縮小する Stein 推定量の重み付きの和として表わされる多重縮小推定量を提案した．これは，縮小度の大きい推定量に対してより大きな重みをかける適応型の縮小推定量である．

いま J 個の縮小推定量

$$\widehat{\boldsymbol{\theta}}_j^{S}(\boldsymbol{X}) = \boldsymbol{X} + \boldsymbol{\nabla} \log m_j(\boldsymbol{X}), \quad j = 1, \cdots, J$$

がとられている状況を考える．ただし $m_j(\boldsymbol{X})$ は $\mathbb{R}^m$ から $\mathbb{R}_+$ への絶対連続な関数である．$w_1, \cdots, w_J$ を $\sum_{j=1}^{J} w_j = 1$ なる非負の定数とし

$$\widehat{\boldsymbol{\theta}}_*^{S} = \boldsymbol{X} + \boldsymbol{\nabla} \log m_*(\boldsymbol{X}), \quad m_*(\boldsymbol{X}) = \sum_{j=1}^{J} w_j m_j(\boldsymbol{X}) \tag{39}$$

なる形の**多重縮小推定量**(multiple shrinkage estimator)を考えると，$\rho_j(\boldsymbol{X}) = w_j m_j(\boldsymbol{X}) / m_*(\boldsymbol{X})$ に対して

$$\widehat{\boldsymbol{\theta}}_*^S(\boldsymbol{X}) = \sum_{j=1}^J \rho_j(\boldsymbol{X})\widehat{\boldsymbol{\theta}}_j^S(\boldsymbol{X}) \tag{40}$$

と表わされる．$\sum_{j=1}^J \rho_j(\boldsymbol{X}) = 1$ より，$\widehat{\boldsymbol{\theta}}_*^S(\boldsymbol{X})$ は $\widehat{\boldsymbol{\theta}}_1^S(\boldsymbol{X}), \cdots, \widehat{\boldsymbol{\theta}}_J^S(\boldsymbol{X})$ の重み付き推定量になっている．(37) より $\widehat{\boldsymbol{\theta}}_*^S(\boldsymbol{X})$ のリスクは

$$R(\omega, \widehat{\boldsymbol{\theta}}_*^S) = m + E\left[2\frac{\boldsymbol{\nabla}^t\boldsymbol{\nabla} m_*(\boldsymbol{X})}{m_*(\boldsymbol{X})} - \frac{\|\boldsymbol{\nabla} m_*(\boldsymbol{X})\|^2}{\{m_*(\boldsymbol{X})\}^2}\right]$$

となり，この期待値の中身は

$$2\sum_{j=1}^J \rho_m(\boldsymbol{X})\frac{\boldsymbol{\nabla}^t\boldsymbol{\nabla} m_j(\boldsymbol{X})}{m_j(\boldsymbol{X})} - \left\|\sum_{j=1}^J \rho_j(\boldsymbol{X})\frac{\boldsymbol{\nabla} m_*(\boldsymbol{X})}{m_j(\boldsymbol{X})}\right\|^2$$

と書き直すことができるので，すべての j に対して $\boldsymbol{\nabla}^t\boldsymbol{\nabla} m_j(\boldsymbol{X}) \leq 0$ をみたせば，$\widehat{\boldsymbol{\theta}}_*^S(\boldsymbol{X})$ は $\boldsymbol{X}$ を改良することがわかる．

定理 3.6　$j = 1, \cdots, J$ に対して $m_j(\boldsymbol{X})$ が優調和条件をみたすならば，多重縮小推定量 $\widehat{\boldsymbol{\theta}}_*^S(\boldsymbol{X})$ はミニマックスになる． ∎

この定理を用いて J 個の線形部分空間 $V_1, \cdots, V_J$ の方向へ多重に縮小するミニマックス推定量を求めることができる．例えば，過去のデータや事前の実験結果などから $\boldsymbol{\theta}_0$ の値が与えられているときには，$\boldsymbol{X}$ を $\boldsymbol{\theta}_0$ の方向へ縮小する推定量 $\widehat{\boldsymbol{\theta}}_0^{JS}(\boldsymbol{X}) = \boldsymbol{X} - (m-2)\|\boldsymbol{X} - \boldsymbol{\theta}_0\|^{-2}(\boldsymbol{X} - \boldsymbol{\theta}_0)$ が考えられる．しかし，$\boldsymbol{\theta}$ が $\boldsymbol{\theta}_0$ から離れているような最悪のシナリオを考慮すると，$\boldsymbol{X}$ を部分空間 $V_1 = \{c\boldsymbol{e} | c \in \mathbb{R}\}$, $\boldsymbol{e} = (1, \cdots, 1)^t \in \mathbb{R}^m$ の方向へ縮小する推定量 $\widehat{\boldsymbol{\theta}}_1^{JS}(\boldsymbol{X}) = \boldsymbol{X} - (m-3)\|\boldsymbol{X} - \overline{X}\boldsymbol{e}\|^{-2}(\boldsymbol{X} - \overline{X}\boldsymbol{e})$ を考えた方が無難である．ただし $\overline{X} = m^{-1}\sum_{i=1}^m X_i$ である．そこで

$$\rho(\boldsymbol{X}) = \frac{w_1\|\boldsymbol{X} - \boldsymbol{\theta}_0\|^{-(m-2)}}{w_1\|\boldsymbol{X} - \boldsymbol{\theta}_0\|^{-(m-2)} + w_2\|\boldsymbol{X} - \overline{X}\boldsymbol{e}\|^{-(m-3)}}$$

に対して，これら 2 つの方向へ縮小する推定量

$$\widehat{\boldsymbol{\theta}}_*^S(\boldsymbol{X}) = \rho(\boldsymbol{X})\widehat{\boldsymbol{\theta}}_0^{JS}(\boldsymbol{X}) + (1 - \rho(\boldsymbol{X}))\widehat{\boldsymbol{\theta}}_1^{JS}(\boldsymbol{X})$$

が考えられる．

多重縮小推定量の興味深い点は，混合事前分布のベイズ推定量として導出され得ることである．いま $\boldsymbol{\theta}$ に対して J 個の事前分布 $\pi_1, \cdots, \pi_J$ が想定される場合を考えよう．このとき混合事前分布 $\pi_*(\boldsymbol{\theta}) = \sum_{j=1}^J w_j\pi_j(\boldsymbol{\theta})$ に関する $\boldsymbol{X}$ の周辺分布は

$$f_{\pi_*}(\boldsymbol{x}) = \int (2\pi)^{-m/2} e^{-\|\boldsymbol{x}-\boldsymbol{\theta}\|^2/2} \pi_*(\boldsymbol{\theta}) \mathrm{d}\boldsymbol{\theta} = \sum_{j=1}^{J} w_j f_{\pi_j}(\boldsymbol{x})$$

と表わされる．よって，$\boldsymbol{\theta}$ のベイズ推定量は

$$\widehat{\boldsymbol{\theta}}_*^{GB}(\boldsymbol{X}) = \boldsymbol{X} + \boldsymbol{\nabla} \log f_{\pi_*}(\boldsymbol{X}) = \sum_{j=1}^{J} \rho_j(\boldsymbol{X}) \left\{ \boldsymbol{X} + \boldsymbol{\nabla} \log f_{\pi_j}(\boldsymbol{X}) \right\}$$

と書ける．ただし，$\rho_j(\boldsymbol{X}) = w_j f_{\pi_j}(\boldsymbol{X}) / f_{\pi_*}(\boldsymbol{X})$ である．命題 3.2，定理 3.6 から，すべての $\pi_j(\boldsymbol{\theta})$ が優調和関数であれば，$\widehat{\boldsymbol{\theta}}_*^{GB}(\boldsymbol{X})$ はミニマックスになることがわかる．また $P(\pi_j|\boldsymbol{X}) = \rho_j(\boldsymbol{X})$ と書くと，$\sum_{j=1}^{J} P(\pi_j|\boldsymbol{X}) = 1$ であり，$\widehat{\boldsymbol{\theta}}_*^{GB}(\boldsymbol{X}) = \sum_{j=1}^{J} P(\pi_j|\boldsymbol{X}) E^{\pi_j}[\boldsymbol{\theta}|\boldsymbol{X}]$ と表現できるので，$\boldsymbol{\theta}$ が事前分布 π_j をとる確率 w_j が，得られたデータ $\boldsymbol{X}$ によって $P(\pi_j|\boldsymbol{X})$ に更新されていることがわかる．

4　分布とモデルを広げて

これまでは最も単純なモデルとして，分散を既知とした多変量正規分布の平均ベクトルの推定に関して縮小推定の一連の理論を紹介してきた．しかしスタインのパラドクスは正規分布に限らず様々な分布や問題設定において現れる．そこでこの章では，ガンマ分布などの連続型指数分布族，ポアソン分布，負の 2 項分布などの離散型指数分布族などへの拡張について説明する．また線形回帰モデルや多変量回帰モデルなど分散が未知の場合への拡張について概説する．

4.1　線形回帰モデル

多重回帰モデルにおける回帰係数ベクトルの推定を考えてみる．$\boldsymbol{y}$ を N 次元観測ベクトル，$\boldsymbol{A}$ を $N \times m$ の計画行列，$\boldsymbol{\beta}$ を m 次元回帰係数ベクトルとすると，線形回帰モデルは，

$$\boldsymbol{y} = \boldsymbol{A}\boldsymbol{\beta} + \boldsymbol{\epsilon} \tag{41}$$

で与えられる．ここで，$\boldsymbol{\epsilon}$ は $\mathcal{N}_m(\mathbf{0}, \sigma^2\boldsymbol{I})$ に従う誤差変量ベクトルであり，$\boldsymbol{\beta}, \sigma^2$ が未知母数である．$\boldsymbol{\beta}$ の最小 2 乗推定量は $\widehat{\boldsymbol{\beta}} = (\boldsymbol{A}^t\boldsymbol{A})^{-1}\boldsymbol{A}^t\boldsymbol{y}$ であり，これは $\mathcal{N}_m(\boldsymbol{\beta}, (\boldsymbol{A}^t\boldsymbol{A})^{-1})$ なる多変量正規分布に従う．また $S = \|\boldsymbol{y} - \boldsymbol{A}\widehat{\boldsymbol{\beta}}\|^2$, $n = N - p$ とおくと，S/σ^2 は自由度 n のカイ 2 乗分布 χ_n^2 に従い，$\widehat{\boldsymbol{\beta}}$ と S は独立に分布する．回帰係数ベクトルは，説明変数と観測値との線形関係の程度を規定するパラメータで，この $\boldsymbol{\beta}$ を $\widehat{\boldsymbol{\beta}}, S$ に基づいて 2 乗損失関数 $(\widehat{\boldsymbol{\beta}} - \boldsymbol{\beta})^t\boldsymbol{A}^t\boldsymbol{A}(\widehat{\boldsymbol{\beta}} - \boldsymbol{\beta})/\sigma^2$ に関して推定する問題を扱う．

ここで，$\boldsymbol{A}^t\boldsymbol{A} = ((\boldsymbol{A}^t\boldsymbol{A})^{1/2})^2$ なる行列平方根 $(\boldsymbol{A}^t\boldsymbol{A})^{1/2}$ を用いて，$\boldsymbol{X} = (X_1, \cdots, X_m)^t = (\boldsymbol{A}^t\boldsymbol{A})^{1/2}\widehat{\boldsymbol{\beta}}$ および $\boldsymbol{\theta} = (\theta_1, \cdots, \theta_m)^t = (\boldsymbol{A}^t\boldsymbol{A})^{1/2}\boldsymbol{\beta}$ とおくと，(41)の標準形として

$$\boldsymbol{X} \sim \mathcal{N}_m(\boldsymbol{\theta}, \sigma^2\boldsymbol{I}), \quad S \sim \sigma^2\chi_n^2 \tag{42}$$

なるモデルが導かれ，$\boldsymbol{\beta}$ の推定問題は平均ベクトル $\boldsymbol{\theta}$ を推定量 $\boldsymbol{\delta} = \boldsymbol{\delta}(\boldsymbol{X}, S)$ によって 2 乗損失 $\|\boldsymbol{\delta} - \boldsymbol{\theta}\|^2/\sigma^2$ のもとで推定する問題に置き換わる．この節では，未知母数の組を $\omega = (\boldsymbol{\theta}, \sigma^2)$ とおき，標準形(42)のもとで話を進めていく．

平均ベクトル $\boldsymbol{\theta}$ の縮小推定量のクラスとして

$$\boldsymbol{\delta}_\psi = \{1 - \psi(W)/W\}\boldsymbol{X}, \quad W = \|\boldsymbol{X}\|^2/S \tag{43}$$

なる形のものが考えられる．これは，分散が未知の場合の James-Stein 推定量

$$\boldsymbol{\delta}^{JS} = \{1 - (m-2)/\{(n+2)W\}\}\boldsymbol{X}$$

を含んでいる．(43)の推定量 $\boldsymbol{\delta}_\psi$ のリスク関数は，

$$R(\omega, \boldsymbol{\delta}_\psi) = E\left[m - 2\frac{\psi(W)}{W}\frac{\boldsymbol{X}^t(\boldsymbol{X} - \boldsymbol{\theta})}{\sigma^2} + \left(\frac{\psi(W)}{W}\right)^2\frac{\|\boldsymbol{X}\|^2}{\sigma^2}\right] \tag{44}$$

と表わされる．

リスクの不偏推定量を求めるためには，スタインの等式とともにカイ 2 乗分布に基づいた部分積分法である**カイ 2 乗等式**を使う必要があり，それぞれ

$$E[(X_i - \theta_i)h(X_i)] = \sigma^2 E[h'(X_i)] \tag{45}$$

$$E[Sh(S)] = \sigma^2 E[nh(S) + 2Sh'(S)] \tag{46}$$

で与えられる．まず，スタインの等式(45)を用いると，(44)の第2項は，

$$\sigma^{-2}E\left[(\boldsymbol{X}-\boldsymbol{\theta})^t\boldsymbol{X}\psi(W)W^{-1}\right]=E\left[(m-2)\psi(W)/W+2\psi'(W)\right]$$

と書ける．またカイ2乗等式(46)を用いると，(44)の第3項は，

$$\sigma^{-2}E\left[\frac{\psi^2(W)}{W}S\right]=E\left[(n+2)\psi^2(W)/W-4\psi(W)\psi'(W)\right]$$

と表わされる．これらを(44)へ代入することによって，$R(\omega,\boldsymbol{\delta}_\psi)$ の不偏推定量

$$\widehat{R}(\boldsymbol{\delta}_\psi)=m+\{(n+2)\psi(W)-2(p-2)\}\frac{\psi(W)}{W}-4\psi'(W)-4\psi(W)\psi'(W)$$

が得られる．すなわち，$R(\omega,\boldsymbol{\delta}_\psi)=E[\widehat{R}(\boldsymbol{\delta}_\psi)]$ である．$\boldsymbol{\delta}_\psi$ がミニマックスになるための微分不等式 $\widehat{R}(\boldsymbol{\delta}_\psi)\le m$ の1つの解が次の定理で与えられる．

定理 4.1　$m\ge 3$ に対して $\psi(w)$ が条件 (a) $\psi(w)$ の非減少性，(b) $0<\psi(w)\le 2(m-2)/(n+2)$ をみたすとき，推定量 $\boldsymbol{\delta}_\psi$ はミニマックスになる．▮

ミニマックスな一般化ベイズ推定量，許容的な推定量の導出や，James-Stein 推定量 $\boldsymbol{\delta}^{JS}$ を改良する推定量のクラスの構成など，3章と同様な結果が成り立つ．

上述のモデル(41)は，次のような多変量線形回帰モデルに拡張される．$\boldsymbol{Y}$ を $N\times p$ 観測行列，$\boldsymbol{A}$ を $N\times m$ 計画行列でランク m，$\boldsymbol{\beta}$ を未知の $m\times p$ 回帰係数行列として，$\boldsymbol{Y}=\boldsymbol{A\beta}+\boldsymbol{E}$ なる多変量線形回帰モデルを考える．ただし，$\boldsymbol{E}$ は $N\times p$ 誤差行列で，多変量正規分布 $\mathcal{N}_{N,p}(\boldsymbol{0},\boldsymbol{I}_N,\boldsymbol{\Sigma})$ に従う．これは，$\boldsymbol{E}=(\boldsymbol{e}_1,\cdots,\boldsymbol{e}_N)^t$ とおくとき，$\boldsymbol{e}_1,\cdots,\boldsymbol{e}_N$ が互いに独立に多変量正規分布 $\mathcal{N}_p(\boldsymbol{0},\boldsymbol{\Sigma})$ に従うことを意味する．$\boldsymbol{\beta}$ の最小2乗推定量は $\widehat{\boldsymbol{\beta}}=(\boldsymbol{A}^t\boldsymbol{A})^{-1}\boldsymbol{A}^t\boldsymbol{y}$ であり，残差平方和行列は $\boldsymbol{S}=(\boldsymbol{y}-\boldsymbol{A}\widehat{\boldsymbol{\beta}})^t(\boldsymbol{y}-\boldsymbol{A}\widehat{\boldsymbol{\beta}})$ で与えられ，それぞれ $\widehat{\boldsymbol{\beta}}\sim\mathcal{N}_{m,p}(\boldsymbol{\beta},(\boldsymbol{A}^t\boldsymbol{A})^{-1},\boldsymbol{\Sigma})$, $\boldsymbol{S}\sim\mathcal{W}_p(n,\boldsymbol{\Sigma})$, $n=N-m$ に従う．ここで $\mathcal{W}_p(n,\boldsymbol{\Sigma})$ は平均 $n\boldsymbol{\Sigma}$，自由度 n のウィシャート分布を表わしている．

$\boldsymbol{X}=(\boldsymbol{A}^t\boldsymbol{A})^{1/2}\widehat{\boldsymbol{\beta}}$, $\boldsymbol{\Theta}=(\boldsymbol{A}^t\boldsymbol{A})^{1/2}\boldsymbol{\beta}$ とおくと，

$$\boldsymbol{X}\sim\mathcal{N}_{m,p}(\boldsymbol{\Theta},\boldsymbol{I}_m,\boldsymbol{\Sigma}),\quad \boldsymbol{S}\sim\mathcal{W}_p(n,\boldsymbol{\Sigma}) \tag{47}$$

なる標準形が得られる．ここで $\boldsymbol{X}$ と $\boldsymbol{S}$ は独立に分布する．この標準形において，行列平均 $\boldsymbol{\Theta}$ を推定量 $\boldsymbol{\delta}=\boldsymbol{\delta}(\boldsymbol{X},\boldsymbol{S})$ により損失関数 $\mathrm{tr}\,(\boldsymbol{\delta}-\boldsymbol{\Theta})\boldsymbol{\Sigma}^{-1}(\boldsymbol{\delta}-\boldsymbol{\Theta})^t$

に関して推定する問題が考えられる．

$\boldsymbol{\Theta}$ の Efron-Morris 型推定量は $\boldsymbol{X}$ を改良する代表的な推定量として

$$\boldsymbol{\delta}^{EM} = \begin{cases} \boldsymbol{X}\left\{\boldsymbol{I}_p - \dfrac{m-p-1}{n+p+1}(\boldsymbol{X}^t\boldsymbol{X})^{-1}\boldsymbol{S}\right\}, & m \geq p+2 \text{ のとき} \\ \left\{\boldsymbol{I}_m - \dfrac{p-m-1}{n+2m-p+1}(\boldsymbol{X}\boldsymbol{S}^{-1}\boldsymbol{X}^t)^{-1}\right\}\boldsymbol{X}, & p \geq m+2 \text{ のとき} \end{cases}$$

で与えられる．このほか様々な形のミニマックスな縮小推定量が提案され，特に $(\boldsymbol{X}^t\boldsymbol{X})^{-1}\boldsymbol{S}$ もしくは $\boldsymbol{X}\boldsymbol{S}^{-1}\boldsymbol{X}^t$ の固有値の関数を用いてより一般的な縮小推定量が考えられ，そのミニマックス性が論じられた．詳しくは，Bilodeau and Kariya(1989)，Konno(1991)を参照されたい．

4.2 連続型指数分布族

次にスタイン現象が正規分布やガンマ分布などを含む連続型指数分布族に拡張されることを述べよう．

いま $X_1, \cdots, X_m$ が互いに独立な確率変数で，各 X_i のルベーグ測度に関する密度関数が

$$f_i(x_i|\theta_i) = \frac{1}{r_i(x)} \exp\left\{\mu_i \int^{x_i} \frac{1}{r_i(u)}\mathrm{d}u - \int^{x_i} \frac{u}{r_i(u)}\mathrm{d}u - B_i(\theta_i)\right\} \tag{48}$$

で与えられるとする．ただし μ_i は θ_i の関数 $\mu_i(\theta_i)$ であり，$f_i(x_i|\theta_i)$ の台は区間 (k_1, k_2) であるとする．このような形の密度関数をもつ分布族を $\mathcal{F}_E$ で表わすと，これは一般的な指数分布族の部分族であり正規，ガンマ，ベータ分布などを含んでいて，

$$\frac{\mathrm{d}}{\mathrm{d}x_i}\{r_i(x_i)f(x_i|\theta_i)\} = -(x_i - \mu_i)f(x_i|\theta_i) \tag{49}$$

なる関係式が成り立つ．実は Stein 型縮小推定量による改良結果を導くためには，関係式(49)のみを仮定すればよく，指数分布族(48)である必要はない．この関係式(49)は Pearson の分布族に対してもみたされている．

未知母数の組 $\boldsymbol{\mu} = (\mu_1, \cdots, \mu_m)^t$ を，$\boldsymbol{X} = (X_1, \cdots, X_m)^t$ に基づいた推定

量 $\boldsymbol{\delta}=\boldsymbol{\delta}(\boldsymbol{X})$ によって 2 乗損失関数 $\|\boldsymbol{\delta}-\boldsymbol{\mu}\|^2$ に関して推定する問題を考える．絶対連続な関数 $\boldsymbol{g}(\boldsymbol{X})=(g_1(\boldsymbol{X}),\cdots,g_m(\boldsymbol{X}))^t$ に対して一般的な推定量 $\boldsymbol{\delta}_g=\boldsymbol{X}-\boldsymbol{g}(\boldsymbol{X})$ が $\boldsymbol{X}$ を改良するための条件は，次の部分積分によって求められる．

補題 4.1　絶対連続関数 $h:\mathbb{R}\to\mathbb{R}$ が，$E[|r_i(X_i)(\partial/\partial X_i)h(X_i)|]<\infty$,

$$\lim_{x\to k_1} r_i(x)h(x)f_i(x|\theta_i)=\lim_{x\to k_2} r_i(x)h(x)f_i(x|\theta_i)=0$$

をみたすと仮定する．このとき次の等式が成り立つ．

$$E\left[(X_i-\mu_i)\,h(X_i)\right]=E\left[r_i(X_i)\frac{\partial}{\partial X_i}h(X_i)\right]$$

∎

この補題において $h(X_i)=1$ とおくと $E[X_i-\mu_i]=0$ となるので，$E[\boldsymbol{X}]=\boldsymbol{\mu}$，すなわち $\boldsymbol{X}$ は $\boldsymbol{\mu}$ の不偏推定量になっていることがわかる．またこの補題から容易に次の命題が導かれる．

命題 4.1　$E[\|\boldsymbol{X}\|^2]<\infty$ とし，$i=1,\cdots,m$ に対して $g_i(\boldsymbol{X})$ が補題 4.1 の条件をみたすと仮定する．このとき 2 つの推定量のリスクの差は次の式で与えられる．

$$R(\boldsymbol{\mu},\boldsymbol{X})-R(\boldsymbol{\mu},\boldsymbol{\delta}_g)=\sum_{i=1}^m E\left[2r_i(X_i)\frac{\partial}{\partial X_i}g_i(\boldsymbol{X})-\{g_i(\boldsymbol{X})\}^2\right]$$

∎

$b_i=b_i(X_i)=\int^{X_i} r_i^{-1}(u)\mathrm{d}u$ に対して $\boldsymbol{b}=(b_1,\cdots,b_m)^t$ とおくとき，$\boldsymbol{b}$ に関する微分作用素 $\boldsymbol{\nabla}_B=(\partial/\partial b_1,\cdots,\partial/\partial b_m)^t$ を用いて書き直すと，

$$\frac{\partial g_i}{\partial X_i}=\frac{\partial g_i}{\partial b_i}\frac{\partial b_i}{\partial X_i}=\frac{\partial g_i}{\partial b_i}\frac{1}{r_i}$$

より，命題 4.1 のリスクの表現式は，

$$R(\boldsymbol{\mu},\boldsymbol{X})-R(\boldsymbol{\mu},\boldsymbol{\delta}_g)=E\left[2\boldsymbol{\nabla}_B^t\boldsymbol{g}(\boldsymbol{X})-\|\boldsymbol{g}(\boldsymbol{X})\|^2\right]$$

と表わすことができる．$\boldsymbol{g}(\boldsymbol{X})=c\|\boldsymbol{b}\|^{-2}\boldsymbol{b}$ とおくと $2\boldsymbol{\nabla}_B^t\boldsymbol{g}(\boldsymbol{X})-\|\boldsymbol{g}(\boldsymbol{X})\|^2=\|\boldsymbol{b}\|^{-2}\{2(m-2)c-c^2\}$ と書けるので，次の命題が得られる．

命題 4.2　命題 4.1 の条件のもとで $0<c\le 2(m-2)$, $m\ge 3$ に対して $\boldsymbol{\delta}^{JS}=\boldsymbol{X}-c\|\boldsymbol{b}\|^{-2}\boldsymbol{b}$ は $\boldsymbol{X}$ を改良する． ∎

命題 4.2 の例として，各 X_i がガンマ分布 $\mathcal{G}a(\theta_i,1)$ に従う場合，すなわち $f(x_i|\theta_i)=\{\Gamma(\theta_i)\}^{-1}x_i^{\theta_i-1}\exp\{-x_i\}$ のときには，$\mu_i=\theta_i$，$r_i(X_i)=X_i$,

$b_i(X_i) = \log X_i$, $\boldsymbol{b} = (\log X_1, \cdots, \log X_m)^t$ に対応する．したがって，推定量

$$\delta_i^{JS} = X_i - \frac{c}{\sum_{j=1}^{m} (\log X_i)^2} \log X_i, \ i = 1, \cdots, p$$

は $0 < c \leq 2(m-2)$ に対して $\boldsymbol{X}$ を改良することがわかる．

また正規分布 $\mathcal{N}(\theta_i, 1)$ の場合には，$\mu_i = \theta_i$, $r_i(X_i) = 1$, $b_i(X_i) = X_i$, $\boldsymbol{b} = \boldsymbol{X} = (X_1, \cdots, X_m)^t$ に対応する．

ベータ分布の場合，すなわち各 X_i が $\mathcal{B}e(k_i\theta_i, k_i(1-\theta_i))$ に従うときには，$\mu_i = \theta_i$, $r_i(X_i) = X_i(1-X_i)/k_i$, $b_i(X_i) = k_i \log\{X_i/(1-X_i)\}$ に対応するので，

$$\delta_i^{JS} = X_i - \frac{c}{\sum_{j=1}^{m} \{k_i \log X_i/(1-X_i)\}^2} k_i \log \frac{X_i}{1-X_i}, \quad i = 1, \cdots, m$$

は $0 < c \leq 2(m-2)$ に対して $\boldsymbol{X}$ を改良することがわかる．

(48)で与えられる指数型分布族の期待値母数 $\boldsymbol{\mu} = (\mu_1, \cdots, \mu_m)^t$ の推定については，$\boldsymbol{X} = (X_1, \cdots, X_m)^t$ を改良する一般化ベイズ推定量を構成することができる．$f(\boldsymbol{x}|\boldsymbol{\theta}) = \prod_{i=1}^{p} f_i(x_i|\theta_i)$ とするとき，$\boldsymbol{\theta}$ の事前分布 $\pi(\boldsymbol{\theta})$ に関する $\boldsymbol{X}$ の周辺分布は $f_\pi(\boldsymbol{x}) = \int f(\boldsymbol{x}|\boldsymbol{\theta}) \mathrm{d}\pi(\boldsymbol{\theta})$ と書ける．このとき $\boldsymbol{\mu}$ のベイズ推定量は，$g(\boldsymbol{X}) = \left\{\prod_{i=1}^{p} r_i(x_i)\right\} f_\pi(\boldsymbol{x})$ に対して $\boldsymbol{\delta}_\pi^{GB} = \boldsymbol{X} + \boldsymbol{\nabla}_B \log g(\boldsymbol{X})$ と表現することができ，3.3 節での議論と同様にして $g(\boldsymbol{x})$ が優調和条件をみたせば $\boldsymbol{X}$ を改良することができる．

この他，ガンマ分布についての詳しい研究やディリクレ分布など相関の入っている多次元連続型指数分布族におけるスタイン問題などが扱われた．なおこの節の詳しい内容ついては，Hudson(1978)，Haff and Johnson(1986)を参照されたい．

4.3 離散型指数分布族

さて，ポアソン分布，負の 2 項分布，2 項分布など離散型指数分布族においてもスタイン現象は起こりうるだろうか．

より一般的に次のようなモデルを考えよう．確率変数 $X_1, \cdots, X_m$ が互いに独立で，各 X_i は密度関数

$$f(x_i|\theta_i) = \rho(\theta_i)t(x_i)\theta_i^{x_i}, \quad x_i = 0, 1, 2, \cdots \tag{50}$$

の離散型指数分布族に従っているとする．$\boldsymbol{X} = (X_1, \cdots, X_m)^t$ に基づいて $\boldsymbol{\theta} = (\theta_1, \cdots, \theta_m)^t$ を推定するとき，損失関数 $L_\ell(\boldsymbol{\delta}, \boldsymbol{\theta}) = \sum_{i=1}^m \theta_i^{-\ell}(\delta_i - \theta_i)^2$ を用いることにする．ただし ℓ は 0 以上の整数である．

まず離散型指数分布族における有用な等式の導出から始める．$x < \ell$ では $h(x) = 0$ となる関数 $h(\cdot)$ に対して，

$$\begin{aligned} E_{\theta_i}\left[\theta_i^{-\ell}h(X_i)\right] &= \sum_{x=0}^{\infty} h(x)\rho(\theta_i)t(x)\theta_i^{x-\ell}\theta_i^{x-\ell} \\ &= \sum_{y=-\ell}^{\infty} h(y+\ell)\rho(\theta_i)t(y+\ell)\theta_i^{y} \\ &= E\left[h(X_i+\ell)\frac{t(X_i+\ell)}{t(X_i)}\right] \end{aligned} \tag{51}$$

と表現することができる．この等式において $\ell = -1$, $h(\cdot) = 1$ とし $t(x-1)/t(x)|_{x=0} = 0$ と仮定すると，$E[t(X_i-1)/t(X_i)] = \theta_i$ となるので $\delta_i^{UB} = t(X_i-1)/t(X_i)$ が θ_i の不偏推定量になる．$\boldsymbol{\delta}^{UB} = (\delta_1^{UB}, \cdots, \delta_m^{UB})^t$ を改良するために

$$\boldsymbol{\delta}_\phi^* = \boldsymbol{\delta}^{UB} - \boldsymbol{\phi}(\boldsymbol{X}), \quad \boldsymbol{\phi}(\boldsymbol{X}) = (\phi_1(\boldsymbol{X}), \cdots, \phi_m(\boldsymbol{X}))^t$$

なる形の推定量を扱う．$i = 1, \cdots, m$, $x_i < \ell$ に対して $\phi_i(\boldsymbol{X}) = 0$ とし，等式(51)を用いてこれらの推定量のリスクの差を評価すると，

$$\begin{aligned} \Delta &= R(\boldsymbol{\theta}, \boldsymbol{\delta}^{UB}) - R(\boldsymbol{\theta}, \boldsymbol{\delta}_\phi) \\ &= \sum_{i=1}^m \theta_i^{-\ell} E\left[2(\delta_i^{UB} - \theta_i)\phi_i(\boldsymbol{X}) - \phi_i^2(\boldsymbol{X})\right] = E[\mathcal{D}_\ell(\boldsymbol{\phi})] \end{aligned}$$

となる．ただし $\boldsymbol{e}_i \in \mathbb{R}^m$ を，第 i 成分が 1 で他の成分が 0 のベクトルとすると，$\mathcal{D}_\ell(\boldsymbol{\phi})$ は

$$\mathcal{D}_\ell(\boldsymbol{\phi}) = \sum_{i=1}^m \left\{ 2\frac{t(X_i+\ell-1)}{t(X_i)}[\phi_i(\boldsymbol{X}+\ell\boldsymbol{e}_i)-\phi_i(\boldsymbol{X}+(\ell-1)\boldsymbol{e}_i)] - \frac{t(X_i+\ell)}{t(X_i)}\phi_i^2(\boldsymbol{X}+\ell\boldsymbol{e}_i) \right\} \tag{52}$$

で与えられる．したがって $\boldsymbol{\delta}^{UB}$ を改良する推定量 $\boldsymbol{\delta}_\phi$ を求めるためには，差分不等式 $\mathcal{D}_\ell(\boldsymbol{\phi}) \geq 0$ をみたす $\boldsymbol{\phi}$ を求めればよい．一般に差分不等式をみたす ϕ の形と非許容性に関する m の条件は損失関数の中の ℓ の値によって変わってくる．

ここではポアソン分布を例として扱ってみることにする．すなわち，各 X_i がポアソン分布 $(\theta_i^{x_i}/x_i!)\exp\{-\theta_i\}$ に従っているとする．$\ell=1$ のときには，$t(x)=1/x!$ より $t(x+1)/t(x)=1/(x+1)$ なので

$$\mathcal{D}_1(\phi) = 2\sum_{i=1}^m\{\phi_i(\boldsymbol{X}+\boldsymbol{e}_i)-\phi_i(\boldsymbol{X})\} - \sum_{i=1}^m \frac{\phi_i^2(\boldsymbol{X}+\boldsymbol{e}_i)}{X_i+1} = 2I_1 - I_2$$

とかける．ここで非減少関数 $\psi(\cdot)$ を用いて

$$\delta_i(\psi) = X_i - \frac{\psi(\boldsymbol{X}-\boldsymbol{e}_i)}{\sum_{j=1}^m X_j + m - 1}X_i \tag{53}$$

なる形の θ_i の推定量を考えてみると，I_1 は

$$\begin{aligned} I_1 &= \sum_{i=1}^m \left\{ \psi(\boldsymbol{X})\frac{X_i+1}{\sum_j X_j + m} - \psi(\boldsymbol{X}-\boldsymbol{e}_i)\frac{X_i}{\sum_j X_j + m - 1} \right\} \\ &\geq \psi(\boldsymbol{X})\sum_{i=1}^m \frac{(\sum_j X_j + m - 1) - X_i}{(\sum_j X_j + m)(\sum_j X_j + m - 1)} \geq \psi(\boldsymbol{X})\frac{m-1}{\sum_j X_j + m} \end{aligned}$$

と評価される．一方，$I_2 = \psi^2(\boldsymbol{X})/(\sum_j X_j + m)$ より，結局

$$\mathcal{D}_1(\phi) \geq \psi(\boldsymbol{X})\{2(m-1)-\psi(\boldsymbol{X})\}\Big/\left(\sum_j X_j + m\right)$$

となる．

命題 4.3　$m \geq 2$ に対して，$\psi(\boldsymbol{x})$ が条件 (a)$\psi(\boldsymbol{x})$ の非減少性，(b) $0 < \psi(\boldsymbol{x}) \leq 2(m-1)$ をみたすとき，(53)で与えられる推定量 $(\delta_1(\psi), \cdots, \delta_m$

$(\psi))^t$ は $L_1(\boldsymbol{\delta},\boldsymbol{\theta})$ 損失関数 $(\ell=1)$ に関して $\boldsymbol{X}$ を改良する． ∎

Clevenson and Zidek(1975)は，$\gamma>1$ に対して $\pi(\boldsymbol{\theta})=\int_0^\infty t^{\gamma+m-2}(t+\sum_i\theta_i)^{-\gamma}e^{-t}\mathrm{d}t/(\sum_{i=1}^m\theta_i)^{m-1}$ なる形の事前分布を想定し，ベイズ推定量 $\delta_i^\pi=X_i-(m-1+\gamma)X_i/(\sum_j X_j+m-1+\gamma)$ を導いた．命題4.3より，$1<\gamma\le m-1$ のときにそのベイズ推定量は許容的でしかも $\boldsymbol{X}$ を改良することが示される．

$\ell=0$ の損失関数 L_0 に関しては，$h(x)=\sum_{j=1}^x j^{-1}$ に対して $D=\sum_{j=1}^m h(X_j)h(X_j+1)$ とし非減少関数 $\psi(\boldsymbol{x})$ に対して

$$\delta_i(\psi)=X_i-\psi(\boldsymbol{X})h(X_i)/D \tag{54}$$

なる形の推定量を考える．このとき(52)は

$$\mathcal{D}_0(\phi)=2\sum_{i=1}^m X_i\left\{\phi_i(\boldsymbol{X})-\phi_i(\boldsymbol{X}-\boldsymbol{e}_i)\right\}-\sum_{i=1}^m\phi_i^2(\boldsymbol{X})=2I_1-I_2$$

と書け，$I_2\le\psi^2(\boldsymbol{X})/D$ となることが容易にわかる．

一方，$D_i=\sum_{j\ne i}h(X_j)h(X_j+1)+h(X_i-1)h(X_i)$ に対して

$$\begin{aligned}I_1&\ge\psi(\boldsymbol{X})\sum_{i=1}^m X_i\left\{\frac{h(X_i)}{D}-\frac{h(X_i-1)}{D_i}\right\}\\&=\psi(\boldsymbol{X})\sum_{i=1}^m X_i\left\{\frac{h(X_i)-h(X_i-1)}{D}-\frac{(D-D_i)h(X_i-1)}{DD_i}\right\}\end{aligned}$$

となる．ここで $h(X_i)-h(X_i-1)=1/X_i$, $D-D_i\le 2h(X_i)/X_i$, $D_i\ge\sum_j h(X_j)h(X_j-1)\equiv D_{-1}$ に注意する．$N_1(\boldsymbol{X})$ を $X_i\ge 1$ となる i の個数とすると，

$$I_1\ge\psi(\boldsymbol{X})\left\{\frac{N_1(\boldsymbol{X})}{D}-2\sum_{i=1}^m\frac{h(X_i)h(X_i-1)}{DD_{-1}}\right\}=\psi(\boldsymbol{X})\frac{N_1(\boldsymbol{X})-2}{D}$$

と評価されるので，次の命題が成り立つ．

命題 4.4　$m\ge 3$ に対して，$\psi(\boldsymbol{x})$ が条件 (a) $\psi(\boldsymbol{x})$ の非減少性，(b) $0<\psi(\boldsymbol{x})\le 2\{N_1(\boldsymbol{X})-2\}$ をみたすとき，(54)の推定量 $(\delta_1(\psi),\cdots,\delta_m(\psi))^t$ は L_0 損失関数($\ell=0$)に関して $\boldsymbol{X}$ を改良する． ∎

負の2項分布 $\mathcal{NB}(\theta,r)$ に対しても同様な結果が得られるとともに，負の多項分布など多次元離散型指数分布族への拡張も可能である．また2項分布 $\mathcal{B}(n,p)$ の n の同時推定問題に関しても同様の議論が展開される．この節の詳しい説明については Hudson(1978)，Hwang(1982)を参照されたい．

ここでは省略されるが，スタインのパラドクスは球面対称分布，符号不変分布などの分布族や一様分布，両側指数分布，t-分布などの分布へ拡張される．ノンパラメトリックモデル，時系列モデル，確率過程におけるスタイン現象についても研究されている．

5 応用例の紹介

これまでは縮小推定の理論的側面について説明してきたが，この章では応用例を通して縮小推定法がどのような場面で役に立つのかについて述べる．ここで取り上げる例の1つは，多重共線性を有する多重回帰モデルであり，経験ベイズ型リッジ回帰推定量を用いることによって最小2乗推定値よりも安定した推定値を与えることができる．また小地域推定や予測問題への応用例についても取り上げる．

5.1 多重共線性と適応型リッジ回帰推定

多重回帰分析を行う際にモデルに含まれる説明変数どうしが相互に強い関係をもたないことが前提とされる．しかし，経時的に得られるデータを説明変数として使用すると，それらの間に多重共線性が存在して解析が不安定になってしまうことが起こる場合がある．このときには，主成分法に基づいた推定量やリッジ回帰推定量もしくは変数選択法が用いられる．ここでは，ミニマックスな経験ベイズ型リッジ回帰推定量を与えて，多重共線性が存在するときの解析例を紹介する．

観測変数 y と $m-1$ 個の説明変数 $a_1, \cdots, a_{m-1}$ の間に $y = \beta_0 + \beta_1 a_1 + \cdots + \beta_{m-1} a_{m-1}$ なる線形関係が想定される場合を考える．いま N 個のデータ $(y_j, a_{1j}, \cdots, a_{m-1,j})$, $j = 1, \cdots, N$ が与えられているときには，行列表現を用いて

$$\boldsymbol{y} = \boldsymbol{A\beta} + \boldsymbol{\epsilon}$$

なる線形回帰モデルとして表わすことができる．ただし，$\boldsymbol{a}_j=(1, a_{1j}, \cdots, a_{m-1,j})$ に対して $\boldsymbol{A}=(\boldsymbol{a}_1^t, \cdots, \boldsymbol{a}_N^t)^t$, $\boldsymbol{\beta}=(\beta_0, \cdots, \beta_{m-1})^t$, $\boldsymbol{y}=(y_1, \cdots, y_N)^t$ であり，誤差項 $\boldsymbol{\epsilon}$ は未知の分散 σ^2 をもって正規分布 $\mathcal{N}_N(\boldsymbol{0}, \sigma^2\boldsymbol{I}_N)$ に従っているものとする．このとき $\boldsymbol{\beta}$ の最小 2 乗推定量は $\widehat{\boldsymbol{\beta}}=(\boldsymbol{A}^t\boldsymbol{A})^{-1}\boldsymbol{A}^t\boldsymbol{y}$ であり，$\widehat{\boldsymbol{\beta}} \sim \mathcal{N}_m(\boldsymbol{\beta}, \sigma^2(\boldsymbol{A}^t\boldsymbol{A})^{-1})$ に従う．

定数項を含めて説明変数 $a_1, \cdots, a_{m-1}$ の間に強い相関関係が存在するとき，すなわち多重共線性が認められる場合には，$(\boldsymbol{A}^t\boldsymbol{A})^{-1}$ が不安定になるため $\widehat{\boldsymbol{\beta}}$ による推定精度が著しく悪くなる．具体的には，$\boldsymbol{A}^t\boldsymbol{A}$ を $m \times m$ 直交行列 $\boldsymbol{H}$ で対角化したときの固有値を $r_1 \geq \cdots \geq r_m$ とする，すなわち，$\boldsymbol{H}^t\boldsymbol{A}^t\boldsymbol{A}\boldsymbol{H}=\mathrm{diag}\,(r_1, \cdots, r_m)$ のとき，小さい固有値がほとんど 0 に近い値になり，その結果，最小 2 乗推定量 $\widehat{\boldsymbol{\beta}}$ が不安定になってしまう．そこで，$\tau=1/k>0$ に対して**リッジ回帰推定量**(ridge regression estimator)

$$\widehat{\boldsymbol{\beta}}^R(\tau)=[\boldsymbol{A}^t\boldsymbol{A}+k\boldsymbol{I}]^{-1}\boldsymbol{A}^t\boldsymbol{y}=\widehat{\boldsymbol{\beta}}-[\boldsymbol{I}+\tau\boldsymbol{A}^t\boldsymbol{A}]^{-1}\widehat{\boldsymbol{\beta}} \qquad (55)$$

が考えられる．この推定量は不偏ではなくなるが，推定値は安定化される．

リッジ回帰推定量は未知のパラメータ τ を含んでおり，リッジ軌跡を描いて推定値が安定する最小の τ を選ぶ方法がとられる．しかし，τ の決め方には恣意性が残るばかりでなく，最小 2 乗推定量 $\widehat{\boldsymbol{\beta}}$ を一様に改良することができない．そこで τ をデータから推定することにより，$\widehat{\boldsymbol{\beta}}^R(\hat{\tau})$ が $\widehat{\boldsymbol{\beta}}$ を平均 2 乗誤差に関して一様に改良するように推定量 $\hat{\tau}$ を定めることができる．このような推定量 $\widehat{\boldsymbol{\beta}}^R(\hat{\tau})$ を**適応型リッジ回帰推定量**(adaptive ridge regression estimator)という．しかし，r_m が小さいときには $\widehat{\boldsymbol{\beta}}^R(\hat{\tau})$ のミニマックス性の条件がみたされないため，多重共線性の解決とミニマックス性を併せ持つ適応型リッジ回帰推定量は存在しない．

パラメータ τ の合理的な推定量の 1 つは，経験ベイズ推定量として与えられる．実は(55)はベイズ推定量になっていて，τ^* を周辺分布に基づいた方程式

$$\widehat{\boldsymbol{\beta}}^t\left\{(\boldsymbol{A}^t\boldsymbol{A})^{-1}+\tau^*\boldsymbol{I}\right\}^{-1}\widehat{\boldsymbol{\beta}}=(m-2)S/(n+2), \qquad (56)$$

の根とし，τ を $\hat{\tau}_{EB}=\max\{\hat{\tau}^*, \tau_0\}$ で推定する．ここで $S=(\boldsymbol{y}-\boldsymbol{A}\widehat{\boldsymbol{\beta}})^t(\boldsymbol{y}-\boldsymbol{A}\widehat{\boldsymbol{\beta}})$, $n=N-m$ であり，τ_0 は

$$\sum_{i=1}^{m} \frac{r_1 - r_i}{r_1(1 + r_i \tau_0)} = (m-2)/2$$

の根である．τ を $\hat{\tau}_{EB}$ で推定することによって，経験ベイズ推定量 $\widehat{\boldsymbol{\beta}}^R(\hat{\tau}_{EB})$ は重み付き 2 乗損失のもとで $\widehat{\boldsymbol{\beta}}$ を改良することが示される．さらに $\widehat{\boldsymbol{\beta}}^R(\hat{\tau}_{EB})$ は $\tau_m \to 0$ に対して安定した推定を与えている．

数値例を取り上げて経験ベイズ型リッジ回帰推定値と最小 2 乗推定値を比較してみよう．ここでは，Chatterjee *et al.*(2000)の表 9.9 で与えられたデータについて解析してみることにする．ある企業における広告宣伝費(A)，販売促進費(P)，販売費用(SE)，総売上げ(Y)の 22 年間のデータである．ここで A_{-1}, P_{-1} は 1 年前の広告宣伝費，販売促進費であり，総売上げに対する広告宣伝費，販売促進費の効果を分析するために，Chatterjee *et al.*(2000)は，

$$Y_t = \beta_0 + \beta_1 A_t + \beta_2 P_t + \beta_3 SE_t + \beta_4 A_{t-1} + \beta_5 P_{t-1} + \varepsilon_t$$

なる回帰モデルをたてた．回帰係数ベクトル $\boldsymbol{\beta} = (\beta_0, \beta_1, \beta_2, \beta_3, \beta_4, \beta_5)$ の最小 2 乗推定値を求めてみると，$\widehat{\boldsymbol{\beta}} = (-14.199, 5.361, 8.373, 22.521, 3.855, 4.126)$ となる．また(55)で与えられるリッジ回帰推定量 $\widehat{\boldsymbol{\beta}}^R(\tau)$ を計算してリッジ軌跡を描いてみると，図 4 のようになる．横軸は $k = 1/\tau$ の値をとっ

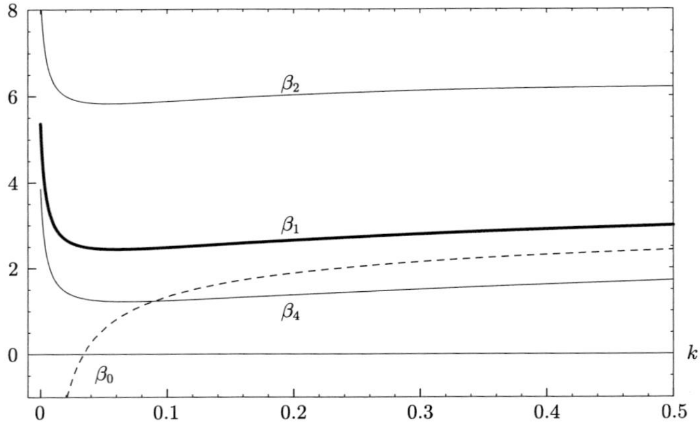

図 4　回帰係数 $\beta_0, \beta_1, \beta_2, \beta_4$ のリッジ推定値の軌跡
（$k(0.0 \le k \le 0.5)$ を横軸にとっている）

ている．この図から，各リッジ回帰推定量は k が小さいとき不安定であり，多重共線性が存在することがわかる．そこで $\boldsymbol{A}^t\boldsymbol{A}$ の固有値を求めてみると，190.328, 6.538, 5.613, 4.101, 0.363, 0.004 となり 1 つだけ極端に小さな固有値が存在することがわかる．定数 $k=1/\tau$ は，できるだけ小さくしかも推定値が安定するように決めるのが望ましいので，0.01 から 0.02 の間に値を取るのがよさそうである．

定数 k を決めるためにその都度リッジ軌跡を書いてグラフから判断するのは面倒である．上述の推定量 $\hat{\tau}_{EB}$ は自動的に τ もしくは k の値を与えてくれる．このデータについては $\hat{\tau}_{EB} = \max\{100.838, 1.413\}$，すなわち $\hat{k}=0.0099$，ほぼ 0.01 であり，リッジ軌跡から示唆される値に近い数値を示している．これを代入すると，経験ベイズ型リッジ回帰推定値は $\widehat{\boldsymbol{\beta}}^R(\hat{\tau}_{EB}) = (-3.099, 3.046, 6.330, 22.040, 1.795, 1.927)$ となり，最小 2 乗推定値よりも安定した値を与えていることがわかる．

5.2　小地域推定と分散成分モデル

小地域推定は近年活発に議論された問題で，データ数が少ないことにより小地域の通常の推定量の推定誤差が大きくなってしまうため，小地域に隣接する地域のデータをプールしたり，中地域での推定量の方向へ近づけたりして，推定精度を高めることが望まれる．

小地域推定問題を扱うための 1 つの方法は，分散成分モデルもしくは混合・変量モデルを考えて，ある種の予測量を構成することである．そのことを説明するために，水準数 m で繰り返し数が不揃いな 1 元配置変量モデル

$$
\begin{aligned}
y_{ij} &= \theta_i + \varepsilon_{ij}, \quad i=1,\cdots,m,\ j=1,\cdots,r_i \qquad (57)\\
\theta_i &= \mu + \alpha_i
\end{aligned}
$$

を考えてみる．ただし $\alpha_i, \varepsilon_{ij}$ はすべて互いに独立に $\alpha_i \sim \mathcal{N}(0, \sigma_A^2)$, $\varepsilon_{ij} \sim \mathcal{N}(0, \sigma^2)$ に従っている．$\mu, \sigma_A^2, \sigma^2$ が未知母数で，それぞれ一般平均，群間分散，群内分散と呼ばれる．$\overline{y}_i = \sum_{j=1}^{r_i} y_{ij}/r_i$，$\overline{y} = \sum_{i=1}^{m}\sum_{j=1}^{r_i} y_{ij}/\sum_{i=1}^{m} r_i$，$S = \sum_{i=1}^{m}\sum_{j=1}^{r_i}(y_{ij}-\overline{y}_i)^2$，$n = \sum_{i=1}^{m} r_i - m$ とおくと，$\overline{y}_1, \cdots, \overline{y}_m$, S は互いに独立で，

$S/\sigma^2 \sim \chi_n^2$ に従う.

このモデルにおいて(母数)+(変量)である $\theta_i=\mu+\alpha_i,\ i=1,\cdots,m$ を予測(推定)する問題を考えよう．分散成分 σ^2, σ_A^2 が既知のときには，θ_i の最良線形不偏予測量を求めると，$\tau=\sigma_A^2/\sigma^2$ に対して

$$\hat{\theta}_i^B(\tau)=\overline{y}_i-(1+r_i\tau)^{-1}(\overline{y}_i-\overline{y}) \tag{58}$$

となることがわかる．いま σ^2, σ_A^2 は未知であるから，τ を推定する必要がある．α_i で積分すると $\overline{y}_i$ の周辺分布は $\mathcal{N}(\mu,\sigma_A^2+\sigma^2/r_i)$ となるので，(56)と同様に考えて，

$$\sum_{i=1}^m \frac{r_i(\overline{y}_i-\overline{y})^2}{1+r_i\tau^*}=(m-3)\frac{S}{n+2}$$

の根 τ^* に対して，τ を $\hat{\tau}_{EB}=\max\{\tau^*,\tau_0\}$ で推定する．ただし，τ_0 は $r_{\max}=\max\{r_1,\cdots,r_m\}$ に対して

$$\sum_{i=1}^m \left(1-\frac{r_i^{-1}}{\sum_{j=1}^m r_j^{-1}}\right)\frac{r_{\max}-r_i}{r_{\max}(1+r_i\tau_0)}=\frac{m-3}{2}$$

の根であり，$r_1=\cdots=r_m$ のときには $\tau_0=0$ とする．この推定量を $\hat{\theta}_i^B(\tau)$ に代入すると，1つの経験最良線形不偏予測量

$$\hat{\theta}_i^{EB}=\hat{\theta}_i^B(\hat{\tau}_{EB})=\overline{y}_i-(1+r_i\hat{\tau}_{EB})^{-1}(\overline{y}_i-\overline{y}) \tag{59}$$

が得られる．τ_0 が上述の根で与えられるとき，$\hat{\theta}_i^{EB}$ は重み付き2乗損失のもとで $\overline{y}_i$ を改良することが示される.

特に $r_1=\cdots=r_m$ のときには，(59)は

$$\hat{\theta}_i^{EB}=\overline{y}_i-\min\left\{\frac{m-3}{\sum_{j=1}^m r(\overline{y}_i-\overline{y})^2}\frac{S}{n+2},\ 1\right\}(\overline{y}_i-\overline{y}) \tag{60}$$

となり，打ち切り型縮小推定量が得られる．したがって，分散成分モデルにおいては縮小推定量が経験最良線形不偏予測量として導出されることがわかる.

上述のモデルは，次のより一般的な混合モデルへ拡張されて，小地域推定などに応用されている．データ y_{ij} に共変量 $\boldsymbol{x}_{ij}$ が存在していて

$$y_{ij}=\boldsymbol{x}_{ij}\boldsymbol{\beta}+\alpha_i+\varepsilon_{ij},\quad i=1,\cdots,m,\ j=1,\cdots,r_i \tag{61}$$

とモデル化されるとき，群内平均 $\theta_i = \overline{\boldsymbol{x}}_i\boldsymbol{\beta} + \alpha_i$ を予測する問題が考えられる．ただし $\boldsymbol{x}_{ij}^t \in \mathbb{R}^p, \boldsymbol{\beta} \in \mathbb{R}^p, \overline{\boldsymbol{x}}_i = r_i^{-1}\sum_{j=1}^{r_i}\boldsymbol{x}_{ij}$ である．分散成分が既知のときの θ_i の最良線形不偏予測量は，$\boldsymbol{\beta}$ の一般化最小 2 乗推定量 $\widetilde{\boldsymbol{\beta}}(\tau)$, $\tau = \sigma_A^2/\sigma^2$ を用いて

$$\hat{\theta}_i^B(\tau) = \overline{y}_i - (1 + r_i\tau)^{-1}\left(\overline{y}_i - \overline{\boldsymbol{x}}_i\widetilde{\boldsymbol{\beta}}(\tau)\right) \tag{62}$$

と表わされる．詳しい記述は省略するが，τ にその推定量 $\hat{\tau}$ を代入すると，$\overline{y}_i$ を $\overline{\boldsymbol{x}}_i\widetilde{\boldsymbol{\beta}}(\hat{\tau})$ の方向へ縮小する経験最良線形不偏予測量 $\hat{\theta}_i^{EB} = \hat{\theta}_i^B(\hat{\tau})$ が得られる．このような解析は小地域推定において有用であり，Ghosh and Rao(1994)により詳しく解説されている．

以上の解説は縮小推定の応用に関して大事な点を示唆していると思われる．1 つは，縮小推定量の利用が適切な状況を説明している点である．(60)でみたように，縮小推定は変量モデル・混合モデルにおいて経験最良線形不偏予測量として自然に得られている．ということは，逆に，このような変量・混合モデルが想定される場合に縮小推定量の利用が望ましいことを意味している．

2 つ目は，安定化された推定値を与えるためにモデルの中に母数制約と変量効果を上手に組み入れている点である．例えば，全国を対象にした大規模な標本調査が実施された後，同じデータを用いて各市町村別・性別・年齢階級別の推定を行いたいとする．簡単のために 1 元配置モデル(57)を考えてみると，細分された領域ではデータ数が少なくなるため，標本平均 $\overline{y}_i$ による推定では誤差が大きくて危険である．代わりに $\theta_1 = \cdots = \theta_m = \mu$ なる母数制約を仮定すると，より広い領域のデータをプールすることができて μ の安定した推定値が得られる．しかしこれでは各小地域のデータの特徴が失われてしまう．そこで変量効果 α_i を組み入れて $\theta_i = \mu + \alpha_i$ なるモデルを考えると，得られる経験最良線形不偏予測量は，$\overline{y}_i$ をプールされ安定化された値 $\overline{y}$ の方向へ縮小しており，各小地域の特徴を考慮しながらもその推定誤差が大きければその分安定した推定値に近づく傾向があることがわかる．このようにして，(データ)＝(制約された母数)＋(変量効果)＋(誤差項)の形でモデリングすることによって，小標本での安定した推定値を与えることができる．これを(制約された母数)と(変量効果)に分けてそれぞ

れ役割を整理すると次のようになる．

［1］母数制約とデータのプーリング　経験や知識などの事前に得られる情報から，例えば，いくつかの母平均が等しい(等号制約)と仮定できたり，またいくつかの母平均の間に順序関係(順序制約)が仮定できるときには，そのような制約を組み入れることによって，興味ある母平均の推定精度を高めることができる．このことは，母数に制約を入れることによってデータをプールすることができ，データ数の少ないことに原因する推定誤差の増大を，データのプーリングによって補うことができるからである．

［2］変量効果と縮小推定　例えば繰り返し数が少なく水準数の大きい1元配置モデル(57)では，主効果 θ_i をすべて母数にしてしまうとパラメータ数が多くなるので，推定量が不安定になってしまう．そこでそれらの主効果を変量として扱うことによって縮小作用が生じ，個々の推定量をより安定した推定量の方向へ縮小することができて，その結果，データの少ないことに原因する推定誤差の増大を軽減することができる．

さて，篠崎(1991)により取り上げられた，家計調査に基づく1世帯当たり1ヶ月の教育費の推定の例を紹介しよう．表3の「家計調査(元)」の列には，東北ブロック(6県)，関東ブロック(7都県)，関西ブロック(6府県)について，平成元年度家計調査年報による都道府県庁所在都市別勤労者世帯の1世帯当たり年平均1ヶ月の教育費が与えられている．ただし( )内の数値は標本サイズを表わしている．標本サイズが60程度であるので，教育費についてのこれらの数値はバラツキが大きいと予想される．平成元年度全国消費実態調査による都道府県別勤労者世帯の1世帯当たり1ヶ月の教育費が，表3の「消費実態(元)」の列として与えられており，標本サイズが大きいので安定した数値になっていると考えられる．これらの値と「家計調査(元)」の値とを見比べると，東京都のような標本サイズの大きい都市を除いて差異が大きいことがわかる．ここでは，「家計調査(元)」のデータに基づいて1世帯当たり1ヶ月の教育費を推定する問題を考える．

上述したように「家計調査(元)」のデータはバラツキが大きいため，そのまま使用することは危険である．そこで縮小推定法を用いてより安定した推定値を求めたい．1つの合理的な縮小推定法は，5年ごとに報告され

表 3 都道府県別 1 世帯当たりの 1ヶ月の平均教育費の推定(単位は円)

都道府県	消費実態(59)	消費実態(元)	家計調査(元)	縮小推定	縮小推定*
青森	9145(330)	12678(412)	9351(61)	11539	11364
岩手	6551(363)	9282(425)	12661(61)	11331	12453
宮城	9553(499)	13541(547)	12276(68)	13041	12114
秋田	7567(334)	9242(402)	12207(60)	11850	12247
山形	9396(342)	11231(423)	14899(63)	14026	12718
福島	8036(480)	11241(602)	12234(65)	12161	12213
茨城	9486(646)	17818(761)	12229(60)	13024	13573
栃木	10267(440)	15358(499)	14080(59)	14219	14719
群馬	8991(451)	12924(555)	14448(57)	13576	13678
埼玉	13499(1662)	20746(1889)	18515(71)	17772	18495
千葉	13520(1432)	19784(1596)	19718(81)	18350	18864
東京	16669(1592)	20826(1798)	19828(235)	19844	20685
神奈川	14938(1635)	24371(1784)	25319(105)	21807	21766
滋賀	11696(448)	14384(493)	12953(67)	14455	14447
京都	15084(507)	18411(573)	13794(45)	16872	14878
大阪	12778(2142)	17380(2293)	15017(104)	15749	15047
兵庫	12273(1404)	19884(1524)	18085(59)	16871	15717
奈良	15407(438)	23590(497)	15732(65)	17507	15304
和歌山	10858(346)	16898(362)	15279(59)	15021	15050

る全国消費者実態調査の数値を用いて安定化させることである．ここでは，昭和 59 年度全国消費実態調査による都道府県別勤労者世帯の 1 世帯当たり 1ヶ月の教育費が，表 3 の「消費実態(59)」の列として与えられており，「家計調査(元)」の数値を「消費実態(59)」の方向へ縮小する推定値を求めることにする．

指数 i がブロックを表わし，j が都道府県を表わすものとする．$i=1$ が東北ブロック，$i=2$ が関東ブロック，$i=3$ が関西ブロックである．「家計調査(元)」，「消費実態(59)」を対数変換した変量を y_{ij}, x_{ij} とするとき，$i=1,2,3,\ j=1,\cdots,m_i$ に対して次の 2 つのモデルが考えられる．

$$M:\ y_{ij}=\theta_{ij}+\varepsilon_{ij}, \qquad \theta_{ij}=\alpha+x_{ij}\beta+v_{ij}$$

$$M^*:\ y_{ij}=\theta_{ij}+\varepsilon_{ij}, \qquad \theta_{ij}=\alpha_i+x_{ij}\beta_i+v_{ij}$$

ここで v_{ij} と ε_{ij} は互いに独立で，$v_{ij}\sim\mathcal{N}(0,\sigma_v^2)$, $\varepsilon_{ij}\sim\mathcal{N}(0,\sigma^2/r_{ij})$ なる

分布に従う．また r_{ij} は標本サイズであり，分散 σ^2 は篠崎(1991)において $\hat{\sigma}^2=1.3073$ によって推定されている．モデル M では全ブロックのデータを用いた数値の方向へ縮小され，モデル M^* ではブロックごとに定まる値の方向へ縮小される．

α, β は $\{y_{ij}\}$ を定数項を含めて $\{x_{ij}\}$ に回帰したときの重み付き最小2乗推定量によって推定され，$\widehat{\alpha}=3.293$, $\widehat{\beta}=0.679$ となる．同様に各ブロックごとに計算すると $\widehat{\alpha}_1=10.055$, $\widehat{\beta}_1=-0.072$, $\widehat{\alpha}_2=2.387$, $\widehat{\beta}_2=0.782$, $\widehat{\alpha}_3=9.298$, $\widehat{\beta}_3=0.034$ となる．$z_{ij}=\widehat{\alpha}+x_{ij}\widehat{\beta}$, $z^*_{ij}=\widehat{\alpha}_i+x_{ij}\widehat{\beta}_i$ とおくとき，θ_{ij} に対して

$$\hat{\theta}_{ij}=y_{ij}-(1+r_{ij}\hat{\tau}^2)^{-1}(y_{ij}-z_{ij})$$
$$\hat{\theta}^*_{ij}=y_{ij}-(1+r_{ij}\hat{\tau}^{*2})^{-1}(y_{ij}-z^*_{ij})$$

なる形の縮小推定量が得られる．ここで $\hat{\tau}^2$, $\hat{\tau}^{*2}$ は $\tau=\sigma_v^2/\sigma^2$ の推定値で，$\sum_{i,j} r_{ij}(y_{ij}-z_{ij})^2/(1+r_{ij}\hat{\tau}^2)=15\hat{\sigma}^2$, $\sum_{i,j} r_{ij}(y_{ij}-z^*_{ij})^2/(1+r_{ij}\hat{\tau}^{*2})=11\hat{\sigma}^2$ なる方程式の根として得られ，$\hat{\tau}^2=0.005238$, $\hat{\tau}^{*2}=0.010635$ となる．これらの値を代入し $\hat{\theta}_{ij}$, $\hat{\theta}^*_{ij}$ を指数変換した推定値が，それぞれ表3の「縮小推定」,「縮小推定*」の列で与えられる．これらの推定値の方が「家計調査(元)」よりも「消費実態(元)」に近い値を示していることがわかる．「縮小推定」と「縮小推定*」を比較すると，関東ブロックでは「縮小推定*」の方が「消費実態(元)」に近い値を与えているが，他のブロックでは「縮小推定」の方が良さそうである．教育費の分布は分散が大きいため，全ブロックのデータをプールしたより安定した推定値の方向へ縮小した方が推定が良くなることを示唆していると思われる．

計数データに基づいた小地域推定に関する研究も精力的に行われており，ポアソン・ガンマ分布，ロジスティック混合回帰モデル，混合一般線形モデルを用いて死亡率・死亡指標の安定化された推定法が開発されている．

5.3　予測問題における縮小推定法

最後に，線形回帰モデルにおける予測問題において，縮小推定量が自然な形で導出されることを述べておく．この問題を考える動機付けとして

Copas(1983)は大変説得力のある例を与えた．ここでは，同じ方法を用いて解析した1つの例を紹介して，予測問題における縮小推定法の有用性について考えてみたい．

Chatterjee *et al.*(2000)の表3.3では，管理者の能力や性格と，事務員が管理者に対して感じる満足度との間の関係について調査したデータが与えられている．変数 y を管理者の行う仕事の全体的な評価とし，X_1, X_3, X_6 を，事務員が管理者に対して感じる満足度や仕事内容に関する満足度などを表す変数として，y を X_1, X_3, X_6 で回帰する線形モデルを考えてみる．30個のデータからランダムに10個のデータを解析用として選び，残り20個を検証用のデータとして用いることにする．解析用の10個のデータから最小2乗法により回帰係数を求めて予測式をたてると

$$\hat{y}_i = 3.257 + 0.396X_{1i} + 0.752X_{3i} - 0.217X_{6i}, \quad i = 1, \cdots, 10$$

となる．10個の解析用データについて，$(\hat{y}_i, y_i)$, $i = 1, \cdots, 10$ の値を2次元平面にプロットしてみると，図5の黒い丸印のようになる．実線 $y = \hat{y}$ は最小2乗法を用いたときの直線であり，解析用データはこの直線によく沿っている．次に，残り20個の検証用データに対して同じ予測式を用いて予測したときの当てはまりの良さを調べてみよう．実際のデータ y_i と予測値

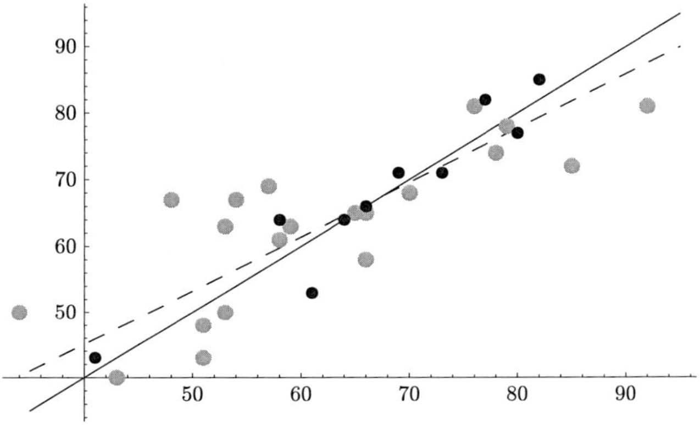

図 5 OLS による予測値と縮小推定による予測値
（実線は最小2乗推定，破線は縮小推定を表わす）

$\hat{y}_i$ の組 $(\hat{y}_i, y_i)$, $i=11,\cdots,30$ をプロットすると，図 5 の灰色の丸印のようになる．これらの検証用データをみてみると，左側の 2 点が $y=\hat{y}$ から離れてその上側にあり，また右側の 2 点が $y=\hat{y}$ から離れてその下側にある．すなわち，データ全体に対する直線の傾きは明らかに 1 より小さく，

$$\hat{y}^S(k) = \overline{y} + k(\hat{y} - \overline{y}), \quad k < 1$$

なる形の予測式の方が予測誤差が小さくなることが予想される．Copas(1983)は，予測誤差を最小にする k を求め，その推定値 $\hat{k}$ を代入した縮小予測量 $\hat{y}^S(\hat{k})$ を導出した．縮小予測量を用いて直線 $y=\overline{y}+\hat{k}(\hat{y}-\overline{y})$ を描いたものが，図 5 の破線で表されている．明らかに実線よりも検証用データへの当てはまりがよいことがわかる．この事実は，解析用データを取り替えても説明変数を増やしても変わらない．その原因は，広津(1992)によって次のように明快に説明されている．すなわち，このことは解析用データの取り方に問題があるのではなく，最小 2 乗法による当てはめが一般に手持ちの(解析用)データに則しすぎる傾向があり，それを予測に用いると最適化によるバイアスが生ずることに由来する．

さて具体的に k の推定量 $\hat{k}$ を Copas(1983)に基づいて導出してみよう．N 個の観測データ $y_1,\cdots,y_N$ が線形回帰モデル

$$y_i = \alpha + \boldsymbol{z}_i^t\boldsymbol{\beta} + \varepsilon_i, \quad i=1,\cdots,N$$

に当てはまっているとする．ここで $\boldsymbol{z}_i \in \mathbb{R}^p$ は p 個の説明変数による既知のデータ，誤差項 $\varepsilon_1,\cdots,\varepsilon_N$ は互いに独立に $\mathcal{N}(0,\sigma^2)$ に従っている．$\alpha \in \mathbb{R}$, $\boldsymbol{\beta} \in \mathbb{R}^p$, σ^2 は未知母数で，それらの最小 2 乗(不偏)推定量 $\widehat{\alpha}=\overline{y}-\overline{\boldsymbol{z}}^t\widehat{\boldsymbol{\beta}}$, $\overline{\boldsymbol{z}}=N^{-1}\sum_{i=1}^N \boldsymbol{z}_i$, $\widehat{\boldsymbol{\beta}}=\{\sum_{i=1}^N(\boldsymbol{z}_i-\overline{\boldsymbol{z}})(\boldsymbol{z}_i-\overline{\boldsymbol{z}})^t\}^{-1}\sum_{i=1}^N(\boldsymbol{z}_i-\overline{\boldsymbol{z}})(y_i-\overline{y})$ および $\hat{\sigma}^2=(N-p-1)^{-1}\sum_{i=1}^N(y_i-\widehat{\alpha}-\boldsymbol{z}_i^t\widehat{\boldsymbol{\beta}})^2$ によって推定される．そこで新たなデータ $\boldsymbol{z}$ がとられるとき，最小 2 乗法による y の予測量は $\hat{y}^{LS}=\widehat{\alpha}+\boldsymbol{z}^t\widehat{\boldsymbol{\beta}}$ で与えられる．これに対して縮小型予測量は $\hat{y}^S(k)=\overline{y}+k(\hat{y}-\overline{y})$ と表わされる．ここで y_i から $\overline{y}$ を引くと $y_i-\overline{y}=(\boldsymbol{z}_i-\overline{\boldsymbol{z}})^t\boldsymbol{\beta}+\varepsilon_i-\overline{\varepsilon}$ と書けるので，y を予測する問題は $y^*=y-\overline{y}$ を予測することと書き直される．これに伴ってモデルは，$\boldsymbol{z}^*=\boldsymbol{z}-\overline{\boldsymbol{z}}$, $\varepsilon^*=\varepsilon-\overline{\varepsilon}$ とおくと $y^*=(\boldsymbol{z}^*)^t\boldsymbol{\beta}+\varepsilon^*$ と表わされる．

Copas(1983)は，ここで 1 つの仮定を設定している．それは，新しい説明

変数 $\boldsymbol{z}$ がデータ $\boldsymbol{z}_1, \cdots, \boldsymbol{z}_N$ に基づいた経験分布関数 $\widehat{F}_z$ に従う確率変数とするものである．この結果 $\boldsymbol{z}^*$ の平均は $\mathbf{0}$ で共分散行列は $\mathbf{Cov}\,(\boldsymbol{z}^*) = N^{-1}\boldsymbol{\Omega}$, $\boldsymbol{\Omega} = \sum_{i=1}^{N}(\boldsymbol{z}_i - \overline{\boldsymbol{z}})(\boldsymbol{z}_i - \overline{\boldsymbol{z}})^t$, となる．上の仮定は一見不自然に思われるかもしれないが，それが自然であることは Copas の例が端的に物語っている．すなわち，Copas の示した例は決定した 1 つの $\boldsymbol{z}$ に対してのみ予測を行ったのではなく，$\widehat{F}_z$ に従う様々な検証用データに対して予測の当てはまりの良さを調べているのである．したがって $\boldsymbol{z}$ を確率変数として考えていることは，将来起こりうる様々な予測の場面に対応していることを意味している．また $\boldsymbol{z}$ の分布が $\widehat{F}_z$ に従うとの設定は，線形モデルを用いた予測量を扱う上で妥当な仮定である．というのは，変数選択等を行って構成された線形回帰モデルは，$\boldsymbol{z}_1, \cdots, \boldsymbol{z}_N$ の取りうる値の範囲で線形モデルとして近似されているわけであり，その範囲を逸脱する説明変数 $\boldsymbol{z}$ の値に対しては線形モデルの設定自体に問題が生ずる可能性が出てくる．すなわち，その範囲を逸脱するような $\boldsymbol{z}$ の値に対する予測，いわゆる外挿の危険性は一般に知られており，$\boldsymbol{z} \sim \widehat{F}_z$ なる仮定は予測問題を考える上で妥当な設定であると考えられる．

以上の設定のもとで確率変数 $\varepsilon, \overline{\varepsilon}, \boldsymbol{z}$ に関する $\hat{y}^S(k)$ の予測誤差を計算すると

$$
\begin{aligned}
E^{\widehat{F}_z}\left[(\hat{y}^S(k) - y)^2\right] &= E^{\widehat{F}_z}\left[(k\hat{y}^* - y^*)^2\right] \\
&= E^{\widehat{F}_z}\left[\left\{k(\boldsymbol{z} - \overline{\boldsymbol{z}})^t\widehat{\boldsymbol{\beta}} - (\boldsymbol{z} - \overline{\boldsymbol{z}})^t\boldsymbol{\beta} - (\varepsilon - \overline{\varepsilon})\right\}^2\right] \\
&= \left(k\widehat{\boldsymbol{\beta}} - \boldsymbol{\beta}\right)^t \mathbf{Cov}\,(\boldsymbol{z}) \left(k\widehat{\boldsymbol{\beta}} - \boldsymbol{\beta}\right) + N^{-1}(N+1)\sigma^2
\end{aligned}
\tag{63}
$$

となる．ここで $\mathbf{Cov}\,(\boldsymbol{z}) = N^{-1}\boldsymbol{\Omega}$ なので，(63) より予測誤差を最小にする k は

$$
k = \frac{\boldsymbol{\beta}^t\boldsymbol{\Omega}\widehat{\boldsymbol{\beta}}}{\widehat{\boldsymbol{\beta}}^t\boldsymbol{\Omega}\widehat{\boldsymbol{\beta}}} = 1 - \frac{(\widehat{\boldsymbol{\beta}} - \boldsymbol{\beta})^t\boldsymbol{\Omega}\widehat{\boldsymbol{\beta}}}{\widehat{\boldsymbol{\beta}}^t\boldsymbol{\Omega}\widehat{\boldsymbol{\beta}}}
$$

で与えられる．ここで $\widehat{\boldsymbol{\beta}}$ は $\mathcal{N}_p(\boldsymbol{\beta}, \sigma^2\boldsymbol{\Omega})$ に従うので，スタインの等式(45)を用いると

$$E\left[\frac{(\widehat{\boldsymbol{\beta}}-\boldsymbol{\beta})^t\boldsymbol{\Omega}\widehat{\boldsymbol{\beta}}}{\widehat{\boldsymbol{\beta}}^t\boldsymbol{\Omega}\widehat{\boldsymbol{\beta}}}\right]=E\left[\frac{(p-2)\sigma^2}{\widehat{\boldsymbol{\beta}}^t\boldsymbol{\Omega}\widehat{\boldsymbol{\beta}}}\right]$$

と書ける．また σ^2 に推定量 $\hat{\sigma}^2$ を代入すると，k の推定量として

$$\hat{k}=1-\frac{(p-2)\hat{\sigma}^2}{\widehat{\boldsymbol{\beta}}^t\boldsymbol{\Omega}\widehat{\boldsymbol{\beta}}}$$

が得られる．以上から，縮小型予測量

$$\hat{y}^S=\hat{y}^S(\hat{k})=\overline{y}+\hat{k}(\hat{y}-\overline{y})=\overline{y}+(\boldsymbol{z}-\overline{\boldsymbol{z}})^t\widehat{\boldsymbol{\beta}}^S$$

が導出される．ここで

$$\widehat{\boldsymbol{\beta}}^S=\left(1-\frac{(p-2)\hat{\sigma}^2}{\widehat{\boldsymbol{\beta}}^t\boldsymbol{\Omega}\widehat{\boldsymbol{\beta}}}\right)\widehat{\boldsymbol{\beta}}$$

であり，これは回帰係数 $\boldsymbol{\beta}$ の James-Stein 推定量である．

(63)で与えられた予測誤差は，最終的には $\widehat{\boldsymbol{\beta}}$ に関して期待値をとる必要があるが，その式をみると，y の予測誤差が $\boldsymbol{\beta}$ の同時推定の枠組みで表現されていることに気がつく．すなわち，回帰モデルに基づいた予測問題は同時推定の枠組みが埋め込まれているのである．したがって，スタイン効果を利用できるので，縮小型予測量を用いた方が予測誤差が小さくなるのは当然のことである．実際 2.3 節で述べてきた結果から，(63)を $\widehat{\boldsymbol{\beta}}$ に関して期待値をとることによって $E[(\hat{y}^S-y)^2]\le E[(\hat{y}-y)^2]$ が一様に成立することがわかる．

6　おわりに

スタインのパラドクスと縮小推定の理論と応用に関して主な内容を紹介してきた．この理論のおもしろさは，3 次元以上のときに基本的な推定量が非許容的となる事実にある．このような常識を超える結果は他にもいくつか存在している．ここでは，共分散行列と分散の推定問題における非許容性の結果を簡単に紹介しよう．

$p\times p$ 対称確率行列 $\boldsymbol{S}$ がウィシャート分布 $\mathcal{W}_p(n,\boldsymbol{\Sigma})$ に従うとき，$\boldsymbol{S}$ に基

づいて $\boldsymbol{\Sigma}$ を推定したいと仮定しよう．$\boldsymbol{\Sigma}$ の基本的な推定量は $\widehat{\boldsymbol{\Sigma}}_0 = n^{-1}\boldsymbol{S}$ なる不偏推定量であるが，実は許容的でもミニマックスでもない．James and Stein(1961)は，正の対角成分をもつ $p \times p$ 下 3 角行列 $\boldsymbol{T}$ を用いて $\boldsymbol{S} = \boldsymbol{T}\boldsymbol{T}^t$ と表わし，

$$\widehat{\boldsymbol{\Sigma}}^{JS} = \boldsymbol{T}\boldsymbol{D}\boldsymbol{T}^t, \quad \boldsymbol{D} = \mathrm{diag}\,(d_1, \cdots, d_p), \quad d_i = (n+p+1-2i)^{-1}$$

なる形の推定量を考えると，$\widehat{\boldsymbol{\Sigma}}^{JS}$ がミニマックスで $\widehat{\boldsymbol{\Sigma}}_0$ を改良することを示した．その後，直交共変なミニマックス推定量の導出など様々な理論展開がなされたが，許容的ミニマックス推定量の導出など未解決の問題が残されている．

次に線形回帰モデルなどの標準形に現れるモデル(42)において，$S, \boldsymbol{X}$ に基づいて分散 σ^2 を推定する問題を考えてみよう．基本的な推定量は $\hat{\sigma}_0^2 = n^{-1}S$ でありミニマックスになっている．Stein(1964)は，これが $\boldsymbol{X}$ に含まれる情報を用いて改良されてしまうという興味深い結果を示した．具体的には

$$\hat{\sigma}_{ST}^2 = \min\left\{\frac{S}{n},\ \frac{S + \|\boldsymbol{X}\|^2}{n+m}\right\}$$

なる打ち切り推定量によって $\hat{\sigma}_0^2$ は改良される．これは仮説 $H_0 : \boldsymbol{\theta} = \boldsymbol{0}$ に対する検定統計量 $\|\boldsymbol{X}\|^2/S$ に基づいた予備検定推定量である．その後，許容的ミニマックス推定量の導出や区間推定への拡張などの理論展開がなされた．

参考文献

最後に，本書で参照した文献等について紹介しておこう．スタインのパラドクスに関するより詳しい文献や解説論文については，以下の文献を参照されたい．

Berger, J. O.(1985): *Statistical Decision Theory and Bayesian Analysis*, 2nd Ed., Springer-Verlag, New York.

Gruber, M. H. J.(1998): *Improving efficiency by shrinkage: The James-Stein and ridge regression estimators*, Marcel Dekker, New York.

Judge, G. and Bock, M. E.(1978): *The Statistical Implications of Pre-Test and Stein-Rule Estimators in Econometrics*, North-Holland, Amsterdam.

Kubokawa, T.(1998): The Stein phenomenon in simultaneous estimation: A review, *Applied Statistical Science III* (eds. S.E. Ahmed, M. Ahsanullah and B. K. Sinha), NOVA Science Publishers, Inc., New York, pp. 143-173.

Kubokawa, T.(1999): Shrinkage and modification techniques in estimation of variance and the related problems: A review, *Commun. Statist. - Theory Methods*, **28**, pp. 613-650.

Lehmann, E. L. and Casella, G.(1998): *Theory of Point Estimation*, 2nd ed., Springer, New York.

久保川達也(1995): 縮小推定の理論と応用(1)，経済学論集，**61**, 4 号, pp. 2-31.

久保川達也(1996): 縮小推定の理論と応用(2)，経済学論集，**62**, 1 号, pp. 41-61.

篠崎信雄(1991): Stein タイプの縮小推定量とその応用，応用統計学，**20**, pp. 59-76.

竹内啓(1979): Stein 推定量の意味とその応用，応用統計学，**8**, pp. 81-95.

竹村彰通(1991): 多変量推測統計の基礎，共立出版.

広津千尋(1992): QC テクノロジー，品質，**22**, pp. 238-258.

また本書で引用した参考文献は以下の通りである．他にも引用すべき文献が多々あるが，割愛せざるをえなかったことをお詫びしたい．

Bilodeau, M. and Kariya, T.(1989): Minimax estimators in the normal MANOVA model, *J. Multivariate Anal.*, **28**, pp. 260-270.

Brown, L. D.(1971): Admissible estimators, recurrent diffusions, and insolvable boundary value problems, *Ann. Math. Statist.*, **42**, pp. 855-904.

Chatterjee, S., Hadi, A. S. and Price, B.(2000): *Regression Analysis by Example*, 3rd ed., Wiley.

Clevenson, M. L. and Zidek, J. V.(1975): Simultaneous estimation of the mean of independent Poisson laws, *J. Amer. Statist. Assoc.*, **70**, pp. 698-705.

Copas, J. B.(1983): Regression, prediction, shrinkage, *J. Roy. Statist. Soc., B*, **45**, pp. 311-335, (Discussion, pp. 335-354).

Eaton, M. L.(2001): Markov chain conditions for admissibility in estimation problems with quadratic loss, *State of the Art in Probability and Statistics*, IMS Lecture Notes Monogr. Ser. 36, Institute of Mathematical Statistics, pp. 223–243.

Efron, B. and Morris, C.(1972): Limiting the risk of Bayes and empirical Bayes estimators - Part II: The empirical Bayes case, *J. Amer. Statist. Assoc.*, **67**, pp. 130–139.

Efron, B. and Morris, C.(1975): Data analysis using Stein's estimator and its generalizations, *J. Amer. Statist. Assoc.*, **70**, pp. 311–319.

George, E. I.(1986): Minimax multiple shrinkage estimation, *Ann. Statist.*, **14**, pp. 188–205.

Ghosh, M. and Rao, J. N. K.(1994): Small area estimation: An appraisal, *Statist. Science*, **9**, pp. 55–93.

Haff, L. R. and Johnson, R. W.(1986): The superharmonic condition for simultameous estimation of means in exponential families, *Canad. J. Statist.*, **14**, pp. 43–54.

Hudson, H. M.(1978): A natural identity for exponential families with applications in multiparameter estimation, *Ann. Statist.*, **6**, pp. 478–484.

Hwang, J. T.(1982): Improving upon standard estimators in discrete exponential families with applications to Poisson and negative binomial cases, *Ann. Statist.*, **10**, pp. 857–867.

James, W. and Stein, C.(1961): Estimation with quadratic loss, In *Proc. Fourth Berkeley Symp. Math. Statist. Probab.*, **1**, pp. 361–379, University of California Press, Berkeley.

Konno, Y.(1991): On estimation of a matrix of normal means with unknown covariance matrix, *J. Multivariate Anal.*, **36**, pp. 44–55.

Kubokawa, T.(1994): A unified approach to improving equivariant estimators, *Ann. Statist.*, **22**, pp. 290–299.

Shao, P. Y. -S. and Strawderman.(1994): Improving on the James-Stein positive-part estimator,*Ann. Statist.*, **22**, pp. 1517–1538.

Stein, C.(1956): Inadmissibility of the usual estimator for the mean of a multivariate normal distribution, In *Proc. Third Berkeley Symp. Math. Statist. Probab.*, **1**, pp. 197–206, University of California University, Berkeley.

Stein, C.(1964): Inadmissibility of the usual estimator for the variance of a normal distribution with unknown mean, *Ann. Inst. Statist. Math.*, **16**, pp. 155–160.

Stein, C.(1981): Estimation of the mean of a multivariate normal distribution, *Ann. Statist.*, **9**, pp. 1135–1151.

補論

分布の検定とモデルの選択

竹内啓

1　分布の検定

(a)　はじめに

統計的データに統計的推測の方法を適用する場合，つねにデータに対して一定の確率的構造，すなわち統計的モデルを想定しなければならない．モデルを想定することを R. A. Fisher は**特定化**(specification)と呼んだ．モデルの設定はデータを取る前に行われなければならない．いかなる推測もモデルを前提にして行われるからである．

しかしデータを観測してみると，想定したモデルが不適切であったことが明らかになったり，あるいは最初はいろいろ考えられたモデルの中で，どれか 1 つのものがよく適合することが示されたりする場合もある．このようにデータに基づいて改めてモデルを選ぶのが，**モデル選択** (model selection) と呼ばれる問題である．

(b)　モデルの適合度

観測データがモデルと矛盾しないかどうかを見ることが，モデルの適合性のチェックである．すなわち，あるモデルを想定したとき，実際に観測されたような値が得られる確率が非常に小さいならば，モデルの設定とデータは矛盾することになるから，モデルは正しくなかったのではないかと疑われることになる．この論理を形式化した手法が，モデルの仮説検定であり，それは古く K. Pearson の χ^2 検定にさかのぼることができる．

今 $(X_1, \cdots, X_k)$ が多項分布 $MN(n, p_1 \cdots p_n)$ に従うとしよう．すなわち

$$p_r\{X_1 = x_1, \cdots, X_k = x_k\} = \frac{n!}{x_1! \cdots x_k!} p_1^{x_1} \cdots p_k^{x_n}$$

ただし $x_i \geq 0$ は整数，$\sum_i x_i = n$ とする．ある条件のもとで $p_1, \cdots, p_k$ が与えられた値 $p_1^0, \cdots, p_k^0$ に等しくなることが導かれたとしよう．これがこの場合想定されたモデルであり，それは仮説

$$H_0 :\ p_1 = p_1^0, \cdots, p_k = p_k^0$$

と表わされる．ここで

$$\hat{p}_i = \frac{x_i}{n}, \quad i = 1, \cdots, k$$

とおくと，モデルが正しければ，$\hat{p}_i$ は p_i にほぼ等しくなると考えられる．そこで

$$\chi^2 = \sum_{i=1}^{k} \frac{n(\hat{p}_i - p_i^0)^2}{p_i^0} = \sum_{i=1}^{k} \frac{(x_i - np_0^0)^2}{np_i^0}$$

とおくと，これは観測結果とモデルとのズレの程度を表わすと考えられる．K. Pearson は 1895 年に，仮説が正しければ，n が大きいとき χ^2 は自由度 $k-1$ の χ^2 分布に近づくことを証明し，χ^2 分布表を用いてモデルを検定する方法を初めて提案したのであった．これは現在では **Pearson の χ^2 適合度検定**(Pearson's chi-square test for fit)と呼ばれてよく知られている．

この場合，データとモデルとの乖離の程度，あるいは適合度を表わす尺度は，上記の Pearson の χ^2 に限らない．

$$I(\boldsymbol{p}, \hat{\boldsymbol{p}}) = \sum_{i=1}^{k} p_i^0 \log \frac{p_i^0}{\hat{p}_i}$$

は **Kullback 情報量**(Kullback information)と呼ばれ，これも 1 つの適合の尺度である．n が大きいと $|\hat{p}_i - p_i|$ が小さくなるので

$$I(\boldsymbol{p}, \hat{\boldsymbol{p}}) = \sum_{i=1}^{k} p_i^0 \log \frac{p_i^0}{\hat{p}_i} = -\sum_i p_i^0 \log \frac{\hat{p}}{p_j^0}$$

$$= -\sum_i p_j^0 \log \left(1 + \frac{\hat{p}_i - p_i^0}{p_i^0}\right) \cong \sum_i \frac{(\hat{p}_i - p_i^0)^2}{2p_i^0}$$

したがって，$2nI(\boldsymbol{p}, \hat{\boldsymbol{p}})$ がほぼ χ^2 に一致する．それゆえまた n が大きければ，仮説が正しいとき

$$2NI(\boldsymbol{p}, \hat{\boldsymbol{p}}) = \sum_{i=1}^{k} 2np_i^0 \log \frac{np_i^0}{x_i}$$

がほぼ自由度 $k-1$ の χ^2 分布に従うことになる．これを用いて仮説を検定することができる．

一般に 2 つの k 次元ベクトル

$$\boldsymbol{p} = (p_1, \cdots, p_k)', \quad \boldsymbol{q} = (q_1, \cdots, q_k)$$

$$p_i \geq 0, \quad q_i \geq 0, \quad \sum p_i = 1, \quad \sum q_i = 1$$

の関数 $Q(p,q)$ が次の条件を満たすとき，これを 2 つの分布 $\boldsymbol{p},\boldsymbol{q}$ の間の乖離を表わすものと考えることができる．

1° $Q(\boldsymbol{p},\boldsymbol{q}) \geq 0$

2° $Q(\boldsymbol{p},\boldsymbol{q}) = 0 \longleftrightarrow \boldsymbol{p} = \boldsymbol{q}$

3° $0 \leq t \leq 1$, $\boldsymbol{p} \neq \boldsymbol{q}$ に対して $Q_p(t) = Q(\boldsymbol{p}, (1-t)\boldsymbol{p} + t\boldsymbol{q})$ は t の単調増加関数

ここでさらに Q が $\boldsymbol{p},\boldsymbol{q}$ の成分に関して連続 2 回微分可能であることを仮定すれば，3° の代わりに

$$\frac{d}{dt}Q_p(0) = 0, \quad \frac{d^2}{dt^2}Q_p(t) > 0$$

とすればよい．Pearson の χ^2/n，あるいは Kullback 情報量がこのような「距離」の特別の場合であることは容易にわかるであろう．しかしここで「距離」といっても「対称性」

$$Q(\boldsymbol{p},\boldsymbol{q}) = Q(\boldsymbol{q},\boldsymbol{p})$$

あるいは「3 角不等式」

$$Q(\boldsymbol{p}_1,\boldsymbol{p}_2) + Q(\boldsymbol{p}_2,\boldsymbol{p}_3) \geq Q(\boldsymbol{p}_1,\boldsymbol{p}_3)$$

は一般には成り立たないことに注意する必要がある（Pearson の χ^2，Kullback 情報量についても成立しない）

さらに，次のことを仮定する．

4° Q は $\boldsymbol{p},\boldsymbol{q}$ の対応する成分の置き換えに対して不変である．すなわち

$$\boldsymbol{p} = (p_1, \cdots, p_i, \cdots, p_j, \cdots, p_k), \quad \boldsymbol{q} = (q_1, \cdots, q_i, \cdots, q_j, \cdots, q_k)$$

に対して

$$\bar{\boldsymbol{p}} = (p_1, \cdots, p_j, \cdots, p_i, \cdots, p_k), \quad \bar{\boldsymbol{q}} = (q_1, \cdots, q_j, \cdots, q_i, \cdots, q_k)$$

とすれば

$$Q(\bar{\boldsymbol{p}},\bar{\boldsymbol{q}}) = Q(\boldsymbol{p},\boldsymbol{q})$$

このような距離は対称な距離ということができる．

距離の中で次のような形に表わされるようなものを考える．

$$Q(\boldsymbol{p},\boldsymbol{q})=\sum_{i=1}^{k}p_i g\left(\frac{q_i}{p_i}\right) \tag{1}$$

ただしここで，$g(t)$ は正の実数 t の関数であり，2 回微分可能性を仮定すると上記の条件から，$g(1)=0$, $g'(1)\neq 0$, $g''(1)>0$ となる．そうして $\boldsymbol{q}$ が $\boldsymbol{p}$ に近ければ，

$$\begin{aligned}Q(\boldsymbol{p},\boldsymbol{q})&=\sum_i p_i g\left(\frac{q_i}{p_i}\right)\\&=\sum_i p_i\left\{g(1)+g'(1)\left(\frac{q_i}{p_i}-1\right)+\frac{g''(1)}{2}\left(\frac{q_i}{p_i}-1\right)^2+\cdots\right\}\\&=\frac{g''(1)}{2}\sum_i\frac{(g_i-p_i)^2}{p_i}+\cdots\end{aligned}$$

となる．したがって $g''(1)=1$ とすれば $\boldsymbol{q}$ が $\boldsymbol{p}$ に近いとき，$Q(\boldsymbol{p},\boldsymbol{q})$ は Kullback 情報量とほぼ一致する．さらに $\alpha\neq 1$ を実数として

$$g_\alpha(t)=\frac{1}{\alpha(\alpha-1)}(t^\alpha-1)$$

とすれば，上記の条件は満たされ，$\alpha=2$ のときは χ^2/n，$\alpha\to 0$ のときは Kullback 情報量に対応し，$\alpha=1/2$ のときは Hellinger 距離と呼ばれる．また $\alpha=-1$ のときは χ_0^2 と表わされる．

このような統計量は，いずれも仮説 $p_i\equiv p_i^0$ を検定するための検定統計量として用いることができる．すなわち $\boldsymbol{p}_0=(p_1^0,\cdots,p_k^0)$, $\hat{\boldsymbol{p}}=(\hat{p}_1,\cdots,\hat{p}_k)$ として，

$$2nQ(\boldsymbol{p}_0,\hat{\boldsymbol{p}})\geq\chi_{k-1}^2(\beta)$$

のとき仮説を棄てることにすれば，漸近的に大きさ β の検定方式が得られる．ただし $\chi_{k-1}^2(\beta)$ は自由度 $k-1$ の χ^2 分布の上側 β 点である．またこのような検定の検出力は $|\boldsymbol{p}_i-\boldsymbol{p}_i^0|$ が小さいとき

$$\lambda=n\sum\frac{(p_i-p_i^0)^2}{p_i}$$

とおくと $2nQ(\boldsymbol{p}_0,\hat{\boldsymbol{p}})$ が漸近的に自由度 $k-1$，非心度 λ の非心 χ^2 分布に従うことから求められる．

（c）　未知母数をふくむ場合

次にモデルが未知母数 θ をふくむ形で定式化されている場合を考えよう．すなわち仮説が

$$p_i = p_i(\boldsymbol{\theta}), \quad i = 1, \cdots, k$$

と表わされるものとしよう．ただしここで $\boldsymbol{\theta}$ は $p(<k)$ 次元実母数で，p_i は θ の連続微分可能な関数，また $\boldsymbol{\theta}_1 \neq \boldsymbol{\theta}_2$ ならば

$$\sum_i (p_i(\boldsymbol{\theta}_1) - p_i(\boldsymbol{\theta}_2))^2 \neq 0$$

とする．この場合 $X_i = n\hat{p}_i$，$i = 1, \cdots, k$ が観測されたときの，モデルの適合度，あるいはモデルと観測値の距離は，Q を上記のような距離の尺度として

$$\inf_{\boldsymbol{\theta}} Q(\boldsymbol{p}(\theta), \hat{\boldsymbol{p}})$$

で与えられる．またこのとき

$$\inf_{\boldsymbol{\theta}} Q(\boldsymbol{p}(\theta), \hat{\boldsymbol{p}}) = Q(\boldsymbol{p}(\hat{\theta}), \hat{\boldsymbol{p}}) = Q^*(\hat{\boldsymbol{p}})$$

となる $\hat{\boldsymbol{\theta}}$ は最小 Q 推定量といわれる．Q が(1)の形のときは，最小 Q 推定量は漸近的にすべて同等になる．そうして

$$\sum_i p_i(\boldsymbol{\theta}) \frac{\partial}{\partial \theta_a} \log p_i(\boldsymbol{\theta}) \frac{\partial}{\partial \theta_b} \log p_i(\boldsymbol{\theta})$$

を (a, b) を成分とする $p \times p$ 行列 $I(\theta)$（Fisher 情報行列）が正則ならば，n が大きいとき $\sqrt{n}\,(\hat{\boldsymbol{\theta}} - \boldsymbol{\theta})$ は漸近的に平均ベクトル $\boldsymbol{\theta}$，分散共分散行列 $I(\boldsymbol{\theta})^{-1}$ の p 次元正規分布 n に従う．

このことから，仮説が正しいとき $I(\boldsymbol{\theta})$ が正則ならば $2nQ^*(\hat{p})$ は漸近的に自由度 $k-p-1$ の χ^2 分布に従うことが示される．$p < k-1$ ならばこのことを用いて仮説を検定することができる．

（d）　連続分布の場合

$X_1, X_2, \cdots, X_n$ が互いに独立に，ある同一の連続分布に従って分布している場合，その密度関数が $f(x)$ に等しいというモデルをチェックすることを考えよう．

1つの考え方は，実直線を $k+1$ 個の区間 $[-\infty, a_1), [a_1, a_2), \cdots, (a_k, \infty)$ に分割し，それぞれの区間に入る X_i の値の個数を N_i，$i=1,\cdots,k+1$ として，その値に基づいてモデルをチェックすることである．このときモデルのもとでは X_i が I 番目の区間に入る確率は

$$p_i = \int_{a_{i-1}}^{a_i} f(x)dx, \quad i=1,\cdots,k+1 \quad (\text{ただし } a_0=-\infty, a_{k+1}=\infty)$$

と表わされ，$(N_1,\cdots,N_{k+1})$ は多項分布に従うから，問題は上記(b)の場合に帰着する．この方法は連続的な観測値からヒストグラムを作って分布の形を見ることに対応する．ここで区間の数 $k+1$ およびその境界点をどのように定めるかが問題となる．

ここで上記の検定の検出力を考えると，密度関数が $g(x)$ で表わされる対立仮説のもとで n が大きいとき，検定統計量は自由度 k，非心度

$$\lambda = n\sum_{i=1}^{k+1}\frac{(p_i-q_i)^2}{p_i}, \quad \text{ただし } q_i = \int_{a_{i-1}}^{a_i} g(x)d(x)$$

の非心 χ^2 分布に近づく．区間の数を増して分割を細かくすれば，非心度 λ は増大する．しかもそれは一般に無限に増大することはなく，区間の幅が小さくなったとき，その値は

$$n\int\frac{(f(x)-g(x))^2}{f(x)}dx$$

に近づく．他方，非心 χ^2 分布の期待値は $k+\lambda$，分散は $2k+4\lambda$ となるから，λ が一定ならば検出力は k とともに減少する．したがって一般に k の値がある一定の値まで検出力は増加するが，それより大きくなると検出力は減少するであろう．このことはヒストグラムの区間の数はあまり大きくしてはならないことを意味している．

モデルが p 次元実母数 $\boldsymbol{\theta}$ を含んでいる場合にも，上記のように $k+1$ 個$(k>p)$の区間に分割して

$$p_j(\boldsymbol{\theta}) = \int_{a_{j-1}}^{a_j} f(x,\boldsymbol{\theta})dx$$

を求めて，上記(c)と同様に検定を行うことができる．

ただしここで次の2つのことに注意すべきである．

1つは前節のような $2nQ^*$ 統計量が，仮説のもとで漸近的に自由度 $k-p$ の χ^2 分布に従うのは，$\boldsymbol{\theta}$ をもとの $X_1,\cdots,X_n$ からではなく，ヒストグラム化したデータ $N_1,\cdots,N_{k+1}$ から計算した場合である．$\boldsymbol{\theta}$ をもとのデータから最尤法によって計算した場合には，検定統計量の仮説のもとでの漸近分布は

$$\chi^2(k-p)+\sum_{j\geq 1}^{p}\psi_j Z_j^2 \tag{2}$$

という形の統計量の分布に等しくなるのである．ただしここに第1項は自由度 $k-p$ の χ^2 分布，Z_j はそれと独立に，かつ互いに独立に平均0，分散1の正規分布に従う変量，$0\leq\psi_j<1$ は定数である．

第2は，a_j，$j=1,\cdots,k$ は観測値と無関係に与えられることになっているが，現実にはそれはデータから定められることが少なくない点である．a_j が $\boldsymbol{\theta}$ の最尤推定量 $\hat{\boldsymbol{\theta}}$ に基づいて定められ

$$p_j(\hat{\boldsymbol{\theta}})=\int_{a_{j-1}(\hat{\boldsymbol{\theta}})}^{a_j(\hat{\boldsymbol{\theta}})} f(x)(\boldsymbol{\theta})\lambda dx$$

として前節のような方法で，検定統計量を計算すると，この場合にもその仮説のもとでの漸近分布は上記の(2)のような形になる．

いずれの場合にも，検定統計量の漸近分布は，自由度 $k-p$ の χ^2 分布と自由度 k の χ^2 分布の間にあるから，それによって検定が可能である．より厳密には定数 ψ_j を計算して（その方法はここでは省略するが，与えられている）その漸近分布を求めることができる．

さらに連続分布の場合には，一般に次のような方法が適用できる．

モデルのもとでの累積分布関数を

$$F(x)=\int_{-\infty}^{x} f(x)dx$$

で定義し，

$$U_i=F(X_i),\quad i=1,\cdots,n$$

と変換すると，仮説のもとで U_i，$i=1,\cdots,n$ は互いに独立に $[0,1]$ 区間の一様分布に従う．したがってこのことを用いて仮説を検定する，いろいろな検定方式が導かれる．

1つは $[0,1]$ 区間における，正規直交関数系を用いることである．すなわち ϕ_j，$j=0,1,2,\cdots$ を条件

$$\phi_0 \equiv 1$$
$$\int_0^1 \phi_j^2(u)du = 1, \quad j=1,2,\cdots$$
$$\int_0^1 \phi_j(u)\phi_k(u)du = 0, \quad j<k$$

を満たす関数系とし，

$$Y_j = \frac{1}{n}\sum_{i=1}^{n}\phi_j(u_i), \quad j=1,2,\cdots$$

とすれば，仮説のもとで

$$E(Y_j)=0, \quad V(Y_j)=\frac{1}{n}$$
$$\mathrm{Cov}(Y_j,Y_k)=0, \quad k<j$$

となる．そうして n が大きければ Y_j，$j=1,2,\cdots$ は漸近的に標準正規分布に従う．したがって k を適当に定めて

$$T_k = n\sum_{j=1}^{k} Y_j^2$$

とすれば，T_k は仮説のもとで漸近的に自由度 k の χ^2 分布に従う．このことを用いて仮説を検定することができる．

関数系としては多項式系

$$\phi_0=1, \quad \phi_1=\sqrt{12}\Big(u-\frac{1}{2}\Big), \quad \phi_2=\sqrt{180}\Big(u^2-u-\frac{1}{12}\Big),\cdots$$

あるいは，三角関数

$$\phi_0=1, \quad \phi_1=\sqrt{2}\sin\pi u, \quad \phi_2=\cos\pi u,$$
$$\phi_3=\sqrt{2}\sin 2\pi u, \quad \phi_4=\sqrt{2}\cos 2\pi u,\cdots$$

等が考えられる．前者に基づく検定は，**Neyman**のスムーステスト（smooth test）と呼ばれることがある．

(e) 経験分布関数

もう1つの考え方は，経験分布関数を用いることである．それは次のように定義される．

$0 < t, u < 1$ に対して，関数 $\chi(t,u)$ を

$$\chi(t,u) = \begin{cases} 1 & (t \le u \text{のとき}) \\ 0 & (t > u \text{のとき}) \end{cases}$$

と定義し，経験分布関数を

$$S_n(t) = \frac{1}{n}\sum_{i=1}^{n}\chi(t, U_i)$$

とする．

$$E(S_n(t)) = t$$
$$V(S_n(t)) = \frac{1}{n}t(1-t)$$

となる．仮説のもとで特定の t の値に対し，$\sqrt{n}\,(S_n(t)-t)$ は漸近的に，平均 0，分散 $t(1-t)$ の正規分布に従う．また

$$W_n(t) = \sqrt{n}\,(S_n(t)-t), \quad 0 \le t \le 1$$

とおくと，$W_n(t)$ は漸近的にブラウニアンブリッジ(Brownian Bridge)と呼ばれる過程 $W^*(t)$ に近づく．それは

$$E(W^*(t)) = 0, \quad E(W^*(t_1)W^*(t_2)) = \min(t_1,t_2) - t_1 t_2$$

となるガウス過程である．

このことから多くの検定方式が得られる．

$$K_n = \sup_{0 \le t \le 1} \sqrt{n}\,|S_n(t)-t|$$

に基づく検定は，**Kolmogorov-Smirnov 検定**(Kolmogorov-Smirnov test)と呼ばれ，仮説のもとでは漸近的に

$$P_r\{K_n > s\} \cong 2\sum_{j=1}^{\infty}(-1)^{j-1}\exp\{-2j^2s^2\}$$

となることが証明されている．また

$$M_n = 6\int_0^1 n(S_n(t)-t)^2 dt$$

に基づく検定は，**von Mises 検定**(von Mises test)と呼ばれている．仮説のもとで M_n の期待値は 1 に等しく，またその漸近分布は簡単な形では表現できないが，求められている．

さらに

$$A_n = \max_{0\le t\le 1} \frac{\sqrt{n}\,|S_n(t)-t|}{\sqrt{t(1-t)}}$$

は Anderson-Dailing 統計量と呼ばれ，その仮説のもとでの漸近分布も計算されている．

また，ここで $0=t_0 < t_1 < \cdots < t_k < t_{k+1}=1$ として

$$\chi^2 = n\sum_{j=0}^{k} \frac{(S(t_{j+1})-S(t_j)-t_{j+1}+t_j)^2}{(t_{j+1}-t_j)(1-t_{j+1}+t_j)}$$

とおくと，これは先に述べたヒストグラムに基づく χ^2 統計量と一致する．したがってその仮説のもとで漸近分布が自由度 k の χ^2 分布になることはいうまでもない．ここで

$$\hat{\chi}^2 = n\sum_{j=1}^{k} \frac{(S(t_j)-t_j)^2}{t_j(1-t_j)}$$

としたものを，累積 χ^2 統計量という．これは von Mises 統計量のヒストグラム版と考えることができる．この仮説のもとでの漸近分布も求められている．

X_i の分布が未知母数 $\boldsymbol{\theta}$ をふくんでいる場合には，

$$F(x,\boldsymbol{\theta}) = \int_{-\infty}^{x} f(x,\boldsymbol{\theta})dx$$

とおき，$\hat{\boldsymbol{\theta}}$ を $\boldsymbol{\theta}$ の最尤推定量として

$$\hat{V}_i = F(X_i,\hat{\boldsymbol{\theta}})$$

と定義すれば，$\hat{V}_i$ に基づいて，上記と同様の統計量を定義することができる．

とくに推定分布関数は

$$\hat{S}_n(t) = \frac{1}{n}\sum_{i=1}^{n}\chi(t, \hat{V}_i)$$

で定義できる．そうすると $\sqrt{n}\,(\hat{S}_n(t)-t)$ は特定の t の値に対して，仮説のもとでは平均 0 の正規分布に近づく．ここで

$$\sqrt{n}\,(S_n(t)-t) = \sqrt{n}\,(\hat{S}_n(t)-t) - \sqrt{n}\,(\hat{S}_n(t)-S_n(t))$$

と分解すると，左辺の第 2 項は $\sqrt{n}\,(\hat{\boldsymbol{\theta}}-\boldsymbol{\theta})$ の関数になり，漸近的に正規分布に近づく．そうして互いに独立に平均 0，分散 1 の正規分布に従う変量 Z_j，$j=1,2,\cdots,p$ を用いて，漸近的に

$$\sqrt{n}\,(\hat{S}_n(t)-S_n(t)) = \sum_{j=1}^{k}\lambda_j(t)Z_j$$

と表わすことができる．また第 1 項と第 2 項は $\hat{\boldsymbol{\theta}}$ が最尤推定量(一般に有効推定量)であれば，漸近的に互いに独立になることも示される．したがって

$$W_n(t) = \sqrt{n}\,(\hat{S}_n(t)-t) - \sum_{j}\lambda_j(t)Z_j$$

という形に表現すれば，$W_n(t)$ は n が大きくなれば漸近的な Brownian Bridge になる．このことから $\sqrt{n}\,(\hat{S}_n(t)-t)$，$0 \le t \le 1$ は漸近的にガウス過程になり，その分散，共分散は

$$\begin{aligned}&\mathrm{Cov}(\sqrt{n}\,(\hat{S}_n(t_1)-t_1), \sqrt{n}\,(\hat{S}_n(t_2)-t_2))\\ &\quad\cong t_1(1-t_2) - \sum_{j}\lambda_j(t_1)\lambda_j(t_2), \quad \text{ただし } t_1 \le t_2\end{aligned}$$

と表わされる．このことを用いていろいろな検定統計量の漸近分布を求めることができるが，一般にその計算は簡単でない．

(f) 共役経験分布関数

一様分布に従う $U_1,\cdots,U_n$ から，ある意味で経験分布関数の逆関数 $V_n(t)$，$0 \le t \le 1$ を次のように定義する．$U_1,\cdots,U_n$ から得られる順序統計量を $U_{(1)} < U_{(2)} < \cdots < U_{(n)}$ とし

$$0 \le t < \frac{1}{n+1} のとき，V_n(t) = 0$$

$$\frac{j}{n+1} \le t < \frac{j+1}{n+1} のとき，V_n(t) = U_{(j)}, \quad j = 1, \cdots, n$$

$$V_n(1) = 1$$

このような $V_n(t)$ を**共役経験分布関数**(conjugate empirical distribution function)という．そうして漸近的に $\sqrt{n}(V_n(t)-t)$ は $\sqrt{n}(S_n(t)-t)$ と同じ分布に従うことが示される．したがって，前節でのべたような $S_n(t)$ に依存して定められる統計量と同様の統計量を $V_n(t)$ に基づいて定めることができて，その仮説のもとでの漸近分布は同じになる．そのことからまたいくつかの検定方式が得られる．

またモデルが未知母数 $\boldsymbol{\theta}$ をふくむ場合には $\hat{V}_i$ を前節と同様に計算し，$\hat{V}_{(1)} < \hat{V}_{(2)} < \cdots < \hat{V}_{(n)}$ をそれから得られる順序統計量とすれば，n が大きいとき，

$$\hat{V}_{(j)} - V_{(j)} \cong \sum_a \frac{\partial}{\partial \theta_a} F(X_{(j)}, \boldsymbol{\theta})(\hat{\theta}_a - \theta_a)$$

と表わされる．ただし θ_a は $\boldsymbol{\theta}$ の成分を表わす．

そこで ξ_j を

$$F(\xi_j, \boldsymbol{\theta}) = \frac{j}{n+1}, \quad j = 1, 2, \cdots, n$$

と定義すれば，

$$\hat{V}_{(j)} - V_{(j)} \cong \sum_a \frac{\partial}{\partial \theta_a} F(\xi_j, \boldsymbol{\theta})(\hat{\theta}_a - \theta_a)$$

となるので，

$$\sqrt{n}\left(V_{(j)} - \frac{j}{n+1}\right) = \sqrt{n}\left(\hat{V}_{(j)} - \frac{j}{n+1}\right) - \sum_a \frac{\partial}{\partial \theta_a} F(\xi_j, \boldsymbol{\theta}) \sqrt{n}(\hat{\theta}_a - \theta_a)$$

と表わされ，右辺の 2 つの項は漸近的に独立になることが示されるので，$\hat{V}_{(j)}$ から得られる $\hat{V}_n(t)$ を用いたときの検定統計量の漸近分布をこの関係から求めることができる．

2　モデルの選択

(a)　モデルの選択

ふつう統計的仮説の検定において，仮説が棄却されないということは，仮説がデータと矛盾しないということを意味するだけで，必ずしも仮説が正しいことがデータから導かれることを意味しない．つまり仮説を否定するには十分な証拠がないということを意味するだけである．したがって時には使われることもある「仮説を採択する」といういい方は必ずしも正しくない．

しかし統計的モデルを仮説としてデータを用いて検定する場合には，仮説が棄却されないということは，とりあえず仮説が正しいものとして推測を行うということを意味するのであって，少なくとも当面(つまり新たなデータによって仮説が棄却されない限り)仮説で表わされるモデルを正しいものとして採用することを意味するのである．このように考えれば仮説検定の基準を厳しくしすぎると，つまり有意水準 α をあまり小さくすると，仮説が正しくない場合，つまりモデルが誤っている場合にも，モデルを採用してしまうことになるから危険である．すなわち，いわゆる第 2 種の誤りに注意しなければならない．

逆に仮説が棄却され，モデルが正しくないと判断された場合にも，そこで終わりにすることはできない．一般にモデルの妥当性を検定する場合には，対立仮説は少なくとも明示的には表現されていないことが多いから，仮説が棄却されれば，何も結論が出せないことになってしまう．しかしそれでは困るであろう．

現実には，そこでいろいろなことが考えられる．例えば $X_1, X_2, \cdots, X_n$ が平均 θ，分散 σ^2 の正規分布に従うというモデルを考えて $X_1, X_2, \cdots, X_n$ の分布が正規分布であるという仮説を検定して，この仮説が棄却された場合，いくつかの方策が考えられる．

(1)　正規分布以外の分布型を想定し，それについて検定して，仮説が棄却されなかったらそのことを前提にして推測を行う．

(2) $X_1, \cdots, X_n$ の分布について，連続性以外の仮定なしに妥当性が保証されるノンパラメトリック法を適用する．

(3) $X_1, \cdots, X_n$ が同じ分布に従っているという前提を疑って，その中に「異常値」がふくまれていないかどうかをチェックして，「異常値」を除けば正規分布の仮説が棄却されないことを確かめ，それらの値を除いたデータから推測を行う．

いずれにしても，データに基づいて推測を行うためには，最初に仮定したモデル以外にも何らかのモデルを前提にしなければならない．

そこで，データの同時分布についての仮定を表わすいくつかのモデル H_a, $a=1, \cdots, M$ を用意しておいて，データに基づいてその中から最も適切なものを選ぶという問題が考えられる．すなわち，データはこの M 個のモデルで表わされる確率分布のいずれかに従うというのが，いわば 1 つの**超モデル**(hypermodel)であり，そのことを前提にしてデータから H_a 中の 1 つを選ぶのが**モデル選択**(model selection)の**問題**である．

今データの同時分布を P で表わし，モデル H_a で表示される分布の集合 $\mathcal{P}_a$ を表わすことにすれば，超モデルは，いずれかの 1 つの a について，$P \in \mathcal{P}_a$ と表わされる．

ここで，$\mathcal{P}_1 \subset \mathcal{P}_2 \subset \mathcal{P}_3 \subset \cdots$ となっている場合には，これは**階層型モデル**(hierarchical model)といい，そうでない場合には**非階層型モデル**(non-hierarchical model)という．

階層型モデルの場合には，一般に次のような手続きが考えられる．

(1) まず仮説 $P \in \mathcal{P}_1$ を対立仮説 $P \in \mathcal{P}_2 \cap \bar{\mathcal{P}}_1$($\bar{\mathcal{P}}_1$ は $\mathcal{P}_1$ の補集合)に対して検定し，仮説が棄てられなければ $\mathcal{P}_1$ を採用する．

(2) $P \in \mathcal{P}_1$ が棄却されたら，仮説 $P \in \mathcal{P}_2$ を対立仮説 $P \in \mathcal{P}_3 \cap \bar{\mathcal{P}}_2$ に対して検定し，仮説が棄てられなければ $\mathcal{P}_2$ を採用する．

(3) 以下順に $\mathcal{P}_3, \mathcal{P}_4, \cdots$ と仮説が棄却されなくなるまで進む．

この場合，問題になるのは検定方式と検定の有意水準である．検定方式は対立仮説が各段階で特定化されているから，それに対して検出力が大きくなるようなものを選ぶべきであり，一般的な方法としては，尤度比検定が考えられる．

このような方法の望ましさの基準としては，次のようなことが考えられる．一般に推測の目的を，真の分布 P の汎関数で表わされるような実母数 $\theta=\psi(P)$ を推定することであると考えよう．モデル P_a を前提としたときの θ の最良推定量を $\hat{\theta}_a$ と表わす．そのとき

$$E(\hat{\theta}_a-\theta)^2$$

をなるべく小さくするようにモデル P_a を選ぶことが望ましいと考えられる．

(b)　階層型モデルの一例

例えば観測値 $X_1,\cdots,X_n$ が，$X_i=\theta+\epsilon_i$，$i=1,\cdots,n$ という形に表わされ，ϵ_i が互いに独立に平均 θ の対称な分布に従うとしよう．

このとき，次のような 3 層のモデルが考えられる．

(1) $P_1:\epsilon_i$ は正規分布に従う．

(2) $P_2:\epsilon_i$ は自由度 $f(3\le f<\infty)$ の t 分布に従う．

(3) $P_3:\epsilon_i$ は分散有限の連続な対称分布に従う．

(4) $P_4:\epsilon_i$ は分散有限，平均 θ の連続分布に従う．

そうするとそれぞれのモデルの下で，θ の“よい”推定量は次のようになる．

(1) ϵ_i が正規分布に従うときは

$$\hat{\theta}=\bar{X}=\sum_i\frac{X_i}{n}$$

が最小分散不偏推定量になる．

(2) ϵ_i が t 分布に従うときは，θ，および分散，自由度の 3 つを未知母数として最尤推定量を求めれば，漸近有効推定量が得られる．

(3) モデル 3 はセミ・パラメトリックモデルと呼ばれる問題の 1 つで，データから何らかの形で ϵ_i の分布を推定して，適応的 (adaptive) なロバスト推定という方法を用いれば，漸近的にほぼ有効な推定量が得られる．

(4) モデル 4 はノンパラメトリックモデルで，この場合には再び $\bar{X}$ が最小分散不偏推定量となる．

そこで最初に正規性を仮定したとしよう．そのときこの仮定の妥当性が疑問とされたとすれば，それをチェックすることが考えられるが，仮定の

妥当性を確認する目的はこの場合には推定量 $\hat{\theta}=\bar{X}$ が果たしてよい推定量であるかどうかを問題にすることを意味する．したがって正規性の仮説を検定するとすれば，対立仮説としては，現実性があり，かつ $\bar{X}$ が θ の推定量としてよい性質を持たなくなるような場合を想定しなければならない．最良の推定量と比べて $\bar{X}$ の分散が大きくなるのは，しばしば ϵ_i の分布が「スソが長い」，すなわち $P\{|\epsilon_i|>A\}$ が A が大きくなるにつれて 0 に近づく速さが遅い場合である．そのような分布を表わす 1 つのクラスとしては t 分布が考えられるので，P_2 を対立仮説として正規性の仮説を検定すること，もし仮説が棄てられなければ，θ の推定値として $\bar{X}$ を選び，棄てられれば t 分布を前提にした最尤推定量を採用することが考えられる．その場合，水準 α は，このようにして選ばれる推定量の分散が，正規性の仮説が成り立つときにも，成り立たないときにもなるべく小さくなるように定めなければならない．その正確な値は一義的には決められないが，一般に α は，0.05〜0.20 くらいにする方がよい．

もし分布が「スソが長い」とは限らない，しかし対称性は保たれると思われるならば，より一般の対立仮説は対応する検定方式(例えば Kolmogorov 検定など)を用い，もし仮説が棄てられるならば，適応的な推定方式を用いることが考えられる．

またもし仮説が棄てられた場合，対立仮説について何の制約も考えることができないならば，$\bar{X}$ より以外の推定量は考えられなくなる．そのときは，仮説をチェックすることも必要でないことになる．

推測の目的が，θ の信頼区間を求めることである場合も考えられる．このとき

(1) 正規性の仮定 P_1 のもとでは t 区間

$$\bar{X}-t_\alpha S/\sqrt{n}<\theta<\bar{X}+t_\alpha S/\sqrt{n}$$

$$S^2=\sum_i(X_i-\bar{X})^2/(n-1)$$

$$(t_\alpha \text{ は } t \text{ 分布の両側の } \alpha \text{ 点})$$

が最良不偏区間である．

(2) t 分布の仮定 P_2 のもとでは

$$\hat{\theta}-c_\alpha(\hat{f})\hat{\sigma}/\sqrt{n}<\theta<\hat{\theta}+c_\alpha(\hat{f})\hat{\sigma}/\sqrt{n}$$

という形の区間が漸近的に最良になる．ただし $c_\alpha(f)$ は自由度に依存する定数，$\hat{\theta}$, $\hat{\sigma}$, $\hat{f}$ はそれぞれ位置，尺度，自由度の最尤推定量である．

(3) 対称性を仮定すれば，θ の特定の値 θ_0 に対して，仮説 $\theta=\theta_0$ を検定するノンパラメトリック検定が与えられる．そこで与えられた標本に対して仮説 $\theta=\theta_0$ が水準 α で棄却されないような θ_0 の範囲を C とすれば，C は水準 $1-\alpha$ の信頼域となる．どのようなノンパラメトリック検定を選ぶかも，標本に基づいて適応的に定めることができる．

(4) $E(\epsilon_i)=0$ というだけの仮定では，θ について一定の水準を保証する信頼区間を構成することは不可能である．漸近的には

$$\bar{X}-u_\alpha S/\sqrt{n}<\theta<\bar{X}+u_\alpha S/\sqrt{n}$$

が水準 $1-\alpha$ の信頼区間となる．ここで u_α は標準正規分布の両側 α 点であり，これはほとんど t 区間に一致する．

この場合信頼区間のよさの基準は，それが真の値 θ をふくむ確率と，その長さの 2 つである．正規性の検定は，正規性の仮説が成り立たなくなる場合，この 2 つの性質がどのように変わるかを考慮して，検定方式と信頼区間を選ばねばならない．これについて，正規性の仮定が成り立たない場合について t 区間を用いると標本数 n がかなり小さくない限り，真の値 θ をふくむ確率(信頼水準)はあまり変化はないが，区間が長くなる可能性があることに注意しなければならない．

3　最も近いモデル

推測の目的が必ずしも明確に定義されていない場合には，次のように考えられる．

$X_1,\cdots,X_n$ がある分布 F_0 に従って互いに独立に分布しているとする．この場合，未知母数 θ をふくむ分布のクラス $\mathcal{F}$ に F_0 が属するという仮説が，1 つのモデルを表わすと考えられる．このときこのモデルを前提にすることは，$F_0\in\mathcal{F}$ として未知母数 θ の推定量 $\hat{\theta}$ を求め，$F_{\hat{\theta}}$ を F_0 の推定量とすることを意味する．

そこで，多くのモデル P_a，$a\in A$ を定義する分布のクラス F_a の集合が

存在するとき，観測値から，F_a およびそのクラスに属する $F_{a,\hat{\theta}}$ を選んで，$\hat{F}_a = F_{a,\hat{\theta}}$ とすることが，一般的なモデル選択の問題であると考えられる．

そこで何らかの形で 2 つの分布の間の距離 $\rho(F_1, F_0)$ が定義されれば，推定された分布 $\hat{F}_0$ と真の分布 F_0 との距離 $\rho(\hat{F}_0, F_0)$ がなるべく小さくなるように $\hat{F}_0$ を選ぶことが望ましい．

この場合に自然な方法は $X_1, \cdots, X_n$ から得られる経験分布関数 G_n，あるいは何らかの方法でそれを変形した（例えば平滑化した）G_n^* を用いて，$\rho(\hat{F}_a, G_n^*)$ を最小にするような，F_a および $\hat{\theta}$ を求めることであると考えられる．

しかしこの方法は，各モデルのもとでの未知母数の次元が異なるときには必ずしも適切でない．とくにモデルが階層的であれば，必ずより広いモデルが選ばれることになってしまう．そこでそれぞれのモデルに対応して何らかの調整定数 c_a を導入して，

$$\rho(\hat{F}_a, G_n^*) + c_a$$

を最小にすることが考えられる．

そうしてこのような方法で推定された $\hat{F}_a$ と真の分布 F_a との距離の期待値 $E(\rho(\hat{F}_a, F_\theta))$ をなるべく小さくするにはどのように c_a を選んだらよいかが問題となる．

もう 1 つの考え方は，各 a に対して推定された $\hat{F}_a$ と真の分布 F_a との距離 $\rho(F_0, \hat{F}_a)$ を何らかの形で推定し，それが最小になるような F_a を選ぶことである．

例えば ρ として Kullback 情報量を選べば，それぞれ密度関数 f, g を持つ分布 F, G について

$$\begin{aligned}\rho(F, G) &= \int f(x) \log \frac{f(x)}{g(x)} d\mu \\ &= \int f(x) \log f(x) d\mu - \int f(x) \log g(x) d\mu\end{aligned}$$

と表わされるので，

$$\rho(F_0, \hat{F}_a) = \int f_0(x) \log f_0(x) d\mu - \int f_0(x) \log \hat{f}_a(x) d\mu$$

となる．ここで f_0 は未知であるが，第 1 項は $\hat{F}_a$ と無関係であるから，これを

$$f(F_a, \hat{F}_a) = \text{const.} - E(\log \hat{f}_a)$$

と表わせば，$\hat{f}_a = f_a(x, \hat{\theta})$ と表わすとき，$E(\log \hat{f}_a)$ を

$$\frac{1}{n}\sum_i \log f_a(X_i, \hat{\theta})$$

で推定することができる．これは対数尤度にほかならない．ところがこれについては $\hat{\theta}$ を最尤法で推定すると $E(\log \hat{f}_a)$ に対して偏りが生ずる．その偏りを補正したものが情報量規準 AIC と呼ばれるものであり，これについては第 I 部でくわしく論ぜられている．

4　説明変数選択の問題

モデル選択問題の一種として，線形回帰分析における説明変数選択の問題がある．

Y を被説明変数，あるいは従属変数とする．これに対して Y の変動を説明する独立変数の候補として $x_1, \cdots, x_r$ があるとしよう．

これについて n 組のデータが存在するとし，それらを Y_i，x_{ji}，$i = 1, \cdots, n$，$j = 1, \cdots, r$ としよう．ここで

$$E(Y_i) = \eta_i, \qquad Y_i = \eta_i + \epsilon_i$$

とし，ϵ_i は互いに独立に平均 0，分散 σ^2 の正規分布に従うとしよう．

このとき任意の集合 $I = (i_1, \cdots, i_m) \subseteq \{1, \cdots, r\}$ に対し，モデル $M(I)$ は

$$\eta_i = \beta_0^I + \sum_{j \in I} \beta_j^I x_{ji}, \quad \beta_j^I \neq 0$$

と表わされるという仮定を表わすとしよう．またここで $\beta_j^I = 0$ も許すとき，それを $\bar{M}(I)$ と表わすことにする．そうすると $I_1 \subset I_2$ ならば $\bar{M}(I_1) \subset \bar{M}(I_2)$ となる．

モデル $M(I)$ を仮定すれば，係数 β_j^I，$j = i_1, i_2, \cdots, i_m$ は最小 2 乗法によって推定される．

その推定量を $\hat{\beta}_j^I$ とし，また η_i の「理論値」を

$$\hat{\eta}_i^I = \hat{\beta}_0^I + \sum_{j \in I} \hat{\beta}_{ji}^I x_{ji}$$

と表わそう．そうするとこのモデルの「よさ」は $\hat{\eta}_i^I$ がどれだけ Y_i に近いかによって判定することができる．そのために残差平方和

$$S_e^2(I) = \sum_i (Y_i - \hat{\eta}_i^I)^2$$

を計算し，これが小さければよいと考える．

この値をもとの Y_i の変動 $\sum_i (Y_i - \bar{Y})^2$ と比較して

$$R_I^2 = 1 - \frac{\sum (Y_i - \hat{\eta}_i^I)^2}{\sum (Y_i - \bar{Y})^2} = \frac{\sum (\hat{\eta}_i^I - \bar{Y})^2}{\sum (Y_i - \bar{Y})^2}$$

を，決定係数と呼ぶことはよく知られていることであろう．

そこで R_I^2 ができるだけ大きいことが望ましい．すなわち R_I^2 を最大にするようなモデル $M(I)$ を選べばよいと考えられるかもしれない．しかしもし $I \supset J$ ならば，つねに $R_I^2 \geq R_J^2$ となるから，このような基準はつねに最も大きいモデル，すなわち候補となる説明変数をすべてふくむモデルが選ばれることになってしまう．それでは実際上ほとんど係数が 0 に近いような変数もふくまれてしまい，その係数推定量のばらつきのために，かえって $\hat{\eta}_i^I$ のばらつきは大きくなってしまうであろう．

この点を考えて，いろいろな方法が提案された．

伝統的な方法は，仮説検定，あるいはそれをくり返すことである．とくに考えられるモデルが，説明変数の集合について $I_1 \subset I_2 \subset \cdots \subset I_K$ というように包含関係で順序をなしている場合には，まず $M(I_1)$ が正しいという仮説を対立仮説 $M(I_2)$ に対して検定し，もし仮説が棄てられなければ，$M(I_1)$ を採用し，棄却されれば次に仮説 $M(I_2)$ を対立仮説 $M(I_3)$ に対して検定し，以下同様にして最後まで進むということである．

逆に，最初に仮説 $M(I_{k-1})$ を対立仮説 $M(I_k)$ に対して検定し，仮説が棄却されれば，$M(I_k)$ を採用し，棄てられなければ次に $M(I_{k-2})$ を $M(I_{k-1})$ に対して検定するというように進む方法もある．前者を上昇法，後者を下降法ということがある．

この場合，検定方法として通常分散分析法による F 検定が用いられる．

すなわち $M(I_1)$ を $M(I_2)$ に対して検定するときは，

$$F = \frac{(S_e^2(I_2) - S_e^2(I_1))/(p_2 - p_1)}{S_e^2(I_1)/(n - p_1 - 1)}$$

が仮説のもとで F 分布に従うことを用いる．ただし p_1，p_2 はそれぞれ I_1，I_2 にふくまれる要素の数である．

ここで伝統的に用いられる検定，たとえば $\alpha = 0.05$ として F が F 分布の点より大きければ仮説を棄却する，という方式を用いると，仮説が棄てられ難くなって，小さすぎるモデルが選ばれる傾向が生ずる．便宜的な方式として自由度と無関係に 2 を基準とし，$F > 2$ ならば仮説を棄却するのがよいということが知られている．

もう 1 つの方法として，次のような考え方がある．今モデル $M(I)$ が必ずしも正しくないとして，η_i が

$$\eta_i = \beta_0^I + \sum_{j \in I} \beta_j^I x_{ji} + \xi_i$$

$$(\text{ただし } \xi_i \text{ は } \sum_i x_{ji}\xi_i = 0, \quad j \in I)$$

となるように定義されているとしよう．

このとき，$\hat{\beta}_j^I$ を最小 2 乗推定量とすれば，$E(\hat{\beta}_j^I) = \beta_j^I$ で，またその分散，共分散は $\xi_i \equiv 0$ の場合と同じになることがわかる．そこで

$$\hat{\eta}_i = \hat{\beta}_0^I + \sum_{j \in I} \hat{\beta}_{ji} x_{ji}$$

とおくと，

$$E(\hat{\eta}_i) = \beta_0^I + \sum_{j \in I} \beta_j^I x_{ji} = \eta_i - \xi_i$$

$$\sum_i V(\hat{\eta}_i) = (p+1)\sigma^2 \quad (\text{ただし } p \text{ は } I \text{ にふくまれる要素の数})$$

となることがわかる．それゆえ

$$\sum_i E(\hat{\eta}_i^I - \eta_i)^2 = (p+1)\sigma^2 + \sum_i \xi_i^2$$

となる．一方

$$E(S_e^2(I)) = E\Big(\sum_i (y_i - \hat{\eta}_i^2)^2\Big)$$
$$= (n-p-1)\sigma^2 + \sum_i \xi_i^2$$

となるから

$$\sum_i E(\hat{\eta}_i^I - \eta_i)^2 = E(S_e^2(I)) + 2(p+1)\sigma^2 - n\sigma^2$$

この左辺は，モデル $M(I)$ を用いて η_i を推定した時の誤差の平方和の期待値の和であるから，それをモデルの「よさ」の基準とすることができる．そこでもし σ^2 の不偏な推定量が得られるなら

$$S_e^2(I) + 2(p+1)\hat{\sigma}^2 - n\hat{\sigma}^2$$

が左辺の不偏推定量となるので，この値が最も小さくなるモデルを選べばよいということになる．ここで $-n\hat{\sigma}^2$ はすべてのモデルに共通だから，それを省略すれば

$$S_e^2(I) + 2(p+1)\sigma^2 \quad \text{あるいは} \quad C_p = \frac{S_e^2(I)}{\hat{\sigma}^2} + 2(p+1)$$

が基準となる．これは **Mallows の $\boldsymbol{C_p}$ 統計量**（Mallows C_p-statistic）と呼ばれている．

ここで σ^2 は一般には直接推定できないが，η_i が十分大きいモデルにおいては，ほぼ説明変数の 1 次結合で表わされるとすれば，

$$\hat{\sigma}^2 = \min_I \frac{S_e^2(I)}{n - p(I) - 1}$$

とすればよい．ただし $p(I)$ は集合 I に含まれる説明変数の数を表わす．

5　縮小推定量

ここで簡単な問題を考えよう．

今 $X_{ij}\,(i=1,\cdots,p,\ \ j=1,\cdots,n)$ が互いに独立に平均 θ_i，分散 σ^2 の正規分布に従うとする．ここで仮説 $\theta_i \equiv \theta,\ i=1,\cdots,p$ を検定する問題を

$$M_{\mathrm{I}}: \ \theta_i \text{ はすべて等しい}$$

$$M_{\mathrm{II}}: \ \theta_i \text{ はすべてが等しくはない}$$

という 2 つのモデルを選択する問題と考えよう．そこでモデル M_{I} を選択することは

$$\hat{\theta}_i^I = \bar{\bar{X}} = \sum_i \sum_j \frac{x_{ji}}{pn}, \quad i = 1, \cdots, p$$

とすること，M_{II} を選択することは

$$\hat{\theta}_i^{\mathrm{II}} = \bar{X}_i = \sum_j \frac{x_{ji}}{n}, \quad i = 1, \cdots, p$$

とすることを意味すると考えられる．

ここで仮説を通常の F 検定を用いるとすれば，

$$F = \frac{n\sum_i (\bar{X}_i - \bar{\bar{X}})^2/(p-1)}{\sum_i \sum_j (X_{ij} - \bar{\bar{X}}_i)^2/p(n-1)}$$

が，自由度 $(\alpha-1, p(n-1))$ の F 分布の α 点 F_α と比較して $F > F_\alpha$ ならば，仮説を棄却する，すなわち $\hat{\theta}_i^{\mathrm{II}}$ を選び，$F \leq F_\alpha$ ならば仮説を棄てない，すなわち $\hat{\theta}_i^{\mathrm{I}}$ を選ぶことになる．

そこで θ_i の推定量を改めて $\hat{\theta}_i^*$ とすれば，

$$\hat{\theta}_i^* = \bar{X} + \psi(F)(\bar{X}_i - \bar{X}) \tag{3}$$

ただし

$$\psi(F) = \begin{cases} 1 & (F > F_\alpha \text{ のとき}) \\ 0 & (F \leq F_\alpha \text{ のとき}) \end{cases}$$

と表わすことができる．そしてこのような推定量について，その誤差平方和の期待値

$$\gamma = E\Big(\sum_i (\hat{\theta}_i^* - \theta_i)^2\Big)$$

を基準として，考えることができる．そうすると，

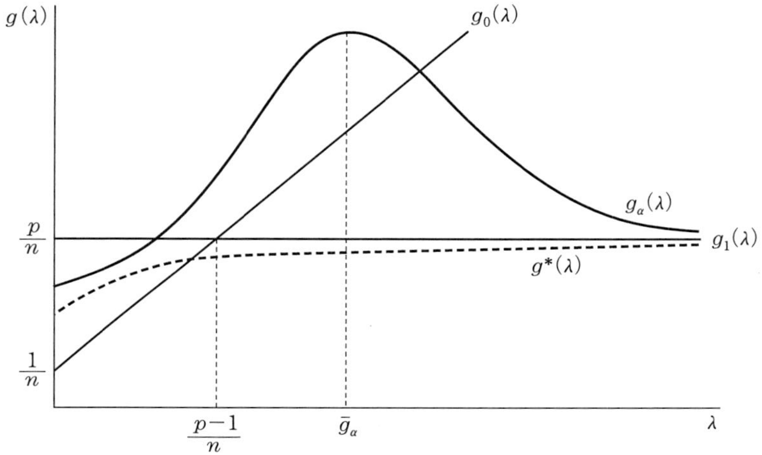

図 **1**　誤差平方和

$$\gamma = \sigma^2 g\Bigl(\sum_i \frac{(\theta_i - \bar{\theta})^2}{\sigma^2}\Bigr), \quad \bar{\theta} = \sum_i \frac{\theta_i}{p}$$

という形になる．g は F_α の値に依存する $\sum_i(\theta_i - \bar{\theta})^2/\sigma^2$ の関数である．$\lambda = \sum_i(\theta_i - \bar{\theta})^2/\sigma^2$ とおくと，$F_\alpha = 0$ すなわち $\alpha = 1$ ならば $\hat{\theta}_i \equiv \bar{X}$ であって，$g_1(\lambda) \equiv p/n$ であり，$F_\alpha = \infty$, $\alpha = 0$ ならば $g_0(\lambda) = 1/n + \lambda$ となる．一般の α に対応する $g_\alpha(\lambda)$ は図 1 のようになる．

一般に α を小さくすると，$g_\alpha(0)$ の値は小さくなるが，$\bar{g}_\alpha = \max_\lambda g_\alpha(\lambda)$ の値が大きくなる．そのバランスを考えると，α はあまり小さくしない方がよい(p があまり大きくないときには $\alpha = 0.05$ では小さすぎる)．

図 1 から明らかなように $\lambda < (p-1)/n$ ならば，$\psi = 0$, $\lambda > (p-1)/n$ ならば $\psi = 1$ とすることが望ましい．ところで $\lambda = (p-1)/n$ のとき，F の期待値は

$$E(F) = \frac{p(n-1)}{p(n-1)-2} \times \frac{1}{p-1}(p-1+n\lambda)$$
$$= \frac{2p(n-1)}{p(n-1)-2} \cong 2$$

であるから，F_α をほぼ 2 に等しくすればよいと考えることができる．

ところで，上記の $\psi(F)$ は F に関して不連続になっており，それは不自然とも見られる．

そこで $\psi(F)$ を条件

$$\psi(0)=0, \qquad \lim_{F\to\infty}\psi(F)=1$$

$$(0<F<\infty \text{ で } \psi(F) \text{ は連続単調増加})$$

を満たす関数として(3)の形の推定量を作ることが考えられる．このような推定量は，$\bar{X}_i$ と $\bar{X}$ との差を縮めるという意味で**縮小推定量**(shrinkage estimator)と呼ばれる．

ここで $p\geq 4$ ならば，とくに

$$\psi(F)=1-\frac{(p-3)f}{(p-1)(f+2)F}, \qquad f=n(p-1)$$

とおくと，それに対応する $g^*(\lambda)$ は図 1 の点線のように，一様に $g_1(\lambda)$ より小さくなることが示される．これが有名な Stein の縮小推定量と呼ばれるものであり，この問題，およびそのいろいろな拡張については，他の部でくわしく論ぜられている．

このような方法もモデル選択の問題の延長上にあると考えることができる．

6　モデル選択とベイズ的方法

モデル選択に当たってはベイズ的方法(**Bayesian approach**)を採用することも考えられる．

それはいくつかのモデルに $M_1, M_2, \cdots$ に対してそれらが真であると考えられる事前確率，およびそれぞれのモデルの下における母数についての事前分布を想定し，標本からそれぞれのモデルが正しいと考えられる事後確率を計算する方法である．この場合には事後確率が特定のモデルに集中して，その事後確率が 1 に近くなければ，そのモデルを正しいものとして採用し，さらにそのモデルの下での母数の事後分布を計算して推測を行うことになるが，もしいくつかのモデルの間に事後確率が分配する場合には，いろいろな可能性があるとして，それぞれの場合について母数の事後分布

を計算することになる．

ところでこの問題に関して，普通の仮説検定の方法と，ベイズ的方法の間に次のような矛盾，あるいはパラドクスが生ずることが，古くから知られている．これはその発見者の 1 人の名をとってリンドレイのパラドクス(**Lindley's Paradox**)と呼ばれている．

今 $X_1, \cdots, X_n$ が互いに独立，平均 θ，分散 1 の正規分布に従うとして，2 つのモデル $M_0 : \theta = 0$ および $M_1 : \theta \neq 0$ が想定されているとしよう．ここで普通の仮説検定の方法によれば，適当に水準 α を定めて

$$|\overline{X}| \geq \frac{1}{\sqrt{n}} u_\alpha : u_\alpha \text{は標準正規分布の両側} \alpha \text{点}$$

ならば，仮説を棄てる，すなわち M_1 を採択し，

$$|\overline{X}| < \frac{1}{\sqrt{n}} u_\alpha$$

ならば，M_0 を採択することになる．

他方ベイズ的方法によれば，M_0, M_1 がそれぞれ正しいとする事前確率を，$\lambda, 1-\lambda$ とし，また M_1 が正しいとき θ の事前分布を平均 0，分散 τ^2 の正規分布と想定すれば，標本の値 $\overline{X} = \overline{x}$ が観測されたとき，$\overline{x}$ が得られる確率は M_0 の下では

$$\sqrt{\frac{n}{2\pi}} \exp\left\{-\frac{n\overline{x}^2}{2}\right\} d\overline{x}. \tag{4}$$

M_1 の下では

$$\begin{aligned} &\left[\int \sqrt{\frac{n}{2\pi}} \exp\left\{-\frac{n(\overline{x}-\theta)^2}{2}\right\} \times \frac{1}{\sqrt{2\pi\tau}} \exp\left\{-\frac{\theta^2}{2\tau^2}\right\} d\theta\right] d\overline{x} \\ &\quad = \frac{\sqrt{n}}{\sqrt{2\pi}\sqrt{n\tau^2+1}} \exp\left\{-\frac{n\overline{x}^2}{2(n\tau^2+1)}\right\} d\overline{x} \end{aligned} \tag{5}$$

となるから，M_0 に対する事後確率は

$$P\{M_0|\overline{x}\} = \frac{\lambda \exp\left\{-\dfrac{n\overline{x}^2}{2}\right\}}{\lambda \exp\left\{-\dfrac{n\overline{x}^2}{2}\right\} + (1-\lambda)\dfrac{1}{\sqrt{n\tau^2+1}}\exp\left\{-\dfrac{n\overline{x}^2}{2(n\tau^2+1)}\right\}} \tag{6}$$

となる．今ここで $n\overline{x}^2 = u_\alpha^2$ とすれば，仮説検定の考え方によれば，この時ちょうど水準 α で M_0 が棄てられることになる．

ところがこの時 $\tau \neq 0$ ならば，n が大きくなれば，上記(6)式の分母の第 2 項は 0 に近くなるから，n が大きくなれば，$P\{M_0|\overline{x}\}$ の値は 1 に近くなる．すなわち観測値が同じ水準 α に対応する値であっても，ベイズ法による仮説の事後確率は標本の大きさ n が大きくなれば，いくらでも 1 に近くなる．これは矛盾ではないか？　ベイズ法を正しいと考えるベイジアンによれば(Lindley もその 1 人であるが)これは有意性検定の方法は，仮説が正しいとする事後確率が 1 に近くなっても仮説が棄てられてしまうことになるので，適切ではないことを意味しているというのである．

しかしこれは特に矛盾でもパラドクスでもないと私は思う．

もし M_1 の下で母平均 θ が平均 0，分散 τ^2 に従うという事前分布が正しいとするならば，通常の Neyman-Pearson の仮説検定論の考え方に従っても，想定される問題は仮説

$H_0 : \theta = 0$

を対立仮説

H_1 : $\overline{X}$ の分布は母数 θ を事前分布で平均して得られる(5)式を密度とする．すなわち平均 0，分散 $\tau^2 + 1/n$ の正規分布

に対して検定する問題となる．これは単純仮説を単純対立仮説に対して検定する問題であるから，最強力検定が存在して，それは

$$|\overline{X}| \geq c$$

のとき，仮説を棄却することになる．$\overline{X} = \overline{x}$ のとき，$\sqrt{n}\,|\overline{x}| = u_\alpha$ ならばちょうど水準 α に対して仮説が棄却されることは上に述べたのと同じである．しかし仮説と対立仮説を入れ換えて考えると，今度は $|\overline{X}| \leq c$ のとき，仮説が棄てられることになるが，もし $c = u_\alpha/\sqrt{n}$ とすると

$$P_{\mathrm{r}}\left\{|\overline{X}| \leq \frac{u_\alpha}{\sqrt{n}} \middle| H_1\right\}$$

$$= P_{\mathrm{r}}\left\{\frac{|\sqrt{n}\,\overline{X}|}{\sqrt{n\tau^2+1}} \leq \frac{u_\alpha}{\sqrt{n\tau^2+1}} \middle| H_1\right\}$$

$$= P_{\mathrm{r}}\left\{|Z| \leq \frac{u_\alpha}{\sqrt{n\tau^2+1}}\right\}$$

ただし Z は平均 0，分散 1 の正規分布，となるから，n が大きければ

$$P_{\mathrm{r}}\left\{|\overline{X}| \leq \frac{u_\alpha}{\sqrt{n}} \middle| H_1\right\} \cong \frac{\sqrt{2}\,u_\alpha}{\sqrt{\pi(n\tau^2+1)}}$$

となり，これは n が大きくなれば 0 に近づく．したがって $\sqrt{n}\,|\overline{x}| = u_\alpha$ のとき，n が大きければ対立仮説 H_1 も棄却されねばならなくなる．

ここから得られる教訓は，2 つの仮説 H_0, H_1 の間を選択するとき，2 つの可能性をいわばバランスよく選択するためには，標本数が大きくなるとともに水準 α を小さくしなければならないということである．n が大きくなれば 2 つの仮説を区別する情報がそれだけ増加するから，より小さい危険率で仮説を選択することができるのは当然である．したがってそこにはパラドクスは存在しない！

また別の考え方によれば $\overline{x} = u_\alpha/\sqrt{n}$ で n が大きく α が十分小さいときには，仮説 H_0 も仮説 H_1 もともに棄てられなければならない．すなわちどちらの仮説も正しくないとするのが妥当であろう．このとき単に極めて小さい確率を結びつけて，事後確率が大きいというだけの理由で H_0 が正しいと判定することは果たして妥当であろうか．ベイジアンは事前分布の想定が正しいことを絶対的な前提とするが，果たしてそれは適切であろうか？　私はベイズ的方法を常に否定するつもりはないが，この例を通常の仮説検定の方法が誤まっていることを示す例として引用するのは正しくないと思う．

索　引

ア　行

カ　行

サ　行

タ　行

ナ 行

ハ 行

マ 行

ヤ 行

ラ 行

■岩波オンデマンドブックス■

統計科学のフロンティア 3
モデル選択──予測・検定・推定の交差点

2004年12月22日　第1刷発行
2008年6月16日　第4刷発行
2018年3月13日　オンデマンド版発行

著　者　甘利俊一（あまりしゅんいち）　下平英寿（しもだいらひでとし）　伊藤秀一（いとうしゅういち）
久保川達也（くぼかわたつや）　竹内啓（たけうちけい）

発行者　岡本厚

発行所　株式会社 岩波書店
〒101-8002 東京都千代田区一ツ橋 2-5-5
電話案内 03-5210-4000
http://www.iwanami.co.jp/

印刷／製本・法令印刷

ISBN 978-4-00-730731-7　Printed in Japan